FUNDAMENTOS DEL RIEGO

Un Texto de Tecnología Aplicada para la Enseñanza del Riego a Nivel Intermedio

FUNDAMENTOS DEL RIEGO

Un Texto de Tecnología Aplicada para la Enseñanza del Riego a Nivel Intermedio

por

George H. Hargreaves, Profesor Emérito
Gary P. Merkley, Profesor Asociado

Centro Internacional de Riego
Departamento de Ingeniería Biológica y Riego
Universidad Estatal de Utah, Logan, Utah EUA

Since 1971 WRP *Water Resources Publications, LLC*

Para información y correspondencia:

Water Resources Publications, LLC
P. O. Box 630026, Highlands Ranch, Colorado 80163-0026, USA

FUNDAMENTOS DEL RIEGO

Un Texto de Tecnología Aplicada para la Enseñanza del Riego a Nivel Intermedio

por

George H. Hargreaves, Profesor Emérito
Gary P. Merkley, Profesor Asociado

Centro Internacional de Riego
Departamento de Ingeniería Biológica y Riego
Universidad Estatal de Utah, Logan, Utah EUA

ISBN Number 13: 978-1-887201-93-3

Library of Congress Control Number: 2018962509

This publication is printed and bound in the United States of America.

Prefacio

El futuro del mundo depende en gran parte de la manera en como manejamos los recursos naturales. Desde el año 1900 las emisiones globales de carbono provenientes del consumo de combustibles fósiles se han incrementado nueve veces y la población mundial se ha elevado 3,7 veces en el siglo veinte. Extensas áreas de bosques han sido destruidas y las tierras bajo riego hoy en día producen el 40% de los suministros de alimento. Debido a la reducción de las reservas de agua subterráneas y al incremento en la población, el área irrigada per capita se disminuye. Consecuentemente, el riego de tierras aluviales adicionales es una necesidad estratégica para toda la humanidad.

Muchas de las tierras aluviales en varias zonas del mundo no pueden hacerse productivas sin desarrollar previamente los recursos de agua en forma de control de inundaciones, drenaje y riego. La producción de electricidad a través de la hidro-energía y la producción de alcohol proveniente de cultivos irrigados, como se ha hecho en Brasil, puede bajar el ritmo del incremento de las emisiones. Estas diversas evoluciones son típicamente no separables; al contrario, deben ser consideradas como partes integrales de un plan global de desarrollo. La conservación de los recursos naturales y el incremento de la productividad son también necesidades estratégicas. Mucha de la tecnología actual es altamente transferible y los rendimientos de los cultivos pueden ser significativamente incrementados en las tierras que están ya bajo riego.

Los autores han trabajado en muchos países en conexión con inventarios de recursos, enseñanza y la planificación, desarrollo y uso del riego como una herramienta para aumentar la producción y proveer empleo rural. Ellos han escrito extensamente y han recibido honores por sus logros. Su vasta experiencia va desde el riego primitivo de baja tecnología hasta el riego altamente desarrollado en los Estados Unidos de América y en docenas de otros países alrededor del mundo. Ambos autores han dedicado sus carreras a la enseñanza, investigación y consultoría en riego agrícola y a la planificación y desarrollo de los recursos hídricos. Es la esperanza y expectativa de los autores que este libro proveerá incentivos para la investigación y documentación de tierras y los recursos hídricos, el mejoramiento del desarrollo, incrementos en los rendimientos de los cultivos, conservación de recursos y la mejora del medio ambiente.

Nos gustaría dar nuestro reconocimiento a los docentes del Departamento de Ingeniería Biológica y Riego de la Universidad Estatal de Utah por su ayuda durante la preparación de este libro. También agradecemos al Ing. Babukannan Kasilingam por su ayuda en la corrección de los borradores del libro y por sus valiosas sugerencias. La versión en español de este libro fue traducida y corregida durante numerosas revisiones hechas por los autores, los Drs. Germán y Noemi Sabillón, el Dr. Carlos Hernández, el Dr. Arnulfo González, y la Ing. Jenny Valencia; sin embargo, cualquier error es solamente responsabilidad de los autores.

Este libro va dedicado a nuestras esposas, Sara R. Hargreaves y Pongpan Merkley.

George H. Hargreaves, Profesor Emérito
Gary P. Merkley, Profesor Asociado

CONTENIDO

Anexos

LISTA DE TABLAS

Tabla **Página**

LISTA DE FIGURAS

Figura **Página**

Capítulo 1

INTRODUCCIÓN

1.1. FUNDAMENTOS DEL RIEGO

FUNDAMENTOS DEL RIEGO es un texto que aborda tanto los principios básicos de agricultura bajo riego, así como las prácticas correspondientes. El libro está dirigido a profesores de cursos básicos de riego, agricultores que poseen algún conocimiento técnico y a administradores que necesitan un mayor entendimiento sobre el tema. Por otro lado, cada uno de los temas que se presentan se pueden considerar sólo como una introducción, puesto que no se incluye el diseño de los sistemas de riego. Sin embargo, el lector interesado puede ahondar mucho más en cada uno de los mismos refiriéndose a otros materiales más especializados, entre los cuales hay varios textos disponibles actualmente. Mucho de éste material ha sido incluido en las referencias bibliográficas que se encuentran al final de este libro.

Los últimos avances y la nueva tecnología son considerados en el presente texto según sus aplicaciones prácticas, de tal manera que dicho material se basa principalmente en aquellos principios y prácticas bien establecidas. Gran parte del contenido es muy práctico y mucho es esencialmente no técnico. No obstante lo anterior, y en un intento por describir mejor las relaciones y técnicas empleadas por los científicos e ingenieros de riego, parte del material cubierto en este libro va más allá de los conceptos básicos.

1.2. UNA DEFINICIÓN DEL RIEGO

El riego se ha practicado por más de 5000 años y fue esencial para el desarrollo de algunas de las civilizaciones antiguas. El riego más antiguo consistió en la derivación mediante gravedad, elevadores de agua accionados por seres humanos, animales o mediante el flujo del agua. Las primeras civilizaciones reconocieron que los elementos esenciales para el crecimiento de las plantas son el agua, la energía y los nutrientes; desde entonces, el uso del riego por bandas en contorno inundadas se ha vuelto común para la producción de arroz y otros granos; así, en la era industrial, el criterio y los métodos de riego se han expandido enormemente a través del mundo entero. Las prácticas actuales incluyen una variedad de métodos de riego superficial, sistemas de aspersión, nebulizadores y goteo. En forma ideal, al riego se le trata como un componente principal en el esquema integral de la producción agrícola, en el cual tanto la producción agrícola como otros beneficios se maximizan, complementándose con la variedad, densidad de plantación, aireación del suelo y otras prácticas de manejo.

Al término "riego" se le utiliza con frecuencia al referirse tanto al suministro del agua a los cultivos, como al drenaje de los suelos donde éstos se desarrollan. De hecho, muchas discusiones sobre riego se pueden considerar incompletas si no se toma en cuenta el drenaje, especialmente cuando se hace referencia a los sistemas de cultivo y la producción agrícola integral. Bajo condiciones específicas de diseño y operación de los sistemas de aplicación del agua a los cultivos, sí se puede tratar al riego separadamente, sin embargo, si se desea que exista prosperidad a largo plazo en un sistema de producción, el drenaje debe de recibir la misma importancia que el riego. Para que exista una agricultura sostenible es necesario hacer previsiones de drenaje tanto para el agua superficial como subterránea. En algunos casos el drenaje natural es adecuado (cuando el terreno está situado sobre los cauces naturales de drenaje) y no se requiere de ninguna infraestructura para remover el exceso de agua de riego, lluvia y escurrimientos.

En muchas áreas agrícolas de los trópicos, la lluvia es a menudo más que adecuada para cubrir los requerimientos de agua para los cultivos y en estas áreas los sistemas de drenaje son más importantes que los sistemas de riego.

Los suministros de agua provenientes de arroyos, reservorios, pozos u otras fuentes frecuentemente son limitados, si se los compara con las áreas de tierra apta para riego, así como con las demandas de cultivos que se pueden producir en los terrenos bajo riego. Por lo anterior, en la actualidad la ciencia del riego se preocupa cada vez más por hacer rendir más el agua disponible, de tal manera que se logre regar una mayor superficie de la tierra apta para riego y a un menor costo de operación.

En algunas regiones del mundo el crecimiento de la población excede el incremento de la producción agrícola; en consecuencia, hay la necesidad de una rápida expansión del riego para disminuir los riesgos agrícolas e incrementar la producción de alimentos. Aún así, una rápida expansión del riego podría no ser compatible con una planificación estable para el desarrollo global de los recursos futuros. El rápido desarrollo de la tecnología actual podría contaminar los suministros de agua, causando problemas serios a las generaciones futuras.

Powers y Stuver (1994) definen el manejo del agua como el control de la distribución y del suministro de agua para propósitos específicos. Visto de otra manera, el manejo del riego consiste en la determinación de cuando regar, la cantidad de agua a aplicar en cada riego, la oportunidad en relación con las etapas de crecimiento de los cultivos, así como la operación y mantenimiento del sistema de riego. Al mismo tiempo, el manejo del riego toma en consideración la disponibilidad de agua y su balance general, en el cual se incluyen todas las entradas y salidas de agua en una área regada, considerando generalmente tanto las interacciones hidrológicas superficiales como las subterráneas.

Así como las anteriores, existen varias definiciones para el riego, cada una depende de la perspectiva o disciplina de la cual se derive. Sin embargo, una definición común y general para el riego es la aplicación del agua al suelo con el propósito de apoyar el crecimiento de los cultivos. Más específicamente, hay varios objetivos que el riego cumple típicamente:

1. agregar agua a la zona de raíces para el crecimiento de la planta;
2. proporcionar almacenamiento de agua en el suelo como un seguro contra una sequía de corta duración;
3. enfriar el suelo y/o aire alrededor de las plantas, creando un microambiente más favorable para el crecimiento de las plantas;
4. reducir o eliminar los efectos perjudiciales de las heladas de corta duración;
5. lixiviar o diluir las sales en el suelo;
6. suavizar las capas duras y/o los terrones del suelo;
7. demorar la formación de brotes mediante enfriamiento por evaporación; y,
8. disponer de los afluentes desde las fincas.

Estos no son todos los objetivos que se pueden citar para el riego y sólo unos pocos de los mencionados anteriormente se aplicarían en un determinado caso, pero colectivamente ellos representan las principales razones para regar las áreas agrícolas.

1.3. PERSPECTIVAS ESTADÍSTICAS DEL RIEGO EN LA AGRICULTURA

Se estima que del 100% del terreno bajo cultivo, solo el 17% se encuentra bajo riego, sin embargo, éste produce el 40% del alimento del mundo El 83% restante es considerado como área de temporal, en el cual los cultivos se desarrollan sólo por la ocurrencia de lluvias. Del área total bajo riego, en la actualidad se estima que existe alrededor de un 10% de superficie salinizada, con decrementos considerables en su rendimiento. La salinización aumenta en alrededor de dos millones de hectáreas por año.

Grandes extensiones bajo riego dependen de la explotación o extracción del agua subterránea. El 40% del suministro de agua fresca en el oeste de los EUA proviene del agua subterránea y muchas áreas anteriormente agrícolas han sido abandonadas debido a que los acuíferos fueron severamente agotados, volviendo antieconómico el continuar esta actividad. La explotación desmedida de los acuíferos puede dar como resultado un daño irreversible, lo cual se presenta cuando el acuífero colapsa debido a los vacíos que se forman por la extracción del agua. De la superficie total bajo riego, se estima que la regada con agua del subsuelo, representa un 10% en China, un 33% en Irán y un 75% en la Península Arábica. Los acuíferos en Africa del Norte, en por lo menos seis de los estados del oeste de los Estados Unidos, centro de México y otras áreas, se están reduciendo. Un acuífero de grandes dimensiones en Libia está siendo explotado actualmente para el riego y otros propósitos y se estima que éste se agotará dentro de 50 años, debido a que esencialmente no existe una recarga natural por las lluvias.

A pesar que desde 1984 a la fecha se ha presentado una reducción en la producción per cápita de granos para la alimentación en el mundo de un 15%, en la actualidad existe una creciente necesidad de preservar la naturaleza, vida silvestre y el medio ambiente. Sin embargo, la naturaleza y la vida silvestre tienen pocas posibilidades de mantenerse sin sufrir un serio deterioro en sitios donde la gente es pobre, hambrienta o desempleada. Ninguna nación puede progresar con éxito en un medio ambiente empobrecido. Por lo anterior, y para contar con una basta disponibilidad de alimentos, a menudo se requiere mejorar el uso y conservación tanto de la tierra como de los recursos hídricos disponibles. En consecuencia, nunca ha sido mayor la importancia del riego.

Los demógrafos han proyectado un incremento de la población mundial en más de 10 mil millones de personas para el año 2050 (Brown y otros 1997). Esta tasa de crecimiento causará una presión muy fuerte sobre el medio ambiente y sobre la capacidad de la agricultura para proporcionar alimentos. Muchos expertos han predicho grandes hambrunas y carestía en los alimentos en las próximas décadas, así las inversiones en riego y manejo de los recursos hídricos se volverán más importantes. Muchas de estas inversiones irán dirigidas hacia un mejor manejo del agua y su productividad, pero no hacia una expansión "horizontal" de nuevos proyectos de desarrollo para la producción agrícola.

Se estima que en los países en desarrollo se ha registrado un 100% en el incremento de la producción de alimentos en los últimos 30 años; sin embargo, la producción agrícola per cápita sólo se ha incrementado ligeramente. Algunas áreas de Asia son la excepción, donde el incremento ha sido del 40%. Es un reto cada vez más difícil para la producción agrícola mantenerse al ritmo del crecimiento de la población mundial. La producción de granos para la alimentación mundial y el área regada per cápita han venido declinando desde los años 1984 y 1979, respectivamente (Brown y otros 1997). Además, se proyecta que las demandas industriales y domésticas de agua aumentarán de un 30 a un 50% durante los siguientes 30 años.

Por otro lado, muchas áreas en el mundo en desarrollo con proyectos de riego recientemente terminados han experimentado una erosión del suelo de moderada a alta, en donde gran parte de este problema se debe a la falta de experiencia en las áreas de riego que fueron tradicionalmente sembradas con cultivos de temporal. La posibilidad de desarrollo de nuevas tierras bajo riego es mayor en América del Sur, América Central y Africa abajo del Sahara. En ésta última parte se prevé que los costos de desarrollo serán mucho más altos que en América del Sur.

Existen unos 250 millones de hectáreas regadas en el mundo, cuya distribución aproximada se puede ver en la Figura 1.1. Los EUA cuentan con aproximadamente 20 millones de hectáreas, de las cuales alrededor del 60% utilizan riego por gravedad o métodos superficiales (surcos, melgas y cuadros) y algo así como el 30% está regado por aspersión. Alrededor del 17% del área regada en los EUA se localiza en California, mientras que Texas y Nebraska ocupan el segundo y tercer lugar, respectivamente.

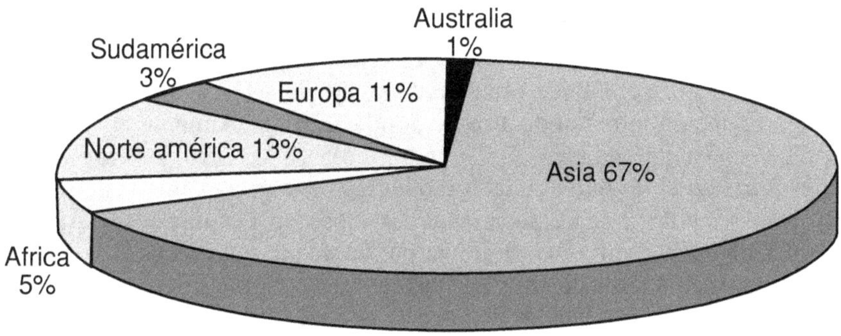

Figura 1.1. Porcentajes de área regada por continente.

Debido al cambio de clima resultante de la acumulación de CO_2, las temperaturas aumentarán y se proyecta que la humedad del suelo durante el verano declinará en Norte América (National Geographic 1998). El agotamiento rápido de las reservas de agua subterráneas y estas otras tendencias crearán la necesidad del desarrollo acelerado de los recursos de agua superficiales.

Se estima que los EUA utilizan alrededor de 120.000 millones de metros cúbicos de agua de riego por año, en unas 240.000 fincas con una lámina promedio de 570 mm, de los cuales, aproximadamente el 50% proviene del subsuelo. La agricultura bajo riego en el oeste de éste país utiliza típicamente del 80 al 85% de toda el agua fresca (dulce) derivada o bombeada, el resto se utiliza en la industria, municipalidades y otros propósitos. Sin embargo, la mayor parte del agua superficial proveniente de ríos y lagos no es "derivada" debido a preocupaciones ambientales y costos de desarrollo. Eventualmente, ésta fluye al mar. A escala mundial, los acuíferos se agotan rápidamente, pero sólo una fracción del agua superficial ha sido desarrollada para riego y otros usos. La cantidad de agua superficial utilizada en los EUA es equivalente a cerca de una novena parte del flujo del Río Mississipi.

La aplicación de agua de riego casi siempre provoca escurrimientos superficiales y/o filtración profunda, considerados como "pérdidas", los cuales a menudo corresponden a lo que se denomina "flujo de retorno". Dichos flujos, (superficial y/o subterráneo) tienden a disminuir tanto los beneficios de la eficiencia del riego como la calidad del agua residual, excepto en términos del costo de aplicación del agua. Esto significa que no siempre es benéfico incrementar la eficiencia del riego a menos que se den los pasos necesarios para compensar el agua de retorno.

En el ámbito mundial, más del 95% del área regada se hace mediante métodos superficiales y más de la mitad del área regada se encuentra en cinco países: India, China, Estados Unidos, Rusia y Pakistán. De modo que la mayoría de las áreas regadas en el mundo están en Asia, donde está localizada el 90% del área de producción mundial de arroz y donde aproximadamente la mitad de la población está empleada en el sector agrícola (FAO 1981). Hay también grandes áreas en el mundo donde la producción agrícola es mediante temporal (bajo lluvia), es decir sin riego. Muchas áreas en el Sudeste de Asia y el subcontinente Indú confían en la lluvia para obtener agua de riego, pero estas regiones también tienen cientos de proyectos de riego que complementan la lluvia y permiten la producción durante la estación seca. Aún algunas de las regiones más lluviosas del mundo tienen períodos de falta de lluvias y ocasionalmente años de sequías relativas. Los sistemas de riego en estas regiones pueden facilitar una producción agrícola mucho más consistente. Las represas y plantas de energía hidroeléctrica están a menudo asociadas con los grandes proyectos de riego. Aqua-Media International, Ltd. (1997) indica que se ha desarrollado el 27,4% del potencial de energía hidroeléctrica. Sin embargo, el inventario del potencial total se considera como incompleto.

Egipto ocupa el decimoquinto lugar en términos de área regada, pero a diferencia de otros países con una área regada relativamente grande, depende casi exclusivamente en el riego para la producción agrícola. Brasil es el quinto país más grande en el mundo y se estima que tiene alrededor del 8% del agua fresca del mundo, sin embargo, este país no está entre los primeros diez en términos del área regada. Hay mucho potencial para un mayor desarrollo del riego en Brasil y en otras áreas de América del Sur, pero en muchas otras regiones del mundo las posibilidades para el desarrollo de nuevas tierras regadas son relativamente bajas. Esto se debe a que las mejores tierras ya han sido desarrolladas y que las nuevas requerirían de grandes inversiones y con costos operativos más altos, además de menores posibilidades de producción agrícola. En otros casos, la tierra está disponible pero no el agua.

El siglo 20 ha visto una expansión dramática del área total regada en el mundo. Se estima que en el año 1900 alrededor de 40 millones de hectáreas fueron regadas a nivel mundial. Es decir, durante el siglo 20 el área regada se ha incrementado seis veces. El período pico de desarrollo del riego (1973) experimentó la adición de alrededor de 6 millones de hectáreas por año. En 1993 y 1994 la tasa de desarrollo del riego fue aproximadamente de dos millones de hectáreas por año (Brown, Renner y Flavin 1997).

Los proyectos de riego son diseñados a menudo para tener una capacidad de flujo promedio de alrededor de un litro por segundo por hectárea. Los costos de desarrollo van de US$2.000 a $10.000 por hectárea, o más. Los bajos costos de desarrollo tienden a localizarse en Asia (en particular en India) y los costos más altos están en Africa bajo el Sahara. Los costos de los sistemas de drenaje están entre US$1.000 y $2.000 por hectárea. El costo total promedio para el desarrollo de un proyecto de riego y drenaje es de US$5.000 a $6.000 por hectárea. El drenaje deficiente y la inundación son los principales problemas para la productividad agrícola en muchas áreas del mundo y los costos de producción y desarrollo están estrechamente vinculados con los precios del petróleo (energía y fertilizantes).

En muchos casos se ha comprobado que no es realista esperar que los usuarios del agua reembolsen los costos de desarrollo de los sistemas de riego. Sin embargo, en la mayoría de los sistemas, los costos de operación y mantenimiento son cubiertos, por lo menos parcialmente, a través del cobro de tarifas a los usuarios del agua. La madurez de un sistema de riego se refleja mediante la proporción de los costos de operación y mantenimiento (O&M) y que son asumidos por los mismos usuarios del sistema. En muchos de los más recientes sistemas de riego alrededor del mundo, en donde el personal del proyecto está conformado por empleados del gobierno, los costos de O&M son ampliamente subsidiados. Sin embargo, las tendencias actuales son hacia la privatización (o “transferencia”) de los sistemas de riego, a menudo con las mejoras resultantes en O&M y otros beneficios adicionales.

Capítulo 2

FACTORES QUE INFLUYEN EN LA PRODUCCIÓN DE CULTIVOS

2.1. INTRODUCCIÓN

A pesar de que son muchos los proyectos de sistemas de riego que se han desarrollado alrededor del mundo, también son muchos los que han dejado de producir los beneficios esperados. Hay varias razones por las cuales los beneficios y la productividad agrícola pueden ser menores a los deseados. Sin embargo, una consideración importante es el nivel de conocimientos que se requiere para el progreso rápido en la calidad y cantidad de producción deseada. El ingeniero puede diseñar buenas instalaciones, la compañía de construcción puede seguir buenas prácticas y el suministro del agua puede ser adecuado. Pero frecuentemente no se da la suficiente atención a otros factores de la producción aparte del agua.

La tecnología agrícola ha avanzado rápidamente durante la segunda mitad del siglo, así en algunas áreas, el promedio de la producción agrícola ha ido más allá del doble, inclusive, en algunos casos se ha cuadruplicado. Al riego se le considera como un medio para lograr un nivel tecnológico de producción más avanzado, creando una "clase media" en la agricultura de los países en desarrollo. Lo anterior se logra optimizando los ingresos económicos de la finca, a partir de los recursos disponibles, a la vez que se mejora el medio ambiente y se conservan otros recursos. Por lo anterior y con el fin de comprender la importancia del riego en el proceso de producción agrícola, es conveniente desarrollar un conocimiento más sólido acerca de los factores involucrados.

El agua es sólo uno de los factores que más influyen en la producción y productividad de los cultivos agrícolas. De la misma manera, las enfermedades y la competencia creada por las malezas también tienen una influencia significativa en el beneficio de regar un determinado cultivo. Sin embargo, si se controlan adecuadamente tanto las enfermedades como las malas hierbas, el rendimiento de los cultivos estará determinado en gran parte por los siguientes factores de producción:

1. energía ambiental (temperatura del aire y radiación solar);
2. fertilidad del suelo y aplicación de fertilizantes;
3. disponibilidad y distribución del agua;

4. aireación y drenaje del suelo;
5. densidad de plantas (espaciamiento e índice de área foliar); y,
6. variedad del cultivo.

Debido a que a la producción agrícola se le considera como una ciencia compleja, el no otorgarle la importancia que merece a un determinado factor de la producción puede provocar que el rendimiento potencial esperado se reduzca significativamente. Una deficiente aireación del suelo, o una mala selección de la variedad del cultivo, puede reducir tal rendimiento a solo la mitad de lo esperado.

Los problemas de los países en desarrollo que son relacionados a una baja productividad agrícola y a un acelerado incremento en la población, no tienen soluciones simples. El atender el riego o la fertilización solos, sin considerar el resto de los factores podría provocar la obtención de rendimientos de los cultivos poco satisfactorios. Sin embargo, cuando se mejoran todos los factores en referencia, el riego y la fertilización pueden llegar a ser muy importantes como elementos claves para incrementar la producción de los cultivos.

En muchos casos los avances en riego han dejado de cumplir las expectativas previas al proyecto, lo cual podría deberse a deficiencias en el criterio de diseño utilizado. En muchos casos el manejo del agua, incluyendo riego y drenaje, no ha sido el adecuado. En otros casos, las principales deficiencias han estado relacionadas con otros factores de la producción. Por lo anterior, es apropiado describir brevemente los factores principales de la producción, antes de presentar los detalles relativos al riego y drenaje.

2.2. TEMPERATURA, RADIACIÓN Y EVAPORACIÓN POTENCIAL

El crecimiento y desarrollo de los cultivos están influenciados por la temperatura, radiación solar, evapotranspiración potencial y el rango de temperatura diaria. Los investigadores usualmente calculan los coeficientes de desarrollo de los cultivos como una función de los grados días acumulados; donde los grados días se calculan en diferentes formas dependiendo del tipo de cultivo y el modelo de crecimiento de que se trate.

> ***¿Qué son los Grados Días de Crecimiento?***
>
> *Los grados días de crecimiento, o GDC, son la base para el reloj fenológico de cada cultivo que se usa para estimar la duración de las diferentes etapas de crecimiento. A esto también se le denomina "reloj de la unidad calor". Los relojes fenológicos son una forma de cuantificar los efectos de la temperatura del aire ambiente sobre la tasa de maduración de los cultivos.*

Para un determinado cultivo o grupo de cultivos, se usan los resultados experimentales para determinar las temperaturas mínima y máxima *cardinales*. Para el maíz, éstas podrían ser de 10°C y 30°C (50°F y 86°F). Se calcula un GDC como el promedio de la temperatura del aire menos la temperatura mínima especificada, pero para cualquier día determinado no puede ser menor a cero ni mayor a la diferencia entre las temperaturas cardinales. Los valores diarios de GDC son acumulados y comparados con los valores establecidos que significan el final de una etapa de crecimiento de un cultivo particular. En consecuencia, esta relación refleja el efecto que el clima tiene (dentro de límites) en el crecimiento del cultivo. Varios tipos de relojes fenológicos han sido propuestos y aplicados por los investigadores.

Dentro de un rango de temperaturas, se ha demostrado que los rendimientos potenciales de los cultivos han estado relacionados linealmente (proporcionalmente) con el potencial evaporativo. Se puede demostrar que la densidad óptima de las plantas o el índice de área foliar óptimo es una función de la radiación solar. El rango óptimo de temperaturas promedio para una determinada especie de planta varía según las diferentes variedades y según el rango de la temperatura diaria.

El crecimiento y desarrollo de los cultivos están influenciados por la sensibilidad fotoperiódica, es decir, el efecto de la latitud sobre la duración del día. Así que la mayoría de los modelos de rendimiento de cultivos contienen frecuentemente un coeficiente de sensibilidad fotoperiódica. Se puede usar el rango de temperaturas diarias (diferencias entre las temperaturas máximas y mínimas del aire en un período de 24 horas) para estimar la radiación solar y la humedad relativa mínima. Las temperaturas óptimas promedio para el crecimiento de las plantas están influenciadas por la radiación solar y la humedad relativa o por el rango diario de temperatura del aire. La investigación en un cultivo de patatas indica que un rango bajo de temperaturas incrementa la temperatura promedio óptima del aire, de manera que algunos cultivos producen mejor cuando el rango de temperatura es bajo. La temperatura óptima para el crecimiento de las plantas también está influenciada por otros factores. El maíz cultivado en un suelo con buena aireación puede producir un crecimiento máximo a una temperatura promedio de 28°C, pero con una deficiente aireación del suelo, las tasas de crecimiento pueden declinar en temperaturas sobre 21°C.

Hargreaves y Samani (1987) revisaron la literatura disponible y enumeraron los rangos de temperatura óptima y operativa para cinco grupos de cultivos de la FAO (1978). La lista que se proporciona en la Tabla 2.1 es una versión, con adiciones tomadas de Adams (1953) y Lorenz y Maynard (1988). Deberá ser utilizada solamente como una guía, porque el rango de temperatura más favorable está influenciado por el tipo de cultivo así como por las interacciones del factor climático.

Tabla 2.1. Temperaturas óptimas y operativas para algunos cultivos.

Cultivo Grupo 1	Temperatura óptima: 15-20°C; rango operativo: 5-30°C - café árabe, alcachofa, espárrago, cebada, betarraga, brócoli, col de Bruselas, clavel doble, zanahoria, coliflor, apio, acelga, chayote, garbanzo, crisantemo, crucíferas, pepino, frijol de verdura (ejote), ajo, gladiolas, uva, cebolla verde, habas, lentejas, lechuga, linaza (lino), melón amarillo, mostaza, avena, aceitunas, cebollas, perejil, arvejas, zapallo, patatas, nabo, centeno, habichuela verde, arveja austral, espinaca, calabaza, fresas, remolacha, girasol, maíz, pimiento dulce, tomates y trigo.
Cultivo Grupo II	Temperatura óptima: 25-30°C; rango operativo: 10-35°C - aguacates, bananos, yuca, higuerilla, cacao, coco, algodón, guisantes, berenjena, higo, frijol de verdura (ejote), uva, camote, cacahuate, pimienta picante, poroto de Egipto, kenaf, mango, quimbombó, palma de aceite, aceituna, caucho natural, arroz, café robusta, roseta, azafrán, ajonjolí, girasol, camotes, tabaco, tomate, sandía y camote blanco.
Cultivo Grupo III	Temperatura óptima: 30-35°C; rango operativo: 15-45°C - maíz, arroz, mijo, sorgo y caña de azúcar.
Cultivo Grupo IV	Temperatura óptima: 20-30°C; rango operativo: 10-35°C - maíz, mijo y sorgo.
Cultivo Grupo V	Temperatura óptima: 25-35°C; rango operativo: 10-45°C - piña y cabuya.

Varias especies de cultivo están enumeradas en más de un grupo. Los diferentes tipos o variedades del mismo cultivo tienen diferentes requerimientos de temperatura. Además, la alta humedad relativa está asociada con un bajo rango de temperatura diaria. La humedad relativa y el rango de temperatura diaria pueden alterar significativamente el rango de temperatura óptima para algunos cultivos. A partir del valor más bajo del rango operativo hasta la temperatura más baja que se muestra en el rango óptimo, la magnitud de crecimiento relativo se incrementa con la temperatura. La magnitud de crecimiento usualmente disminuye conforme la temperatura aumenta, pero en muchos cultivos un incremento lineal con la temperatura proporciona una estimación razonable en este rango. Una vez que se alcanza el rango de temperatura óptima, la magnitud de crecimiento relativo tiende a un equilibrio con la temperatura, sin embargo, luego declina conforme se exceden las temperaturas óptimas.

Las temperaturas óptimas para muchos cultivos están influenciadas por la etapa de crecimiento. Los cítricos producen bien dentro de un amplio rango de condiciones climáticas, pero el rango de temperatura deberá de estar entre 5 y 38°C, cuidando que estén libres de heladas que los perjudiquen (-1° ó -2°). Las temperaturas máximas para almendras, higos, duraznos, peras y ciruelas no deberán exceder los 38°C. Con excepción de los cítricos, estos cultivos requieren de una estación de inactividad, producida por bajas temperaturas de invierno. Las manzanas y albaricoques deberán tener una temperatura máxima de 30°C, o menos, y las cerezas deberán tener una temperatura aproximada de 20°C durante el período de producción de la fruta. La mayoría de las frutas pequeñas de arbusto como moras, zarzamora, frambuesa americana, zarzamora híbrida y frambuesas prefieren días soleados y abrigados (pero no cálidos) durante unos seis meses desde "la salida de las hojas" (primer surgimiento de las hojas) hasta la madurez de la cosecha. Las temperaturas durante el ciclo de crecimiento y producción de frutos no deberá caer abajo de 4°C, ni sobrepasar los 25°C.

La Figura 2.1 muestra la relación existente entre la temperatura promedio ambiental y el crecimiento en diferentes cultivos, generada en parcelas de experimentación. Las relaciones son típicas, pero varían de acuerdo a otros factores y tipo de plantas. A diferencia de la anterior, la Figura 2.2 indica la relación existente entre la temperatura promedio y la tasa de fotosíntesis de las hojas. Se debe recordar que hay una variación considerable de estos promedios debido a las diferencias en la variedad y a otros factores tales como el rango de la temperatura diaria y la longitud del día.

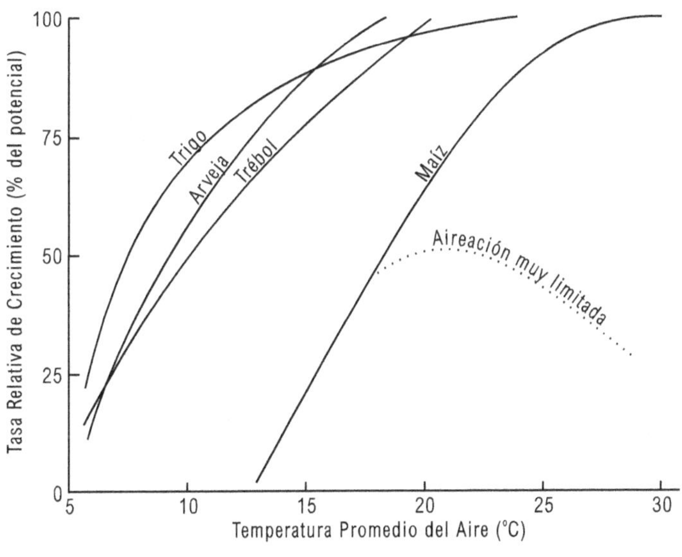

Figura 2.1. Efecto de la temperatura del aire sobre el crecimiento de diferentes tipos de cultivos.

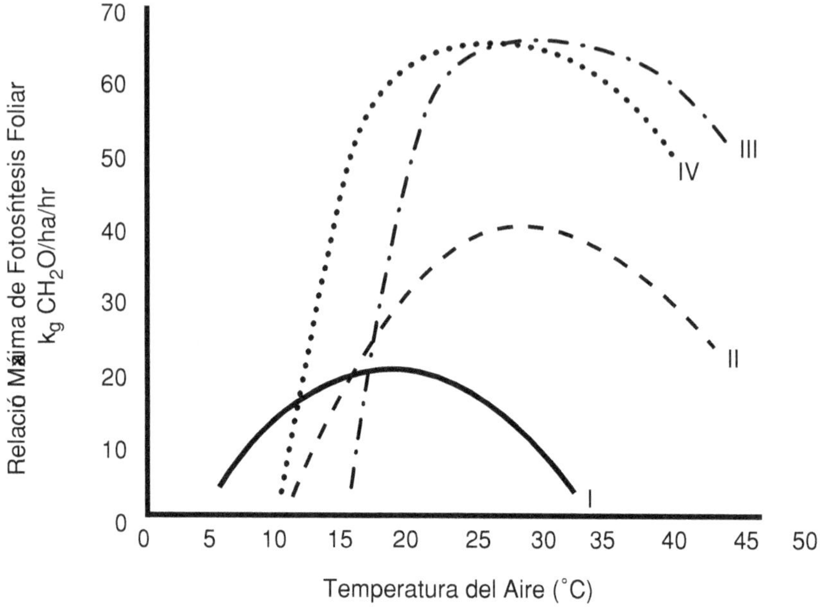

Figura 2.2. **Relación entre la tasa de fotosíntesis máxima de las hojas y la temperatura para los cultivos de los grupos I, II, III y IV (según la FAO 1978).**

2.3. CAMBIO DE CLIMA

El aumento en las emanaciones de carbono, debido a la quema de combustibles fósiles, ha dado como resultado un incremento de 0,5°C en la temperatura global promedio. Conforme la temperatura sube, se libera más energía en la atmósfera y las tormentas se vuelven más intensas, violentas y destructivas. La capacidad de adaptación de los cultivos es determinada por la temperatura y precipitaciones; un incremento promedio de 0,5°C en la temperatura tiene un gran impacto en la adaptación de los cultivos. Pero la simulación del efecto del cambio del clima en las precipitaciones mantiene muchas dudas y parece probable que habrá modificaciones en las cantidades de las lluvias desde la línea ecuatorial hacia las zonas templadas.

¿Qué es una zona templada?

Cualesquiera de las dos regiones de latitud intermedia de la tierra; la zona templada norte, entre el Círculo Artico y el Trópico de Cáncer, y la zona templada sur, entre el Círculo Antártico y el Trópico de Capricornio. Los trópicos están entre las dos zonas templadas.

Un análisis de los datos climáticos provenientes de los EUA y de la ex Unión Soviética indica que los isogramas de temperatura se han movido unos 60 km al norte con un incremento promedio en la longitud estacional libre de heladas de cinco o más días. Los valores anuales de evapotranspiración de referencia (ET_0) han aumentado de 12 a 30 mm debido al incremento de la temperatura. El resultado ha sido una disminuación en el rendimiento en los "cinturones" de maíz y trigo. El cambio de 60 km más hacia el norte de las zonas más convenientes para estos cultivos podría no cambiar mucho el potencial, pero este movimiento podría continuar. Además, la infraestructura y las prácticas agrícolas probablemente se muestren lentas para adaptarse a este cambio.

Existen pronósticos que indican que las temperaturas globales promedio subirán 3°C durante los siguientes 100 años. Si continúa tal tendencia, el calentamiento del globo terráqueo puede tener varios impactos sobre la agricultura bajo riego. Algunos de los beneficios posibles son estaciones de desarrollo más largas y más lluvias, mientras que algunos de los inconvenientes incluyen sequías más frecuentes y más severas, inundaciones más severas y salinización de los suelos. Algunos científicos han sugerido también que tal calentamiento conducirá a una disminución general en la producción agrícola en algún momento en el futuro. Otros predicen que un incremento en el CO_2 intensificará la fotosíntesis; sin embargo, las interacciones del incremento de la temperatura y los cambios en las lluvias con un mayor CO_2 requieren de evaluaciones adicionales.

2.4. FERTILIDAD DEL SUELO Y FERTILIZANTES

La aplicación de una cantidad óptima de fertilizante a menudo ofrece la posibilidad de duplicar la producción de los cultivos en comparación con aquellos sin fertilización. La productividad y viabilidad económica de los nuevos proyectos de riego a menudo depende, en gran medida, de la pericia para manejar la fertilidad. Las plantas requieren de varios nutrientes del suelo y otros del aire. Estos nutrientes incluyen nitrógeno, fósforo, potasio, calcio, magnesio, azufre y otros. Las raíces de las plantas pueden absorber sólo una cantidad limitada de componentes químicos de los nutrientes requeridos, lo cual significa que hace falta la descomposición orgánica y mineral en el suelo para apoyar el desarrollo de la planta. La descomposición orgánica usualmente ocurre en gran medida en un suelo agrícola a través de las actividades de muchos tipos de bacteria y de otros microorganismos; la presencia de suficiente nitrógeno en el suelo es crítica para mantener buenos niveles de actividad bacterial.

Muchos fertilizantes fabricados tienen un predominio de nitrógeno, fósforo o potasio a menudo con algunos elementos "traza" tales como el zinc y el manganeso. Las plantas más grandes, como el maíz, necesitan de más nitrógeno que las plantas más pequeñas porque el nitrógeno es crítico para apoyar el desarrollo vegetativo. Algunos nutrientes requeridos por las plantas son en realidad tóxicos para ellas cuando se exceden pequeñas concentraciones en el suelo; por ejemplo, la mayoría de plantas requieren de boro, pero cuando hay más de una parte por millón en la solución del suelo, esto puede restringir severamente el crecimiento y la producción de muchos cultivos.

Los fertilizantes pueden tener la forma de desechos animales, material orgánico de las plantas y productos industriales. Algunos tipos de cultivos son llamados "abonos verdes" y se usan para mejorar la fertilidad del suelo y sus características físicas. El abono verde es un cultivo que se deja crecer no para ser cosechado en la forma tradicional, sino para ser volteado con arado dentro del suelo donde se descompone. Los fertilizantes industriales, o fabricados, no son "naturales" como el estiércol animal o la materia vegetativa, pero contienen los mismos nutrientes básicos y no son más "contaminantes" que el estiércol. Los problemas con el uso de los desechos de animales como fertilizante son el riesgo potencial para la salud a través de su manejo y la posibilidad de transportar grandes cantidades de semillas de maleza. No obstante que el estiércol animal tiene la ventaja de que agrega materia orgánica directamente al suelo, lo cual puede ser un beneficio significativo para algunos suelos. El compost también se usa como fertilizante, pero generalmente a una escala relativamente baja, esto es, en pequeños lotes de tierra.

Las formas más comunes de fertilizante con nitrógeno son el sulfato y el nitrato de amonio, pero en los EUA también se usa mucho el amonio anhídro. Las clasificaciones estándar de los fertilizantes incluyen los porcentajes por peso del nitrógeno, fósforo y potasio (N-P-K). Estos son los tres componentes principales del fertilizante típicamente agregados a los suelos agrícolas, pero comunmente se añaden otros componentes químicos en cantidades mucho más pequeñas. Como un ejemplo de una especificación N-P-K, un fertilizante 18-18-18 tendrá 18% de N por peso, 18% de P y 18% de K, siendo el restante 46% materia inerte o de "relleno". La segunda cifra es, de hecho, tradicionalmente representativa de la cantidad de fosfato (P_2O_5), y el tercer valor corresponde al potasio (K_2O).

Doorenbos y Kassam (1979) proporcionan los requerimientos de fertilizante para veintiséis cultivos, en donde, los rangos de nitrógeno (N) para los cultivos de leguminosas varían de cero a 40 kg por hectárea y para cultivos no leguminosos, de 40 a 300 kg por hectárea. Para el fósforo (P_2O_5) y el potasio (K_2O) los rangos van de 15 a 110 y de 24 a 480 kg por hectárea, respectivamente. Los resultados de pruebas de campo, ensayos del suelo, ensayos de laboratorio, interacciones conocidas y modelos de producción de cultivos pueden ser muy útiles para determinar las cantidades y frecuencias convenientes de aplicación de fertilizante.

Doorenbos y Kassam (1979) también proporcionan una tabla que incluye los requerimientos de fertilizantes según la etapa de desarrollo para diferentes cultivos. La Tabla 2.2 es un resumen de tal información. Según lo anterior, los requerimientos de fertilizante pueden variar significativamente. Para legumbres, una dosis de más o menos 20 kg de nitrógeno usualmente produce buenos resultados, mientras la mayor parte de los otros cultivos requieren de por lo menos 100 kg de nitrógeno por hectárea. El promedio de requerimientos de (P_2O_5) y (K_2O) es de alrededor de 100 kg por hectárea para la mayoría de los cultivos agrícolas.

Tabla 2.2. Requerimientos de fertilizante (kg/ha) según las etapas de desarrollo para varios cultivos (adaptados de Doorenbos y Kassam 1979).

Tipo de cultivo	Nitrógeno		Fosfato		Potasio	
	Rango	Promedio	Rango	Promedio	Rango	Promedio
Bananas y piña	200-400	282	108-156	129	132-576	309
Huertos frutales y uvas	100-250	168	84-168	122	60-276	194
Legumbres	0-40	22	36-156	101	30-192	89
Granos	100-200	135	48-192	101	30-144	85
Vegetales	80-170	109	60-264	132	42-192	131
Pastizales	40-200	106	36-216	106	30-192	108

La respuesta en producción al fertilizante se puede considerar como una función de la cantidad aplicada. Si Y es la producción del cultivo y F es la cantidad de fertilizante, una función de rendimiento típica puede ser aproximada mediante la ecuación:

$$Y = a + bF - cF^2 \qquad (2.1)$$

donde a es igual a la producción sin aplicación de fertilizante, F; b es la pendiente inicial de la curva de rendimiento (el incremento en Y dividido por el incremento en F para los primeros 25 a 50 kg por ha de F aplicado); y c se determina a partir de la cantidad de F requerida cuando Y está en su máximo. Si el agua es un factor limitante, los valores de a, b, y c serán diferentes a aquellos valores que corresponden cuando existe suficiente agua; sin embargo, la forma matemática de la relación será igual.

La Ecuación 2.1 puede ser usada para representar los resultados de la investigación con varias aplicaciones de N, P ó K. Por otro lado, las ecuaciones derivadas de un factor de producción son útiles; sin embargo, usualmente es mejor basarse en el conocimiento de las interacciones de dos o tres factores de producción. Se pueden desarrollar gráficamente líneas de igual rendimiento, beneficio o utilidad neta, como funciones de los factores correspondientes. La Figura 2.3 indica las isoquantas (líneas de rendimientos iguales) de una producción promedio de fibra de algodón en el Valle de San Joaquín en California durante tres años. La forma de la interacción del nitrógeno y agua en la producción es típica para muchos cultivos. Parece que la aplicación óptima promedio de N en kilogramos por hectárea para dichas pruebas del algodón es de alrededor 0,18 veces la disponibilidad del agua en milímetros durante el ciclo vegetativo del cultivo.

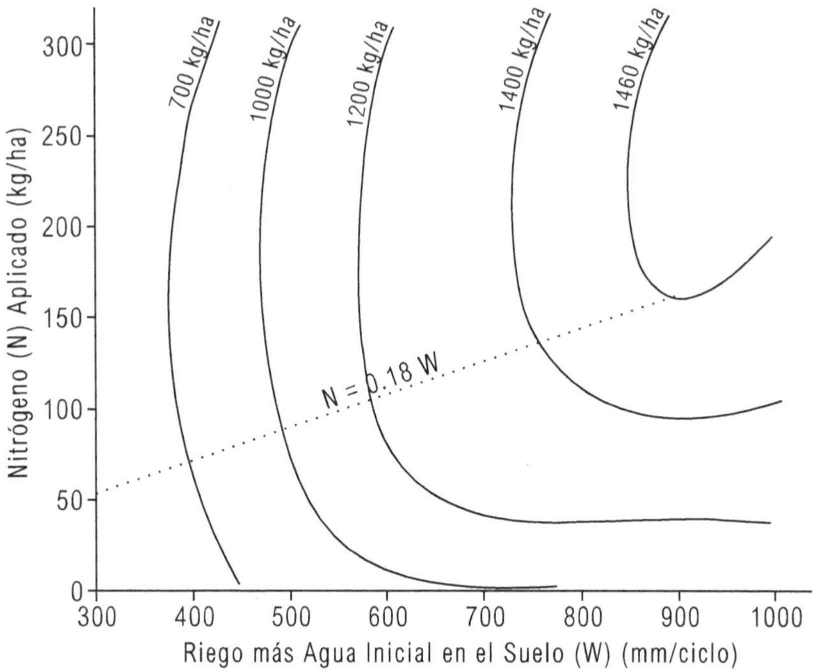

Figura 2.3. Isoquantas de producción de fibras de algodón (kg/ha).

La Figura 2.4 proporciona las isoquantas de la producción de maíz durante varios anos de investigación. La fertilización óptima de N en kilogramos por hectárea parece ser alrededor de 0,32 veces la evapotranspiración en milímetros. De la misma manera, las Figuras 2.3 y 2.4 presentan las isoquantas de producciones promedio.

Se puede usar una probabilidad de rendimiento, por ejemplo, el 75% de la producción asegurada, para indicar la confiabilidad de la producción. A partir de algunos estudios se han generado las isoquantas de beneficios netos promedio, así como las comparaciones de beneficios promedio con aquellos a nivel del 75% de probabilidad; así, se han preparado gráficos similares para varios cultivos. La forma de las isoquantas resultantes ha sido generalmente similar a aquellas de las Figuras 2.3 y 2.4.

Una ecuación típica para aplicaciones óptimas de N en kilogramos por hectárea (por ejemplo) puede escribirse como una función de la evapotranspiración total del cultivo en milímetros de profundidad (lámina) del agua (ET_c). Según la ecuación, la aplicación óptima de nitrógeno es igual al producto de un coeficiente por la evapotranspiración del cultivo.

$$N = K(ET_c) \qquad (2.2)$$

donde K es un coeficiente empirico determinado a partir de los datos disponibles de investigación para un cultivo tipo y localización particular; ET_c es el consumo total de agua por el cultivo; y N resultante está en kg/ha.

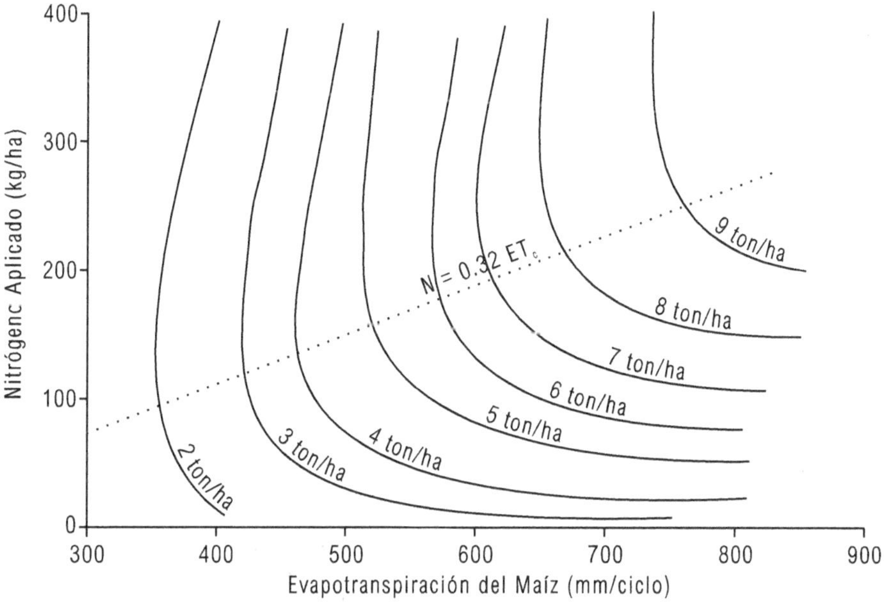

Figura 2.4. Isoquantas de producción de maíz (toneladas métricas por hectárea) en función del nitrógeno aplicado.

A través de evaluaciones de rednimiento, proveniente de pruebas de investigación, hechas en maíz, trigo, algodón y remolacha, se encontró que los valores óptimos para K son de 0,32, 0,12, 0,18 y 0,15, respectivamente. En otras investigaciones sobre rendimientos en algodón, se encontró un valor de K = 0.10. Este valor parece bajo; sin embargo, diferentes variedades de la misma especie presentan diferente respuesta a la fertilización. Aunque la forma de interacción parece bastante general, la respuesta de las plantas puede variar significativamente según la variedad y la influencia de otros nutrientes, el clima, el manejo y otros factores.

En la Figura 2.5 se muestran las isoquantas de producción de maíz de secano, las cuales equivalen a las interacciones existentes entre nitrógeno (N) y fósforo (PO), según la disponibilidad de humedad en el suelo.

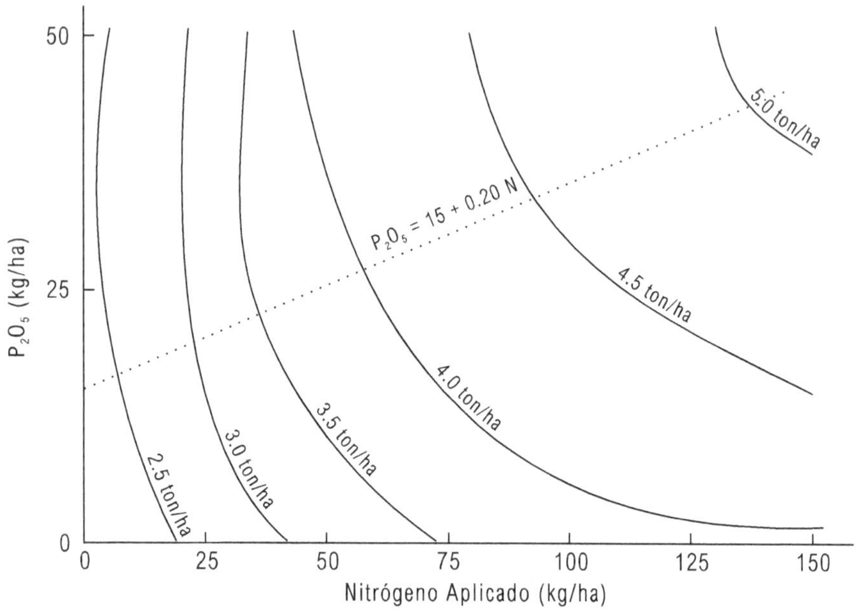

Figura 2.5. Isoquantas de producción de maíz de secano (toneladas métricas por hectárea) incluyendo diferentes aplicaciones de nitrógeno (N) y fosfato (P_2O_5).

Existe incertidumbre con respecto al valor de la intersección. Esto fue adicionalmente evaluado mediante la relación gráfica de las interacciones de P_2O_5 y N sobre los beneficios netos para varias posibilidades de producción. En base a las isoquantas de los beneficios estimados, la relación de P_2O_5= 15 + 0,2N, con un valor máximo de N = 150 kg/ha parece dar una representación muy satisfactoria de la interacción óptima entre rendimientos y beneficios. En algunas pruebas de campo la aplicación de fertilizante duplicó los beneficios netos.

Tal vez una analogía útil con respecto a los factores de producción de los cultivos es cuando un recipiente tiene varios agujeros sobre un lado, éste puede ser llenado con agua solamente hasta el orificio más bajo. Bajo esta analogía, cualquiera de los factores de producción (agujeros) o cualquier elemento esencial para el desarrollo del cultivo, puede, si es seriamente limitante, determinar el límite superior de la producción de los cultivos aún cuando todos los otros factores estén en condiciones casi óptimas. Para muchos cultivos y condiciones agrícolas, el factor más limitante será el agua y/o el nitrógeno.

2.5. DISPONIBILIDAD Y DISTRIBUCIÓN DEL AGUA

El agua es absorbida por las raíces de las plantas desde la solución del suelo, pasa a través de la planta y es transpirada y/o evaporada desde las hojas. De la misma manera, parte del agua en el suelo es evaporada desde la superficie de éste. Debido a que es difícil medir las cantidades de evaporación y transpiración en forma separada, ambas se miden o estiman juntas, bajo el concepto de evapotranspiración, pero la principal porción de consumo del agua por parte de los cultivos es la transpiración. Dentro del rango de temperaturas convenientes, el desarrollo y la producción de los cultivos son aproximadamente proporcionales a la transpiración, y para propósitos prácticos, frecuentemente se asume que son proporcionales al uso del agua por el cultivo, o evapotranspiración (ET).

El agua de riego o lluvia no está disponible de manera uniforme para el cultivo debido a que algunas partes del campo reciben más agua que otras. Además, dentro de un mismo campo, los suelos generalmente pueden no ser uniformes y la capacidad para retener el agua y sus velocidades de infiltración pueden variar considerablemente. Por consiguiente, cuando la aplicación del agua es totalmente adecuada para todas las secciones del campo, en algunas partes habrá un exceso o desperdicio considerable. Conforme se aproximan a los rendimientos máximos las eficiencias de riego declinan, produciendo una relación aproximadamente exponencial entre la producción y la disponibilidad de agua.

Hargreaves (1975) obtuvo datos de la producción para varios cultivos y pruebas de investigación y comparó los rendimientos con el agua disponible (agua inicial almacenada en el suelo, más la lluvia estacional y el agua de riego aplicada). En éste análisis, y con el fin de comparar los diferentes cultivos y unidades de producción, se usaron los rendimientos relativos del cultivo (Y), para lo cual se usó el valor de la unidad para Y cuando el rendimiento resultó ser el máximo, y X como la unidad del agua necesaria para alcanzar dicha producción máxima. Los datos usados cubrieron un rango de valores de X de 0,30 a 1,20. La mayor parte de los datos de rendimiento evaluados pueden ser representados por la siguiente ecuación:

$$Y = 0.8X + 1.3X^2 - 1.1X^3 \qquad (2.3)$$

donde Y es el rendimiento relativo del cultivo (fracción de la unidad); y X es la aplicación relativa de agua (mm). La ecuación es normalizada de modo que para valores máximos X = 1,0; Y = 1,0.

Doorenbos y Kassam (1979) usaron un procedimiento similar para estimar la respuesta en producción al agua, en donde se asume que la reducción del rendimiento del cultivo, bajo las condiciones predominantes, es proporcional a la reducción de la evapotranspiración real (ET_a), la cual es menor que la evapotranspiración potencial (ET_m). En esta concepción, ET_m es la evapotranspiración bajo condiciones en que la disponibilidad de agua del suelo no limita el rendimiento del cultivo. La relación usada, también conocida como modelo Stewart (Stewart y otros 1977) es:

$$\left(1 - \frac{Y_a}{Y_m}\right) = K_y\left(1 - \frac{ET_a}{ET_m}\right) \qquad (2.4)$$

donde Y_a es el rendimiento real; Y_m es el rendimiento potencial máximo; K_y es un factor de respuesta de la producción a la disponibilidad del agua; y ET_a y ET_m son como se han definido anteriormente.

La Tabla 2.3 ilustra la influencia que tiene la distribución del agua disponible sobre el rendimiento de los cultivos. En los capítulos siguientes de este libro se incluyen consideraciones sobre las características del suelo, lluvia efectiva y programación del riego. En la Tabla 2.3 se proporcionan los valores de K_y y su relación con las etapas de desarrollo de los cultivos, en donde se puede observar que el período de floración es el más crítico para la mayoría de cultivos. Por ejemplo, el valor de K_y para el maíz durante el período de floración es 1,5, indicando que con ET_a 10% menor a ET_m durante este período, el rendimiento real (Y_a) para la estación será del quince porciento menor que Y_m. Sin embargo, una deficiencia del 10% distribuida uniformemente a través de todo el período vegetativo del cultivo, daría como resultado una reducción del 12,5% en la producción total. Una deficiencia en un período condiciona a la planta, de modo que una deficiencia en el siguiente período es menos efectiva para reducir la producción. Además de esto, hay varias interacciones de otros factores que influyen en los rendimientos.

Por lo anterior, la Tabla 2.3 es sólo una guía que indica la importancia relativa del agua durante las diferentes etapas de desarrollo de los cultivos. Igual que la ecuación anterior, se han propuesto otras funciones de producción. Por ejemplo, se ha sugerido que la transpiración, T, se use en lugar de ET para determinar el rendimiento relativo del cultivo, así, Hill y otros (1987) desarrollaron la siguiente función de rendimiento:

$$Y = 100 \prod_{i=1}^{n} \left(\frac{T_a}{T_m}\right)_i^{\lambda_i} \qquad (2.5)$$

Tabla 2.3. Factor de respuesta de la producción, K_y (según Doorenbos y Kassam 1979).

	Período vegetativo			Período de	Producción	Período de	Período
Cultivo	Temprano	Tardío	Total	Floración	Formación	Maduración	Total
Alfalfa			0,7-1,1				0,7-1,1
Bananos							1,2-1,35
Frijoles			0,2	1,1	0,75	0,2	1,15
Col	0,2				0,45	0,6	0,95
Cítricos							0,8-1,1
Algodón			0,2	0,5			0,85
Uva						0,25	0,85
Cacahuate (maní)			0,2	0,8	0,6	0,2	0,7
Maíz			0,4	1,5	0,5	0,2	1,25
Cebolla			0,45		0,8	0,3	1,1
Arveja	0,2			0,9	0,7	0,2	1,15
Pimiento							1,1
Patatas	0,45	0,8			0,7	0,2	1,1
Azafrán		0,3		0,55	0,6		0,8
Sorgo			0,2	0,55	0,45	0,2	0,9
Soya			0,2	0,8	1,0		0,85
Remolacha							0,6-1,1
Caña de azúcar			0,75		0,5	0,1	1,2
Girasol	0,25	0,5		1,0	0,8		0,95
Tabaco	0,2	1,0					0,9
Tomate			0,4	1,1	0,8	0,4	1,05
Sandía	0,45	0,7		0,8	0,8	0,3	1,1
Trigo (invierno)			0,2	0,6	0,5		1,0
Trigo (primavera)			0,2	0,65	0,55		1,15

donde Y es la producción relativa (%), T_a es la transpiración real (por ejemplo, mm/día); T_m es la transpiración potencial; λ es un exponente de empírico; Π es la función gamma (multiplicación de términos); y el subíndice i se refiere a la etapa de desarrollo. El número de etapas de desarrollo, n, es a menudo de 4 a 6. Generalmente, la Ecuación 2.5 se aplica al final de cada etapa de desarrollo, utilizando los valores acumulativos de T_a y T_m durante la etapa correspondiente. Sin embargo, cuando la relación de T_a/T_m es mayor a cien, menos el valor crítico especificado, se asume que la producción relativa para cada etapa es el 100%. T_a y T_m son reajustadas a cero al final de cada etapa de desarrollo para cada tipo de cultivo.

Con el fin de estimar la producción de los cultivos, los conceptos anteriores han sido incorporados en la mayoría de los modelos de desarrollo. Algunos modelos usan la transpiración (T), mientras que otros usan ET, otros más estiman las interacciones de la fertilidad y condiciones de drenaje. La mayor parte de este tipo de modelo de rendimiento requiere de la disponibilidad de datos climáticos a nivel diario, los cuales frecuentemente no existen, razón por la cual, se han desarrollado algunos modelos para así generar dichos valores a partir de los promedios mensuales y las desviaciones estándar. La mayoría de los modelos de rendimiento requieren del cálculo de la evapotranspiración de referencia (ET_o). Como Jensen y otros (1990) lo han indicado, los valores de ET_o varían mucho dependiendo del método y datos de clima utilizados. Por esta razón, en varios lugares del mundo actualmente se están tratando de estandarizar los métodos para calcular la ET_o.

2.6. AIREACIÓN Y DRENAJE DEL SUELO

En áreas donde el drenaje natural es inadecuado, además de que no poder proporcionar el mismo artificialmente debido a su alto costo económico, no se puede producir cultivos en forma permanente. En estas condiciones, el arroz es una excepción, aunque éste crece bien en agua estancada, se requiere de drenaje para la mayoría de las operaciones de labranza y cosecha. El riego de terrenos donde el nivel freático es menor a treinta metros bajo la superficie a menudo produce un eventual anegamiento, salinización o ambas situaciones. En otras secciones se describe el control de la salinización y los métodos de drenaje, pero en este capitulo el énfasis está en la aireación del suelo como un factor de la producción. El grado de aireación, o la cantidad de oxígeno disponible para las raíces de las plantas, produce un efecto directo importante en la magnitud del desarrollo de la planta. De la misma manera, hay numerosos efectos secundarios relacionados con la temperatura del suelo, toxicidad específica, enfermedades de las plantas y disponibilidad de nutrientes.

La respiración es esencial para la toma del agua y nutrientes por parte de las raíces. Un contenido bajo de oxígeno (O_2) en el suelo disminuirá la captación de agua y nutrientes por las plantas, debido a la menor permeabilidad de las raíces al agua. Uno de los efectos peligrosos es la reducción en el transporte (menor transpiración) del agua, lo cual puede ocasionar la marchitez aparente. En sentido contrario, las plantas bien aireadas pueden tomar de dos a cuatro veces más agua que aquellas con deficiencias de aire. En estas condiciones, de respiración anaeróbica, se produce una oxidación incompleta de la materia orgánica, pudiendo dar como resultado productos tóxicos para las plantas. Además de que la susceptibilidad de las raíces al ataque de hongos y otros organismos se incrementa. Finalmente, con una deficiente aireación, se puede perder el nitrato (NO_3) a través de la denitrificación.

El primer requisito para obtener una alta producción del cultivo es un buen grado de establecimiento de las plantas (crecimiento denso y uniforme del cultivo). Una vez alcanzado esto, la aireación tiene una función importante en la supervivencia de las plantas en las etapas tempranas de crecimiento, por ejemplo, si el cultivo produce frutas o granos, se podría tener una disminución significativa en su producción si hay niveles bajos de O_2 (niveles bajos de respiración) en la etapa de floración. La aireación deficiente puede también dar como resultado un crecimiento reducido de los rebrotes, lo cual puede disminuir el rendimiento, sobre todo si el cultivo es productor de frutas o de material vegetativo.

La fotosíntesis, a partir del H_2O y CO_2 (agua y dióxido de carbono) da como resultado la producción de carbohidratos, en donde la reacción requiere de energía solar, por medio de la cual éstos son liberados para ser utilizados en varios procesos del desarrollo de la planta. Los requerimientos de energía para la respiración aumentan exponencialmente con el incremento de temperatura. Así, a altas temperaturas, bajo condiciones de saturación del suelo, un sólo día puede ser muy dañino para la producción del cultivo o aún fatal para aquellos cultivos demasiado sensibles a tales condiciones. La Figura 2.1 indica una temperatura óptima del aire de alrededor de 28°C para el maíz con una condición de suelo bien aireado y una óptima de alrededor de 21°C para un suelo deficientemente aireado. Después de estos valores, el desarrollo de la planta se reduce rápidamente al incrementarse la temperatura.

Gupta y otros (1992) propusieron un modelo que refleja el decremento de la producción de los cultivos por día de sumergencia, según el cual ellos proporcionaron tablas que muestran la pérdida en rendimiento de diferentes cultivos para varias localidades y durante varias etapas de desarrollo. El valor crítico promedio es de solamente unas pocas horas. La pérdida de producción es bastante variable pero en promedio es del 10 por ciento por día de sumergencia. Luego de una lluvia fuerte, los suelos de textura fina pueden requerir de cuatro días para llegar a capacidad de campo (después de que el agua ha desaparecido de la superficie del suelo). Las necesidades de drenaje superficial varían según el cultivo, textura del suelo y la probabilidad de que una lluvia sea en exceso, definiendoce ésta como el 75 por ciento de probabilidad de que la lluvia exceda 1.33 veces la ET_o (ver la definición de "índice de disponibilidad de humedad" en el glosario).

La tolerancia de las plantas a una falta de aireación depende de la temperatura del aire, el rango de temperatura diaria, variedad y especie. Hay amplias variaciones en los requerimientos climáticos y de las plantas en cuanto a aireación y drenaje pero, con la excepción del arroz, sin un drenaje natural o artificial adecuado sólo puede haber una agricultura bajo riego de productividad limitada y por un tiempo relativamente corto.

2.7. DENSIDAD, ESPACIAMIENTO DE LAS PLANTAS E ÍNDICE DE ÁREA FOLIAR

Dentro de ciertos límites, el rendimiento por planta se incrementa de acuerdo a la disponibilidad respectiva de recursos o factores de producción, así, el rendimiento por unidad de área aumenta al incrementarse el número de plantas hasta un punto en que la población de éstas es suficiente como para lograr una utilización máxima del recurso. De esta manera, la producción unitaria permanece, por lo general, razonablemente constante de acuerdo al incremento de la población a través de un rango óptimo. Este rango puede incluir poblaciones de plantas de dos a cuatro veces lo requerido para la utilización óptima del recurso. Más allá de este rango los rendimientos unitarios disminuyen.

La población deseable de plantas varía de acuerdo a la disponibilidad de recursos. La mejor cantidad de plantas por hectárea para la agricultura bajo riego puede ser de dos o más veces a la de una agricultura de secano.

La cantidad de energía solar disponible también tiene una influencia importante en la población óptima de plantas o en el índice de área foliar deseable (IAF).

¿Qué es el índice de área foliar?

El IAF es el área total de la superficie del follaje de las plantas por área unitaria de superficie del suelo, donde se consideran sólo los lados superiores de las hojas. Para la mayoría de cultivos en maduración hay una sobreposición del follaje y el IAF está entre 3 y 5.

Se han hecho varios estudios sobre el IAF óptimo o alturas óptimas de pastos para el crecimiento máximo de los diferentes tipos de forraje. La Figura 2.6 es una comparación típica del IAF óptimo para diferentes valores de radiación solar incidente R_s, en cal/cm^2/día. De acuerdo a tal figura, la producción máxima de materia seca se obtiene cuando el IAF es aproximadamente 2,6 más 0,007 R_s (IAF = 2,6 +0,007 R_s), como se indica en la línea punteada de la figura. En esta figura la línea punteada representa el IAF óptimo para un valor determinado de R_s y las curvas representan diferentes porcentajes de producción relativa del cultivo.

En el mismo sentido que los casos anteriores, el espaciamiento de las plantas está influenciado por las prácticas culturales y del cultivo mismo, tales como la distancia entre hileras y el espaciamiento dentro de las hileras. Los cultivos varían ampliamente en su habilidad para adaptarse a la utilización de los espacios alargados que se requieren, cuando el espaciamiento en las hileras es sólo una pequeña porción, con relación a la distancia entre las mismas.

En un determinado cultivo, mientras más capaces son las plantas individuales de abrirse e interceptar la luz, menor es la población óptima por unidad de área. Esto es, la densidad de plantas, bajo condiciones de madurez, no necesita ser más alta que aquella que proporcione una cobertura completa del suelo (sombreado completo de la superficie del suelo).

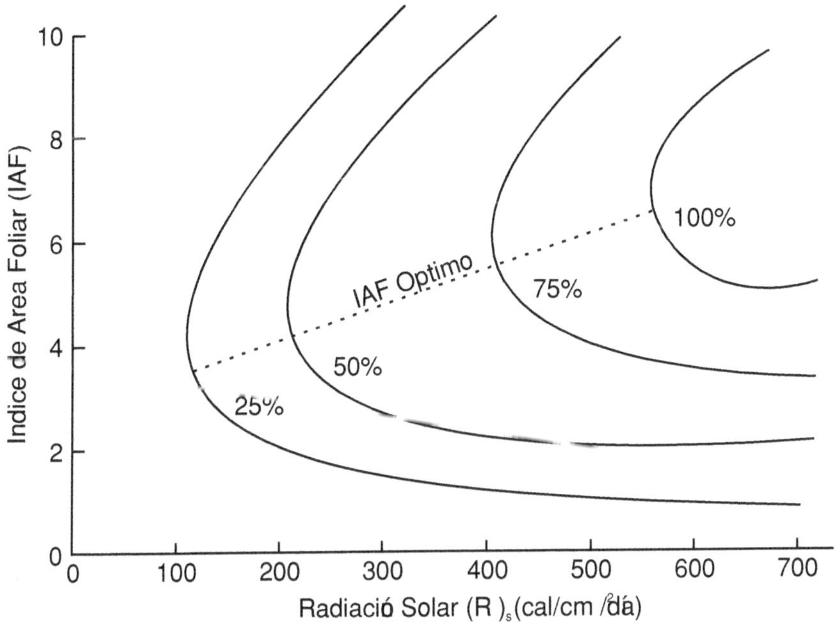

Figura 2.6. **Producción relativa de materia seca del cultivo en isoquantas.**

2.8. VARIEDAD DE LOS CULTIVOS

Para determinadas condiciones de recursos, incluyendo el suelo, nutrientes, clima y otros, la variedad de una especie determinada de plantas puede producir mucho mejor que otra. Ejemplo de lo anterior son los resultados que arroja el modelo CERES-Maíz en su versión de nitrógeno (Jones y Kiniry 1986), el cual proporciona diferentes valores en rendimiento de maíz al variar los coeficientes genéticos. De acuerdo a los resultados mostrados en la Tabla 2.4, los rendimientos de grano variaron dentro de un rango de 2,7 veces el menor previsto. Si bajo las mismas condiciones de recursos, una variedad va a producir casi tres veces lo que otra, es muy importante que se seleccione la mejor variedad de cultivo para las condiciones de recursos existentes.

Coeficientes genéticos: En el modelo, la P1 refleja los días de grado de desarrollo del cultivo (en base a una temperatura mínima de 8°C) desde la emergencia de la plántula hasta el final de la fase de máximo desarrollo (días°C), la P2 es el coeficiente de sensibilidad fotoperiódica (1/hr), la P5 es para los días de grado de crecimiento (sobre la base de un mínimo de 8°C) desde la etapa inicio de maduración a madurez fisiológica (días°C), la G2 es

Tabla 2.4. Variedades y estimaciones de rendimiento de maíz bajo condiciones de *temporal* por el Modelo CERES – maíz, versión nitrógeno - San Jerónimo, El Salvador (según Karahliloglu 1989).

Nombre del cultivar	Región	P1	P2	P5	G2	G5	Producción de Grano (kg/ha)	Biomasa (kg/ha)
B56 X OH 43	1	162	0,80	685	784	6,90	3860	11184
B60 X R 71	1	172	0,80	685	710	7,70	4242	11186
B59 X C103	1	172	0,80	685	825	10,15	5453	11645
PIO 3382	2	200	0,70	800	650	8,50	5364	11827
PIO 3901	2	215	0,76	600	560	9,00	3473	11171
PIO 3780	2	200	0,76	685	600	9,60	5062	11687
W 64A X W117	3	245	0,00	685	825	8,00	4097	12136
B 14 X OH43	3	265	0,80	665	780	6,90	3116	11903
B 8 X 153R	3	218	0,30	760	595	8,80	5059	11808
PIO 3147	4	225	0,76	685	834	10,00	4712	11951
PV 82S	4	260	0,50	750	600	8,50	4658	11939
B 73 X MO17	4	220	0,52	880	730	10,00	5265	12190
H 610	5	340	0,52	900	520	6,50	4163	11703
PIO X 304C	5	360	0,52	900	550	5,6	1995	10753

Regiones: 1. Norte de los Estados Unidos, 2. Norte de Nebraska, Iowa, Illinois, Indiana. 3. Sur de Nebraska, Iowa, Illinois, Indiana. 4. Centro de Missouri, Kansas a Carolina del Norte hacia el sur. 5. Tropical.

para el número potencial de granos (granos/planta) y la G5 es la velocidad de crecimiento potencial de los granos (mg/grano-día).

Así como el modelo CERES, en sus diferentes versiones, en la actualidad existen modelos de desarrollo para la mayoría de cultivos como granos, yuca, cacahuate, soya y otros, existiendo por supuesto los coeficientes genéticos de cultivo correspondientes, que permiten hacer las comparaciones. Partiendo de que en muchas de las estaciones de investigación se han llevado a cabo por muchos años, pruebas comparativas de campo entre variedades, en la actualidad, esta ciencia o metodología de trabajo está siendo perfeccionada rápidamente para varios cultivos. Considerando que la disponibilidad de agua de riego mejora la posibilidad de seleccionar mejores variedades, se deberán utilizar tanto los resultados de las pruebas de campo como los resultados de los modelos para seleccionar las variedades para condiciones de la agricultura bajo riego.

Debido a que una gran parte de la investigación agrícola en el mundo ha consistido de pruebas de campo sobre variedades de cultivos, la adaptación de una variedad específica está determinada en gran medida por el clima. Así, la elaboración de mapas o identificación de climas homogéneos a nivel mundial y el uso de análisis, similares a los presentados en la Tabla 2.4 tiene el potencial de reducir enormemente la necesidad de pruebas de variedades.

Partiendo de éste tipo de análisis, la selección de variedades podría hacerse en base al intercambio de información relativa a cuáles variedades producen mejor bajo condiciones climáticas específicas. De la misma manera, el registro y publicación de los coeficientes genéticos del cultivo, las condiciones del clima, otras condiciones y los rendimientos incrementarían la posibilidad de usar modelos de simulación para poder hacer la selección de los mismos.

Samani y otros (1987) presentaron una metodología usando los valores de temperatura media mensual, evapotranspiración de referencia, número de días de lluvia, cantidad de lluvia y las desviaciones standares de estos cuatro valores medios mensuales para la simulación de datos climáticos diarios. Las comparaciones presentadas indican que los rendimientos de los cultivos modelados a partir de los datos climáticos simulados son muy similares a los calculados usando los datos diarios históricos. La Tabla 2.4 indica como la selección de variedades puede ser hecha a partir del modelaje de rendimientos por medio de computadora. La selección a partir de modelos de rendimiento puede ser verificada con pruebas de campo.

Debido a que la agrotecnología es altamente transferible y la información a nivel mundial sobre suelos y climas se está volviendo más accesible, el conocimiento de las condiciones y localidades donde un cultivo determinado produce bien, puede ayudar enormemente en la selección de los mejores productos con fines de conservación de los suelos y clima. Tomando en cuenta lo anterior, un Atlas del Agua y Clima a nivel mundial, recientemente ha sido desarrollado con el cual se espera facilitar la transferencia agrotecnológica. Se puede tener acceso a dicho Atlas en el World Wide Web a través de las siguientes direcciones electrónicas:

http://atlas.usu.edu ó http://www.cgiar.org/iwmi/atlas.htm (ver Anexo A).

Capítulo 3

SUELOS AGRÍCOLAS

3.1. INTRODUCCIÓN

El método y la programación del riego, las prácticas de manejo y las decisiones respecto a la factibilidad del riego dependen en gran medida de las condiciones topográficas y del suelo. De la misma manera, las decisiones administrativas con respecto al riego están influenciadas por las características de retención del agua en los suelos, velocidad de infiltración y disponibilidad del agua, las cuales frecuentemente son un problema para el desarrollo de los sistemas de riego.

El área total de terreno conveniente para la agricultura con riego puede exceder ampliamente el suministro posible de agua en muchas localidades; por lo tanto, el proceso de seleccionar las tierras a ser regadas debería incluir un procedimiento o criterio para valorar las tierras y suelos con respecto a su valor relativo o conveniencia para el riego, en donde la información para tal efecto deberá incluir investigaciones y clasificaciones de suelo, clasificaciones de terrenos, mapas topográficos, mapas geológicos o geomorfológicos y estudios relativos a las relaciones agua-suelo. Este Capítulo se presenta para crear conciencia sobre la información que se requiere para una buena planeación y manejo del riego así como para estudiar algunas de las relaciones básicas agua-suelo, necesarias para entender el concepto de balance hídrico en la zona radicular de los cultivos.

Según cualesquiera de las numerosas clasificaciones, hay una tremenda diversidad de suelos alrededor del mundo. La etimología de la palabra "suelo" conduce a algo que significa tierra o piso. Sin embargo, desde una perspectiva agrícola, los suelos pueden considerarse como un medio para el crecimiento de las plantas y para el almacenamiento del agua dentro de la zona de raíces. Los suelos agrícolas están compuestos principalmente de minerales, material orgánico, agua y aire, donde, alrededor de la mitad de su volumen es poroso, el cual es el espacio intersticial ocupado por el agua y el aire. La mayoría de suelos agrícolas tienen sólo un pequeño porcentaje de material orgánico con una predominancia de sólidos minerales, los cuales tienen usualmente una densidad de partículas aproximada de 2,65 gm/cm^3.

3.2. TEXTURA Y ESTRUCTURA DEL SUELO

A menudo se describe a los suelos en términos de textura y estructura. Por regla convencional, la textura del suelo se refiere a las cantidades relativas de materia inorgánica (arena, limo y arcilla), y esto se relaciona con la estructura del suelo, lo cual es un indicativo de macropropiedades tales como la velocidad de infiltración y la capacidad de retención del agua. Así, la estructura se ve afectada por la textura, interacciones químicas y acciones mecánicas tales como la compactación mediante maquinaria agrícola. La estructura del suelo es el resultado de la agregación o "floculación" de partículas individuales de suelo en terrones o agregados. Los suelos defloculados son aquellos que han "perdido" su estructura, tienen una porosidad muy baja y pueden soportar sólo un mínimo movimiento de agua - esto puede ocurrir en algunos suelos arcillosos y siempre deberá ser evitado en los campos agrícolas. Los mecanismos involucrados en el grado de floculación del suelo son extremadamente complejos.

Las diferentes clases de textura del suelo se basan en un sistema desarrollado hace varias décadas en el cual se usan valores relativos (por peso) de arena, limo y arcilla para determinar la clase. La Figura 3.1 muestra el diagrama triangular de la textura del suelo que ha sido generalmente aceptado para uso en los suelos agrícolas, y que incorpora doce clases diferentes; cada una con un nombre descriptivo particular. Este sistema particular de clasificación se basa solamente en las cantidades relativas de los tamaños de partículas del suelo y que ha sido aplicado alrededor del mundo.

En términos de propiedades físicas y químicas, las arenas son las texturas más simples del suelo: ellas son relativamente no adherentes y químicamente inertes. Este tipo de suelos, tiene un volumen relativamente grande de espacio poroso no capilar (espacios entre las partículas de suelo que drenan libremente por gravedad) por lo que poseen un buen drenaje y aireación naturales. Sin embargo, las arenas tienen poca capacidad para retener el agua y baja porosidad, si se las compara con otras texturas de suelo. En contraparte, los suelos arcillosos tienen partículas mucho más pequeñas que las arenas y tienden a formar estructuras físicas complejas, con alta porosidad y una abundancia de espacios capilares; sin embargo, estos suelos tienen bajas velocidades de infiltración del agua y son más difíciles de drenar; algunas arcillas muestran características de expansión y contracción bajo diferentes contenidos de humedad. Por otro lado, los suelos francos, contienen porcentajes generalmente iguales de arenas y arcillas, que pueden considerarse como de extremos texturales. Predominantemente, los suelos arcillosos se denominan a menudo suelos "*pesados*" o "*finos*", mientras que los suelos arenosos se llaman "*livianos*" o "*gruesos*". Estos términos subjetivos están principalmente relacionados con el manejo (en términos de labranza) y cohesión de los suelos.

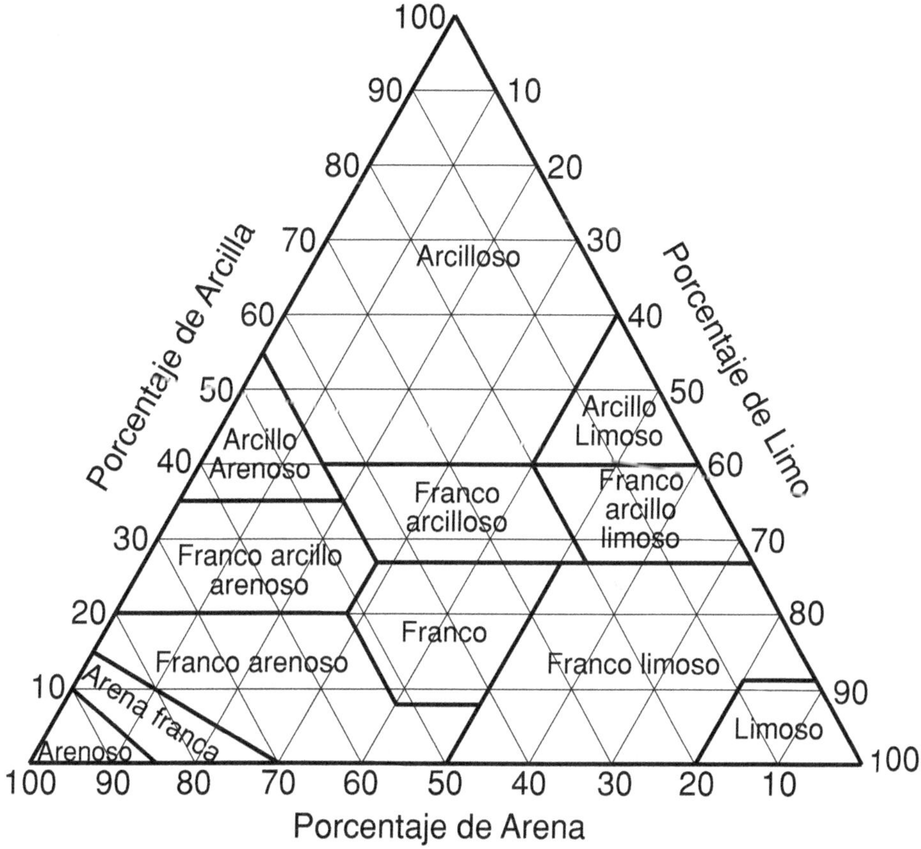

Figura 3.1. Triángulo de texturas del suelo con las clases de acuerdo al porcentaje de arena, limo y arcilla.

Algunas de las clasificaciones de suelos se refieren a cuatro componentes: materia mineral, materia orgánica, aire y agua.

El papel de la materia orgánica es de suma importancia, pues en aquellos suelos en donde ésta predomina, como los llamados suelos turbosos, o donde representa del 20% al 30% del peso total, el comportamiento físico del suelo se ve dominado más por la materia orgánica que por la inorgánica. La presencia de materia orgánica puede tener una profunda influencia en la estructura y características físicas de un suelo, así como la porosidad y manejo del suelo. Algunos suelos arcillosos pueden ser muy difíciles de trabajar -excepto dentro de un rango muy estrecho de contenidos de humedad, en un caso, el suelo puede ser demasiado seco y duro y con demasiada humedad se vuelve resbaloso y pegajoso. El material orgánico casi siempre mejora las características físicas de un suelo e incrementa la porosidad.

3.3. CLASIFICACIÓN Y EVALUACIÓN DEL SUELO

Como se indicó anteriormente, los suelos agrícolas son comparados y distinguidos a menudo de conformidad con la *textura* y la *estructura*, propiedades que dan origen a dos clasificaciones relativamente independientes. La clasificación estándar de las clases texturales del suelo incluye tres constituyentes inorgánicos: arcilla, limo y arena, cuyos valores relativos determinan la clasificación textural, tal como "franco arenoso", "arcilla", y "franco arcillo limoso". Por otro lado, la estructura del suelo se refiere a su "elasticidad" o "solidez" (cantidad de espacios de poros) y al alineamiento de las pequeñas partículas coloidales. Así, tanto la textura como la estructura están relacionadas directamente con la permeabilidad de un suelo o la tasa a la cual el agua puede infiltrarse desde la superficie del suelo.

Existen varios métodos para evaluar los suelos o clasificar las tierras con respecto a su potencial agrícola. Uno de ellos es el ÍndiceStorie (Universidad de California 1978), el cual proporciona un medio simple pero efectivo para clasificar la utilización potencial y capacidad productiva del suelo, en donde la clasificación es un valor en porciento, con un máximo de 100%, calculado como el producto de los cuatro siguientes valores porcentuales:

A. **perfil:** Los perfiles de suelo se dividen en nueve grupos, en base al suelo o desarrollo del perfil, posición geológica y fuente del material que conforma el suelo. Dentro de cada grupo de perfil la valoración varía de conformidad con la profundidad del suelo y el grado de su desarrollo.

B. **textura de la superficie:** Las tierras franco arenosas finas, y las franco arcillosas se valoran con un 100%, excepto cuando ellas son cascajosas o pedregosas, en cuyo caso el máximo llega del 70 al 80%. Los suelos de textura gruesa y de textura fina o suelos de textura pesada tienen una valoración menor.

C. **pendiente:** Los suelos con pendientes cercanas a cero (0 al 2%) son valorados con el 100%, mientras que aquellos con pendientes pronunciadas (45% o más) tienen un valor del 5 al 30%.

D. **otras condiciones:** Este factor incluye el drenaje, alcalinidad, nivel de nutrientes, acidez, erosión y microrelieve.

En la Tabla 3.1 se proporciona un ejemplo de la aplicación del Índicede Storie. Asimismo, la Tabla 3.2 muestra cómo se agrupan los suelos de acuerdo a los valores del Índice.

Ejemplo de clasificación de suelos por el Índice de Storie.

Factor	Valor
A. Suelo aluvial reciente con perfil no consolidado	100%
B. Arcilla limosa altamente calcárea	80%
C. Ondulado (3 a 8%)	90%
X. Nivel regular de nutrientes	95%
Índice de Storie Compuesto (1.0 x 0.80 x 0.90 x 0.95) x 100	68%

Tabla 3.2. Grados subjetivos de suelo de acuerdo a las escalas del Índice de Storie.

Grado	Escala Indice de Storie
1 (excelente)	80 a100%
2 (bueno)	60 a79%
3 (regular)	40 a59%
4 (pobre)	20 a39%
5 (muy pobre)	10 a19%
6 (no agrícola)	menos del 10%

3.4. CLASIFICACIÓN DE LA TIERRA SEGÚN EL U.S. BUREAU OF RECLAMATION DE LOS ESTADOS UNIDOS

El *U.S. Bureau of Reclamation* desarrolló un sistema para la elaboración de mapas o delimitación productiva de los suelos en base a un avalúo sistemático de sus condiciones, tales como la topografía y drenaje. La elaboración de mapas o clasificaciones se basa en una evaluación de la capacidad de las tierras en el oeste de los Estados Unidos para recuperar los costos de proyectos de riego, a través de la producción agrícola. Las tierras se dividen en seis clases, como se indica en la Tabla 3.3.

En muchos estudios de clasificación de tierras, solamente se han elaborado mapas de las clases 1, 2, 3 y 6, a partir de los cuales, se han establecido especificaciones definitivas para cada área de proyecto. Estas especificaciones establecen los límites para cada clase de suelo con respecto a la textura, profundidad, capacidad de retención del agua, permeabilidad, salinidad y otras características. La mayor parte de éstas características están determinadas tanto por el suelo superficial como por los horizontes del subsuelo. Las consideraciones topográficas, de drenaje natural, cubierta vegetal, rigidez y otras que pueden influir en los costos de desarrollo o producción del cultivo son registradas en mapas y/o descritas. Como complemento, durante la

Tabla 3.3. Clasificaciones de la tierra según el *U.S. Bureau of Reclamation*.

Clase	Descripción
1	Tierras convenientes para el desarrollo.
2	Tierras menos deseables debido a las características del suelo, topográficas o de drenaje.
3	Tierras que son consideradas menos convenientes que las anteriores y que tienen un menor potencial de capacidad de reembolso.
4	Tierras con deficiencias excesivas pero que son consideradas capaces de reembolsar los costos de su desarrollo.
5	Tierras no convenientes para riego bajo las condiciones presentes pero que vale la pena segregar para mayor estudio.
6	Tierras consideradas permanentemente no arables.

planimetría se anota cualquier detalle que pueda influir en la planificación del proyecto de riego.

A través de la revisión de estudios de conservación del suelo (frecuentemente contienen información sobre velocidad de infiltración y capacidad de campo en los diferentes tipos de suelos), mapas geológicos e informes geomorfológicos que han sido publicados, en muchos casos se puede disponer de información muy valiosa. A partir de este tipo de estudios, se pueden detectar los límites entre las formaciones geológicas, y que son a menudo también los límites entre los tipos de suelo y clases de tierra. Por otro lado, las formaciones calcáreas y las rocas volcánicas están asociadas a suelos más fértiles y que tienen grandes capacidades para el intercambio de bases.

Las formaciones geológicas más antiguas están a menudo asociadas con suelos de deficiente potencial agrícola.

3.5. EDAD Y TOPOGRAFÍA DEL SUELO

Generalmente, la geología y el tipo de material principal tienen más influencia en las características de los suelos más jóvenes. Así, las propiedades físicas y químicas son determinadas en gran parte por la naturaleza del material parental, la edad del suelo y la cantidad de lixiviación y descomposición que ha tenido lugar. Muchos de los mejores suelos para el desarrollo del riego son depósitos aluviales bastante jóvenes cuyo material parental es de origen calcáreo o rocas volcánicas básicas.

La topografía y posición se relacionan frecuentemente con la textura del suelo. Donde el flujo del agua superficial es lento, primero se depositan arenas y materiales gruesos, mientras las arcillas se depositan usualmente en sitios donde el movimiento del agua se ha vuelto muy lento o tal vez se ha estancado. Como se mencionó anteriormente, los suelos de textura media (por ejemplo, francos y franco arcillosos) tienen una valoración más alta para el desarrollo agrícola.

3.6. QUÍMICA DEL SUELO

La calidad de un suelo para riego está influenciada por la acidez o alcalinidad, salinidad, capacidad de intercambio de bases, saturación de bases, nivel de nutrientes (fertilidad) y por otras condiciones o elementos. El rango óptimo del pH del suelo para cultivos con riego tiene alguna variación. Un pH de 6,5 es bueno para muchos cultivos, aunque en general hay un rango de valores donde se pueden adaptar los cultivos. El pH no deberá ser menor a 5,0 o mayor a 8,5 para los cultivos usualmente producidos bajo riego. Los suelos alcalinos son aquellos con un pH mayor a 7. En el Este de los Estados Unidos, cae más lluvia que en el Oeste y, como consecuencia, los suelos agrícolas tienden a ser mucho más ácidos, razón por la cual, a menudo se aplica cal para elevar el pH; caso contrario, esto casi nunca sucede en los suelos del Oeste, donde el pH predominante es arriba de 7.

¿Qué es el pH?

La acidez o alcalinidad de una solución de agua en el suelo es comúnmente cuantificada por el logaritmo base 10 del número recíproco de la concentración de iones de hidrógeno en moléculas por litro. El valor resultante se denomina el pH de la solución. En forma de ecuación: $pH = \log (1/H^+)$. Un rango del pH va de 0 a 14, donde 0 es para una solución fuertemente ácida y 14 corresponde a una base fuerte. Un pH de 7 es considerado como "neutro".

3.7. VELOCIDAD DE INFILTRACIÓN

Cuando el suelo esta seco, el agua es absorbida (infiltrada) rápidamente; luego de 20 a 30 minutos la velocidad de entrada decrece, conforme los espacios de aire en el suelo se llenan de agua. Luego de una o dos horas la velocidad de infiltración usualmente ocurre a un ritmo constante y más lento, al cual se le denomina infiltración básica. La Tabla 3.4 proporciona valores de infiltración básica para varios tipos de suelo, sin embargo, algunos suelos poseen características de infiltración diferentes, aun cuando sus texturas sean muy similares. Por ejemplo, los suelos cerrados en el centro del Brasil tienen magnitudes de infiltración relativamente altas aún cuando su textura es predominantemente arcillosa.

Tabla 3.4. Infiltración básica para diferentes texturas de suelo.

Tipo de suelo	Infiltración básica (mm/hr)
Arcilloso	1 - 5
Franco arcilloso	5 - 10
Franco limoso	10 - 20
Franco arenoso	20 - 30
Arenoso	30 o más

Es necesario conocer la infiltración básica cuando se selecciona un método de riego (ver el Capítulo 5). Por ejemplo, el riego por superficie no es conveniente en suelos con infiltración básica alta porque esto hace que la distribución uniforme del agua sea difícil o imposible. Por otro lado, el riego por aspersión y goteo es menos conveniente en suelos con bajas magnitudes de infiltración porque tiende a ocurrir encharcamiento y escurrimiento en la superficie, reduciendo la uniformidad de la aplicación del agua. El humedecer toda la superficie del suelo durante un período significativo de tiempo impide la aireación del suelo, reduciendo la respiración de las plantas y dando, frecuentemente, como resultado rendimientos menores.

Los valores de infiltración básica también son útiles para estimar la precipitación efectiva. Si la lluvia cae más rápido que el valor de la infiltración básica, se producirán escurrimientos a menos que se prevea la forma de retener el exceso del agua en el suelo incrementando el tiempo de oportunidad para que la lluvia ingrese al suelo. Sin embargo, el cultivo o vegetación, la labranza y las prácticas de manejo pueden tener una gran influencia en la cantidad de escurrimiento. Si se hacen comparaciones entre áreas con textura y pendientes similares, se puede encontrar una amplia gama de valores de infiltración básica, aún para suelos de textura y pendiente semejantes.

La velocidad de infiltración del agua en el suelo puede hacerse a través de los siguientes métodos: infiltrómetro de anillos, estanques, entradas y salidas, surcos bloqueados (inundados) e infiltrómetro de reciclamiento. Como se indica en la Figura 3.2, un infiltrómetro de anillos generalmente consta de dos anillos concéntricos de acero, o bien por uno sólo en donde el anillo exterior puede ser un pequeño dique de tierra alrededor del anillo, cuyo fin es amortiguar el movimiento lateral exterior del agua proveniente del anillo interior. En ambos casos, el nivel del agua durante la prueba de infiltración deberá conservarse a la misma altura. Se recomiendan ambos métodos para el caso de melgas y cuadros, sin embargo, para surcos, donde la infiltración del agua en el suelo es el resultado tanto del movimiento vertical como horizontal, se recomiendan los métodos de entradas y salidas o de surcos bloqueados.

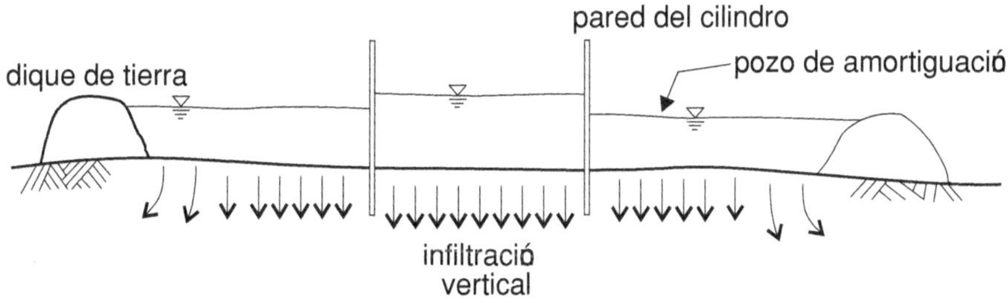

Figura 3.2. Cilindro infiltrómetro con estanque de amortiguación para promover la infiltración vertical.

Los dos últimos métodos proporcionan una mayor integración espacial, mientras que los de anillos concéntricos otorgan valores de movimiento del agua en términos puntuales, por lo que es necesario un mayor número de observaciones que los primeros casos para determinar los parámetros representativos de infiltración. Un infiltrómetro de reciclamiento es un paquete de instrumentación que deja correr el agua a través de una corta sección del surco midiéndose la infiltración en función del tiempo; éste método tiene la ventaja de tomar en cuenta tanto la geometría de los surcos como el movimiento del agua a lo largo de los mismos, dos factores que pueden afectar significativamente la infiltración.

En el riego por aspersión, el impacto de las gotas de agua en la superficie del suelo puede causar un sellado parcial y reducir la infiltración. Esto ocurre especialmente con los aspersores que producen gotas grandes sobre suelos de textura pesada (arcilla); así, la velocidad de caída de las gotas hacia la superficie del suelo, también es un factor en el fenómeno de sellado parcial, sin embargo, la mayoría de gotas de los aspersores alcanzan su velocidad terminal antes de golpear el suelo (Keller y Bliesner 1990). Por lo anterior, la información de infiltración básica, generada a través del infiltrómetro de anillos u otros medios puede ser inexacta bajo condiciones de riego por aspersión, especialmente en los suelos de textura pesada.

3.8. RELACIONES SUELO-AGUA

La cantidad de humedad disponible en un suelo, que pueda ser tomada por las plantas para su desarrollo, depende de diferentes variables. Estas variables incluyen la densidad efectiva de raíces del cultivo y su profundidad (que tan bien explora el suelo el sistema radicular), así como también la habilidad del suelo para almacenar el agua disponible. Las características principales del suelo utilizadas para estimar su capacidad de almacenamiento potencial de agua disponible, incluyen la capacidad de campo (CC), el punto de marchitez permanente (PMP) y el agua disponible (AD).

La capacidad de campo se puede definir como el contenido de agua en el suelo justamente después que el agua ha dejado de drenar por efecto de la gravedad, luego de un riego y/o lluvia en el cual el suelo fue saturado temporalmente. Típicamente, la capacidad de campo se alcanza de uno a tres días después de un riego en el cual el suelo, en la zona de raíces, es nuevamente llenado por completo de agua. Este término, se puede medir directamente como un porcentaje en base a volumen, o bien puede expresarse en mm/m de profundidad del suelo; también se puede calcular a partir de la densidad aparente, considerando el contenido de humedad en base a peso de agua en una muestra de suelo.

La densidad aparente puede cambiar de un riego a otro y con el paso de la maquinaria. Para suelos agrícolas, ésta puede variar de 1,1 para arcillas altamente estructuradas a 1,8 gm/cm^3 para arena gruesa regularmente compacta. Para hacer estimaciones relativas a la programación del riego, se asume frecuentemente un valor promedio de 1,4 o 1,5 para texturas medias de suelo.

La capacidad de campo (CC) expresa el contenido de humedad en base a peso o volumen, que puede retener un suelo, después que ha cesado de drenar el agua gravitacional, lo cual ocurre usualmente entre 1/10 de atmósfera de tensión para los suelos gruesos y 1/3 de atmósfera para los suelos pesados. Un procedimiento práctico para determinar CC es seleccionar un área (de 1,0 a 1,5 m^2) sin plantas, inundar el área para saturar el suelo, cubrir con lona o plástico para evitar la evaporación y tomar muestras del suelo luego de que éste ha drenado hasta la capacidad de campo. El tiempo requerido para el drenaje es usualmente un día para suelos de textura arenosa o gruesa y puede ser de hasta cuatro días para suelos de textura fina o pesada. Las muestras se deberán colocar en latas para evitar una perdida de humedad antes de pesarlas, luego se pesan, se secan al horno hasta llevarlas a peso constate y se calcula el porcentaje de agua por unidad de volumen o unidad de peso seco del suelo. La capacidad de campo por volumen es el porcentaje del agua mantenida en el suelo después del drenaje por gravedad por unidad de peso seco multiplicado por la densidad aparente del suelo. Al medir la CC en base a volumen se elimina la necesidad de calcular la densidad aparente. En algunas arenas, la CC puede ser menor a 8%, mientras que en arcillas orgánicas puede exceder el 40%.

Las mediciones de CC por el método anterior, bajo condiciones de drenaje lento y presencia de la capa freática superficial las hacen imposibles, para estos casos, el nivel de la capa freática deberá estar de 1 a 3 m por debajo de la profundidad donde se tomaría la muestra. El drenaje de algunos suelos es tan lento que es difícil hacer una determinación cuantitativa de la capacidad de campo. En cualquier caso la CC nunca es un valor presisamente definido.

El punto de marchitez permanente (PMP) es el contenido de humedad en el suelo, en base a peso o volumen, en el cual las plantas se marchitan y no se recuperan aunque se les exponga a un medio de alto contenido de humedad; éste término es aproximadamente igual a la humedad en el suelo que ha sido sometido a una tensión 15 bares (15 atmósferas). El PMP puede ser estimado para la mayoría de suelos de textura media como la mitad de la capacidad de campo, y el agua disponible (AD) puede ser definida como CC - PMP, la cual usualmente se expresa como una profundidad de agua disponible por metro de profundidad de suelo. Esto se calcula multiplicando el AD en porcentaje de peso seco por la densidad aparente. En la Tabla 3.5 se proporcionan diferentes valores de capacidades de almacenamiento de agua de los suelos.

Se otorga lo anterior aunque la textura del suelo no es una buena indicación del AD debido a que la variación en las características de retención del agua dentro de una textura determinada es demasiado grande. Un ejemplo, de esto lo constituye que alrededor de la mitad del triángulo de texturas del suelo (ver la Figura 3.1) está conformado por arcillas y franco arcillosos.

Tabla 3.5. Agua disponible (AD) para varias texturas de suelo.

Textura del suelo	**Agua disponible (AD) (mm/m)**
Arena gruesa	20-65
Arena fina	60-85
Arena franca	65-110
Franco arenoso	90-130
Franco arenoso fino	100-170
Franco limoso	150-230
Franco arcillo limoso	130-160
Arcillo limoso	125-170
Arcilloso	110-150
Turbas y fangos	160-240

Nota: Esta tabla fue recopilada en base a varias fuentes y representa valores promedio aproximados de AD.

Un suelo con más del 55% de arcilla puede ser considerado como arcilloso, sin embargo al compararlo, en términos de retención de humedad con otro, también arcilloso, pero con un contenido de arcilla del 90%, es completamente diferente. La capacidad de campo, o límite superior de drenaje (LSD), es una indicación mucho mejor del agua disponible.

Bowers y otros (1989) compararon los valores de CC (para valores de 8 a 41%) y AD para alrededor de 2,300 perfiles (con tres muestras cada uno) de suelo en California; al efectuar un análisis estadístico con la información, se encontró que la AD puede ser explicada en un 98% (r^2) por la CC, y que puede ser estimada por la siguiente ecuación:

$$\mathrm{AD} = 2,3 + 0,37\,\mathrm{CC} \qquad (3.1)$$

En otro informe, Jensen y otros (1990) proporcionan ocho valores medios correspondientes de AD y CC, en los cuales, los valores de AD, promedian 13% más que los valores correspondientes de AD en la Ecuación 3.1. A partir de los valores reportados por Jensen y otros (1990), Allen (1994) desarrolló la siguiente ecuación de AD como una función de CC:

$$\mathrm{AD} = 1,55(\mathrm{CC})^{0.66} \qquad (3.2)$$

La Ecuación 3.2 da valores algo más altos de AD que aquellos en la Ecuación 3.1. Aunque las dos ecuaciones anteriores proporcionan una importante variación en sus resultados, éstos son superiores que los obtenidos por los métodos basados únicamente en texturas para estimar AD.

A la mayoría de las plantas, cuando se les proporciona el riego a un régimen de humedad en suelo superior al 50% de AD, éstas sufren de un bajo estrés por tal efecto, sin embargo, cuando el riego es aplicado a un régimen más bajo, o casi cercano al PMP, las plantas sufren tal estrés, además de que el consumo de agua por éstas casi se aproxima a cero. En un programa de riego, se asume que el agua deberá de aplicarse cuando se haya agotado del 25 al 75% del agua disponible. En términos generales, se recomienda aplicar el riego cuando exista un 50% del AD, aunque éste valor depende de la evapotranspiración potencial y del tipo de cultivo. Estas consideraciones se explican en más detalle en el Capítulo 7.

3.9. ECUACIONES RELATIVAS AL CONTENIDO DE AGUA EN EL SUELO

A continuación se proporcionan varias ecuaciones para definir los términos comunes relacionados con el contenido de agua en el suelo, en donde la porosidad, ϕ, se define como el porcentaje del espacio poroso (aire y agua) relacionado con el volumen total del suelo. Este parámetro tiende a ser más alto en los suelos de textura fina (arcilla), pero también es una función de la estructura del suelo:

$$\phi = \frac{V_{\mathrm{aire}} + V_{\mathrm{liquido}}}{V_{\mathrm{total}}} = 1 - \frac{\rho_b}{\rho_s} \qquad (3.3)$$

Donde los términos de volumen se definen en la Figura 3.3, siendo $V_{liquido}$ el volumen del agua en el suelo; ρ_b es la densidad aparente (definida posteriormente); y ρ_s es la densidad de las partículas del suelo o densidad real (alrededor de 2,65 gm/cm^3 para la mayoría de suelos agrícolas). La porosidad tiende a variar de 0,3 a 0,6 (Tabla 3.6), o de 30 a 60%.

Tabla 3.6 Valores típicos de densidad aparente y porosidad del suelo.

Tipo de suelo	Densidad aparente (gm/cm^3)	Porosidad %
Arcilloso	1,1 – 1,3	53 -61
Franco	1,3 – 1,4	47 - 53
Arenoso	1,4 – 1,8	30 - 47

La saturación, S, ocurre cuando el espacio de poros de un suelo está completamente lleno de agua (no aire); pudiendose definir como una función del contenido humedad en base a volumen y porosidad del suelo:

$$S = \frac{V_{liquido}}{V_{aire} + V_{liquido}} = \frac{\theta_v}{\phi} \qquad (3.4)$$

donde S y θ_v se expresan en contenido de humedad en base a volumen, definido como:

$$\theta_v = \frac{V_{liquido}}{V_{total}} = S\,\phi \qquad (3.5)$$

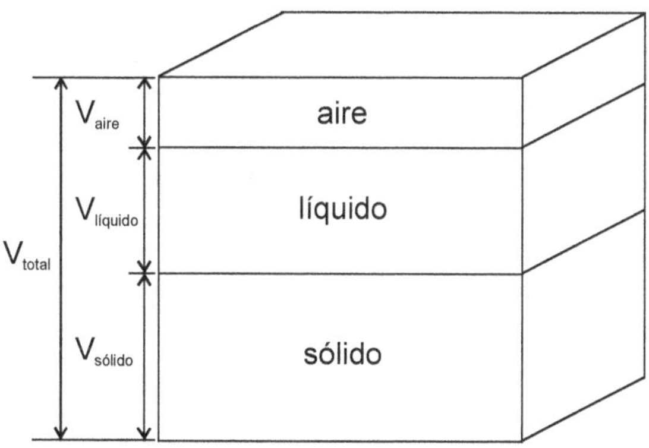

Figura 3.3. Bloque suelo-agua para definir varias características físicas del suelo.

El contenido de agua de la fracción de masa seca es la relación de la masa de agua en un volumen determinado de suelo con la masa de sus partículas sólidas:

$$\theta_m = \frac{\rho_w V_{liquido}}{\rho_s V_{sólido}} \tag{3.6}$$

donde θ_m es el contenido de agua de la fracción de masa seca; y ρ_w es la densidad del agua. La densidad del agua depende de los químicos disueltos en el agua, pero se puede tomar usualmente como 1,0 g/cm^3. Al observar la ecuación anterior, θ_m es igual a la relación de peso del agua sobre el peso del suelo seco, razón por la cual se le denomina contenido de humedad en base a peso seco.

Por otro lado, la densidad aparente se puede definir como la relación de la masa de las partículas de suelo sólido con el volumen total de la muestra de suelo (ver la Tabla 3.6):

$$\rho_b = \frac{\rho_s V_{sólido}}{V_{total}} = \rho_s(1 - \phi) \tag{3.7}$$

Como se asentó anteriormente, el agua disponible (AD) es la diferencia entre el contenido de agua a capacidad de campo y punto de marchitez, multiplicada por la profundidad de la zona de raíces, R_z.

$$AD = \left(\theta_{cc} - \theta_{pm}\right) R_z \tag{3.8}$$

El agua retenida en el suelo entre la saturación y la capacidad de campo está realmente disponible para las plantas, pero esto es generalmente ignorado debido a que la mayoría de suelos agrícolas drenan a capacidad de campo en uno a tres días. El ignorar el agua entre saturación y capacidad de campo se puede considerar un factor de seguridad en los cálculos de diseño para la capacidad del sistema de riego.

El déficit permisible de manejo (DPM) es la fracción del total del agua disponible en el suelo que se permite se consuma antes de regarlo. El valor de DPM tiende a bajar en cultivos de alto valor, a menos que sea necesario someter las plantas a estrés para tener una producción aceptable (por ejemplo, algodón y sandías). El DPM se usa a menudo en los cálculos preliminares de diseño de los sistemas de riego.

La Figura 3.4 muestra dos ejemplos de curvas de contenido de humedad en el suelo, una para la distribución de la humedad en la zona de raíces inmediatamente después de un riego, en la cual el contenido de humedad en la superficie está en o cerca de la saturación y la otra para la humedad redistribuida en el suelo después de unos pocos días del riego. Esto representa el caso típico para un perfil uniforme de suelo y donde el contenido de humedad alcanza la capacidad de campo de 1 a 3 días después del riego. La Figura 3.4 está desarrollada bajo el supuesto de que el contenido inicial de humedad en el suelo (justamente antes del riego) es menor a la capacidad de campo y que es constante a través de la profundidad; Sin embargo, de alguna manera esto se idealiza porque el contenido inicial de humedad en el suelo no sería uniforme en general y la presencia de un nivel freático elevado movería las partes inferiores de las curvas hacia la derecha. En la figura, las áreas A_1 y A_2 son iguales a menos que se remueva la humedad del suelo por efectos de la evaporación y/o transpiración.

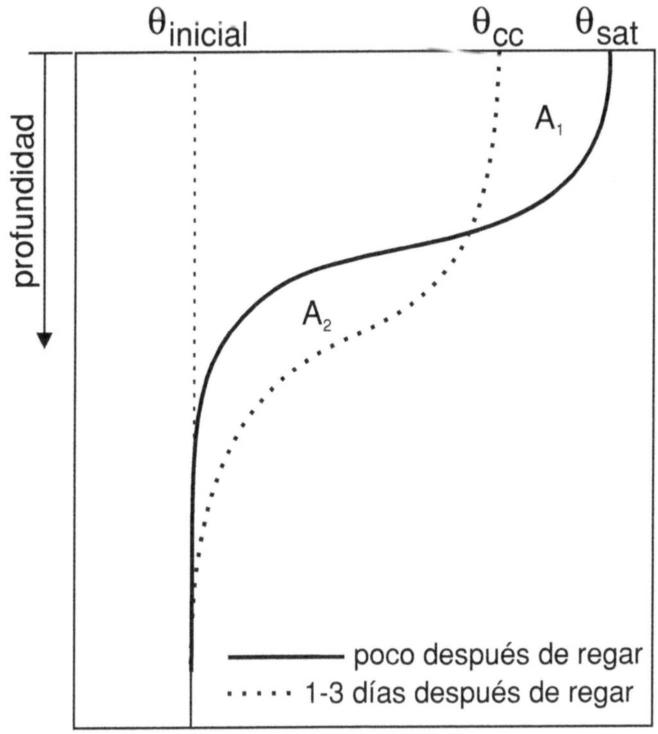

Figura 3.4. Ejemplo de curvas de contenido volumétrico de agua versus profundidad, partiendo de la superficie del suelo.

3.10. POTENCIAL DE AGUA EN EL SUELO

Como el contenido de humedad en el suelo es análogo al contenido de calor, el potencial es análogo a la temperatura. El potencial de agua en el suelo a menudo se expresa en unidades de columna de agua, cm o m. La tensión de agua en el suelo es una presión negativa la cual se relaciona con la presión atmosférica. El potencial total de agua en un suelo usualmente se expresa como la sumatoria de los potenciales por: posición, presión de solutos presentes en la solución del suelo y potenciales mátricos:

$$\psi_t = \psi_z + \psi_p + \psi_s + \psi_m \qquad (3.9)$$

donde ψ_t es el potencial total; ψ_z es el potencial gravitacional; ψ_p es el potencial de presión; ψ_s es el potencial del soluto; y ψ_m es el potencial mátrico.

Debido a que el potencial gravitacional es tomado de datos arbitrarios y se le considera simplemente para propósitos de comparación entre los diferentes estratos en el perfil de suelo, éste potencial es un término relativo. Por otro lado, al potencial de presión se le considera como cero, a menos que el suelo esté saturado, al cual se le considera como cero sobre la superficie libre del agua e incrementándose linealmente abajo de ésta. El potencial de presión se puede medir utilizando un piezómetro y las unidades se dan en columna de agua. A diferencia de los anteriores, el potencial de solutos o substancias disueltas se relaciona con la osmosis y membranas semi-permeables (por ejemplo, como en las plantas), y a menudo puede estimarse como 0,36 veces la conductividad eléctrica (EC) (para extractos de suelo de 3 a 30 dS/m). Este tipo de potencial se aumenta conforme de incrementa la salinidad del suelo, haciendo más difícil que las raíces de las plantas extraigan el agua del suelo.

El potencial mátrico se relaciona con las fuerzas absorbentes del suelo y puede ser medido utilizando un tensiómetro. El potencial mátrico es casi cero para condiciones de suelo saturado, menos para capacidad de campo, 0.1 a 0.3 bares (-100 a -300 cm de columna de agua) y aun menos para condiciones de marchitez permanente, 15 bares (-15.000 cm de columna de agua). Los bares son aproximadamente igual a las atmósferas, un centibar (0,01 bar), cb, tiene alrededor de 10 cm de columna de agua.

3.11. DETERMINACIÓN DEL CONTENIDO DE HUMEDAD EN EL SUELO

Se pueden usar varios métodos para determinar el contenido de humedad en el suelo y hay nuevos métodos que se están desarrollando. Sin embargo, quizás el procedimiento más preciso es el método gravimétrico, el cual consiste en llevar muestras del suelo húmedo a un laboratorio y pesarlas, se secan en un horno por varias horas (de 18 a 24), y luego se les vuelve a pesar. La diferencia entre los pesos corresponde al peso del agua en el suelo. Una de las desventajas de éste método es que demora varias horas para recoger y preparar las muestras de suelo, además de que se requiere equipo de laboratorio. Otra alternativa, es usar un microondas en lugar del horno; de esta manera, el tiempo de secado se reduce de 5 a 10 minutos.

La sonda (o dispersor) de neutrones se ha vuelto cada vez más común para determinar el contenido de humedad en el suelo, por ser preciso y rápido de aplicar; sin embargo, puede ser costoso, pues su precio puede alcanzar varios miles de dólares.

Aunque depende del contenido de humedad en el suelo (con más agua, la esfera de influencia de la sonda disminuye), y con el fin de evitar errores de identificación de límites a través del perfil, la determinación del contenido de humedad, deberá comenzar 9 pulgadas bajo la superficie del suelo. Los tubos de acceso vertical para insertar la sonda son usualmente de aluminio o PVC, y debido a que ambos materiales responden en forma diferente a la acción del material radiactivo en el dispositivo, la calibración de lecturas deberá de efectuarse en forma separada. Por el carácter radiactivo de las sondas, éstas pueden ser peligrosas para la salud si no se las maneja adecuadamente; por lo que, los usuarios de éste tipo de dispositivos deberán de recibir una capacitación formal sobre su aplicación y almacenamiento; de la misma manera, dichos usuarios, deberán usar dispositivos que reflejen el nivel de exposición a la radiación de la sonda.

Otro método, que ha sido utilizado para medir la humedad del suelo, es el de las ondas de radio (TDR), el cual en la actualidad se esta volviendo más eficaz y seguro que la sonda de neutrones, sin embargo es más costoso. De la misma manera, se han aplicado otras técnicas más modernas como la reflectometría. Con el mismo objetivo que los anteriores, durante muchos años se han utilizado los bloques de yeso, los cuales son baratos y fáciles de usar, sin embargo no son muy precisos, además de que son frecuentemente dañados por las sales en el suelo. Otro método tradicional para medir el potencial (no la humedad) del agua en el suelo son los tensiómetros, también son baratos y fácil de usar e instalar.

Capítulo 4

EVALUACIÓN DE LOS RECURSOS PARA EL RIEGO

4.1. INTRODUCCIÓN

Con el fin de efectuar una evaluación del riego y sus posibles beneficios, es necesario efectuar un reconocimiento tanto de los recursos disponibles como de sus necesidades. Una vez hecho esto, y si todas las condiciones de clima, suelo, disponibilidad de agua, precios y demanda de mercado son favorables, podría ser factible financiar proyectos de riego. Para los grandes proyectos frecuentemente se investigan a detalle a través de un diagnóstico la disponibilidad de recursos, mientras que para pequeños proyectos de riego, los agricultores pueden tener el conocimiento suficiente sobre los recursos como para tomar las decisiones correctas.

Este Capítulo describe algunos de los principales recursos a considerar proporcionando una guía con respecto a los métodos de investigación y evaluación de los recursos más importantes.

4.2. CLIMA

Cuando los otros factores de la producción diferentes al clima, son favorables, el desarrollo y crecimiento del cultivo están determinados por la disponibilidad de energía y agua. Si éste es el caso, la disponibilidad de energía al medio se puede hacer mediante la consideración de dos factores: La temperatura del aire y la radiación solar directa. La mayoría de los cultivos agrícolas pueden dividirse en dos grupos con respecto a sus requisitos de temperatura (ver la Tabla 2.1). Los cultivos de estación fría tienen poco desarrollo a temperaturas abajo de 5°C teniendo su óptimo crecimiento de 15 a 20°C, mientras que los de estación cálida tienen un límite mínimo de alrededor de 10°C, con un rango de crecimiento óptimo de 25 a 30°C. En algunos cultivos el mejor rango de crecimiento comienza de 25 a 30°C y termina en 35°C.

Algunos cultivos prosperan en climas húmedos y otros lo hacen bien en condiciones áridas. La fotosíntesis está determinada en gran medida por la radiación solar e está influenciada por la temperatura del aire. La cantidad de radiación solar que llega a la superficie de la tierra puede ser estimada en base a la latitud y el rango de temperaturas entre la máxima y la mínima, o rango de temperaturas (RT). Valores bajos de RT a menudo se asocian con valores altos de humedad relativa mínima.

Como resultado de estas relaciones, los valores de temperaturas máxima y mínima, precipitación y latitud son por lo general adecuados para definir el potencial climático para la producción agrícola.

El valor medio y la desviación estándar (DS) de precipitación, proporcionan un índice, útil para evaluarla como un recurso de producción agrícola. La DS es un valor estadístico, el cual sirve para expresar que el 67% de los valores históricos medidos, están entre la media estadística más o menos una DS. Así como esto, la DS de los valores medios mensuales de temperatura, usualmente está del 2 a 10% del valor medio, a largo plazo. De igual manera, el 75% de probabilidad de lluvia para períodos mensuales o de diez días es una indicación útil para estimar la probabilidad de que una lluvia caiga. Un 75% de probabilidad significa que en 3/4 de los años ocurrirá en promedio la cantidad especificada o más. En otras palabras, en 1/4 de los años se observará menos de ésta cantidad, en promedio. La lluvia excesiva puede ser dañina para la producción del cultivo y causar erosión del suelo, interferir con el manejo del cultivo y una menor aeración del suelo. Por lo anterior, es de importancia el evaluar la probabilidad de cantidades inusualmente altas de lluvia.

Las características del suelo, latitud, temperatura media y el rango de temperaturas se pueden usar no sólo para definir el potencial climático sino también para estimar los requisitos de agua del cultivo. Si todos estos factores se aproximan a lo que demanda el cultivo, el potencial de producción del mismo se puede determinan en base a:

1. temperatura media, rango de temperatura y longitud del día (horas de luz solar)
2. la suficiencia y seguridad del agua, incluyendo el que no haya cantidades excesivas de precipitación.

Tomando en cuenta lo anterior, Hargreaves (1977) propuso algunas clasificaciones del clima y su productividad agrícola en base a un índice de disponibilidad de humedad (IDH), en donde el IDH expresa el 75% de probabilidad de una precipitación segura (PS) dividido por la evapotranspiración de referencia (ET_o). En la Tabla 4.1 se presentan tales clasificaciones.

Tabla 4.1. Clasificaciones de clima y su productividad en base al Índice de Disponibilidad de Humedad (IDH).

Criterio de productividad	Clasificación del clima	Clasificación de productividad agrícola
Todos los meses con IDH de 0 a 0,33	Muy árido	No conveniente para la agricultura de temporal (sin riego)
1 o dos meses de IDH en 0,34 o mayor	Arido	Limitada adaptabilidad para agricultura de temporal
3 o 4 meses de IDH en 0,34 o mayor	Semiárido	Posible producción en cultivos que requieren una estación de crecimiento de 3 a 4 meses
5 o más meses consecutivos de IDH en 0,34 o mayor	Húmedo-seco	Posible producción en cultivos que requieren una estación de crecimiento de 5 (o más) meses
1 o 2 meses con IDH sobre 1,33	Algo húmedo	Se requiere drenaje natural o artificial para la producción agrícola normal
3 a 5 meses con IDH sobre 1,33	Moderadamente húmedo	Se requiere buen drenaje para la producción agrícola normal
6 o más meses con IDH sobre 1,33	Muy húmedo	Se requiere muy buen drenaje para la producción agrícola normal

Los criterios anteriores han sido utilizados con éxito para zonificar grandes regiones para la producción agrícola y para cuantificar las necesidades de riego y drenaje. El uso de los valores IDH para períodos de 10 días es más útil que aquellos para períodos mensuales. El IDH puede ser calculado en forma confiable en base a los registros de precipitación y temperatura, donde los cálculos de la evapotranspiración de referencia (ver el Capítulo 6) eliminan muchos de los errores que surgen de estimaciones (o mediciones) deficientes de radiación solar, velocidad de viento y déficit de presión de vapor.

La Tabla 4.1. ha sido utilizada para zonificar la probabilidad de uso agrícola, en áreas tropicales con una estación de crecimiento de 12 meses libre de heladas. Para climas templados, se debe tomar en cuenta una contribucón del agua remanente del suelo y que proviene de la estación de invierno anterior, en donde ésta, varia según el tipo de suelo, prácticas de manejo y otros factores.

El *International Water Management Institute* (IWMI) ha seleccionado el símbolo MAI (a veces se escribe A_{75}) en lugar del IDH, para ser utilizado en los estudios a nivel mundial. En éste análisis, el IWMI usa la evapotranspiración neta (ETN) para indicar las necesidades de riego y drenaje, en donde el ETN es igual a la ET_0 menos la cantidad de precipitación al 75% de probabilidad, P_{75}. IWMI usa la Ecuación 2.3 con una clasificación de clima donde el valor de IDH se aumenta de 0,34 a 0,38 para los mapas mundiales de potencial agrícola.

Con el fin de determinar el IDH o A_{75} para varios países, se ha utilizado la función Gamma; sin embargo, a través de la DS y la media, (P_m) de la precipitación también puede hacerse lo mismo, utilizando la siguiente ecuación:

$$P_{75} = P_m - 0,74\ DS \tag{4.1}$$

La Ecuación 4.1 es más fácil de aplicar que la función Gamma y la diferencia en los valores calculados de P_{75} puede ser no significativa. Por lo anterior, se recomienda el uso de la Ecuación 4.1.

4.3. HIDROLOGÍA

El promedio o cantidades medias de precipitación son criterios frecuentemente deficientes para usarlos en la planificación de proyectos de riego. El promedio anual de desviación a partir de la precipitación media puede ser menor al 10% o puede exceder el 40%. Las cantidades mensuales son aun más variables. En ocasiones hay varios años transcurridos entre cantidades de precipitación y su influencia en el caudal base (flujo mínimo) de los ríos y la influencia es acumulativa. En un período de 18 años (1950-1967) la lluvia promedio en veinte estaciones del oeste de Africa superó la media a largo plazo en 17 años y estuvo sólo un poco por debajo de lo normal en un año. Este período de lluvias adecuadas fue seguido por un período de precipitaciones menores al promedio.

Durante un largo período de lluvias mayores a lo normal, el caudal base en las corrientes y ríos se incrementa gradualmente, provocando que tanto los niveles de agua subterránea como la producción de las vertientes y pozos puede también incrementarse substancialmente. En sentido contrario, en un largo período de precipitación menor al promedio, algunos ríos, vertientes y pozos se podrían secar o ver reducidos sus caudales en forma severa. Por su complejidad, las interacciones entre agua superficial y subterránea pueden ser difíciles de entender pudiendo involucrar grandes demoras de tiempo. Así, para tener un entendimiento profundo de estas relaciones se requiere del estudio detallado de los principios hidrológicos.

Para la planeación de proyectos de riego se han usado varios criterios para establecer la probabilidad de disponibilidad de agua. A veces se usa la probabilidad al 75% del flujo asegurado en las corrientes de agua, mientras que en otras ocasiones se usa, el flujo promedio de los ríos durante los peores períodos secos registrados. Frecuentemente se ha considerado aceptable algún grado de déficit de agua, por ejemplo, que el déficit en cualquier año no exceda el 30%, o bien, los valores de Q_{75} pueden ser calculados a partir de una distribución gamma o de la Ecuación 4.1 (con Q el lugar de P).

En algunas situaciones el flujo de los ríos excederá en mucho las necesidades de riego. Sin embargo, más a menudo, el área de terreno conveniente para riego excede el suministro potencial de agua, lo cual significa que no hay suficiente agua para regar toda el área. En estos casos, se deberán inspeccionar y evaluar todos los registros e información disponibles sobre precipitación, caudal promedio de los ríos, caudal base y niveles de agua en los pozos. Con esta información, se deberán resumir las medias y desviaciones estándar por meses de valores diarios de lluvia y flujo de ríos. De la misma manera, también se deberán calcular y reportar las medias mensuales de los días con lluvia, extremos de lluvia de un día, gastos pico de los ríos, así como valores mínimos absolutos de los caudales.

Se deberán obtener los registros de niveles de agua en pozos, los estratos encontrados a las diferentes profundidades, así como los rendimientos de los pozos, expresados en unidad de volumen por unidad de tiempo por unidad de bajada de nivel. Los mapas topográficos y geológicos proporcionan frecuentemente alguna información relativa a la probable localización y extensión de acuíferos subterráneos.

La cantidad de lluvia que puede ser usada por los cultivos está influenciada por las intensidades (profundidad y duración de la lluvia), velocidad de infiltración del agua en el suelo, y las prácticas de manejo que determinan el tiempo de oportunidad para que el agua ingrese al suelo, así como las condiciones del suelo. Para el diseño de las instalaciones de drenaje, obras para prevenir inundación, alcantarillas y otros trabajos hidráulicos, se requiere del conocimiento de precipitaciones extremas.

Un estudio de los registros de lluvias a nivel mundial indica que para un período de retorno determinado, o frecuencia de ocurrencia de 5 a 200 años, las láminas promedio de lluvia, expresadas como fracciones de las láminas observadas diarias (LOD) de lluvia, son aproximadamente constantes. Para una determinada frecuencia o período de retorno, la relación de láminas precipitadas con las LOD tienden a ser como se muestra en la Tabla 4.2.

Tabla 4.2. Láminas promedio de lluvia, como fracciones de las láminas de lluvia diarias para diferentes períodos de tiempo.

Duración	**5 min**	**15 min**	**30 min**	**1 hr**	**2 hrs**	**6 hrs**	**2 días**	**3 días**
Relación	0,15	0,28	0,40	0,50	0,60	0,78	1,19	1,32

Como se puede ver en la Tabla 4.2, las láminas de lluvia probables para una hora de lluvia son aproximadamente iguales a las profundidades LOD divididas entre dos. Hershfield (1961) encontró que las cantidades probables de lluvia durante 1.440 minutos (24 horas) promediaron 1,13 veces la lluvia extrema LOD para la misma frecuencia. El uso de esta relación con las razones que se muestran anteriormente indica que para tiempos de duración, t, de 0,5 a 72 horas, la lámina probable de lluvia es una función de la raíz cuadrada de t; ésto es, $t^{0.25}$.

Para una frecuencia determinada o período de retorno (T) de 5 a 200 años, se pueden usar valores de LOD para estimar el valor extremo de LOD para un período de retorno determinado. Este valor de LOD dividido por dos dará un valor aproximado de la lámina probable (L) para un tiempo de una hora (t). En cualquier otra frecuencia (T) desde 5 a 200 años y para duraciones (t) de 0,5 a 72 horas o más, se puede estimar la lámina probable de la lluvia en base a la siguiente ecuación:

$$\frac{L_1}{L_2} = \left(\frac{t_1 \, T_1}{t_2 \, T_2} \right)^{0.25} \tag{4.2}$$

Hay una relación entre cantidades de precipitación media anual (PMA) y valores extremos de LOD. Los valores extremos de LOD en tres continentes fueron comparados con los de PMA, encontrándose que un valor de $5(PMA)^{0.50}$ envuelve al 70% de los valores LOD extremos de 30 años de registro, o más. Según lo observado, las desviaciones tienden a ocurrir principalmente bajo fuertes condiciones orográficas, siendo esta relación, útil como una estimación aproximada de los posibles valores extremos.

Los eventos de inundación extrema provenientes de cantidades inusuales de lluvia pueden producir pérdidas o daños tanto a las represas como a las instalaciones de infraestructura, a pesar e esto, frecuentemente se subestima la posibilidad de eventos inusuales. Una comparación de valores, LOD extremos (LOD_x), para registros de 30 años, con cantidades promedio mensuales de lluvias, durante el mes de máximo valor registrado (PM_x), indicó que el LOD_x excedió al PM_x en un 50% de todos los registros. De igual manera, el LOD_x excedió $2PM_x$ al 10% de los valores registrados. Con fines de previsión, la vida útil de muchas instalaciones se asume de 40 años o más. Sin embargo, durante la etapa de planificación se deberá de hacer una estimación de riesgo de daño o falla debido a eventos inusuales de inundación o lluvias.

Los valores de extrema precipitación o caudal una vez en 20 años (P_{05} ó Q_{05}) se pueden calcular con la desviación estándar (DS) y los promedios (P_m y Q_m). La ecuación de P_{05} es:

$$P_{05} = P_m + 2{,}04 \, DS \tag{4.3}$$

Valores de otros períodos de retorno pueden ser calculados con la Ecuación 4.2.

La precipitación menos la evapotranspiración de una cuenca hidrológica determina en gran medida el escurrimiento de la corriente, pudiéndose usar la suma de valores positivos mensuales de la precipitación menos la evapotranspiración de referencia (ET_0) como un valor substituto, y así poder estimar el coeficiente de variación (CV) del escurrimiento. Si la precipitación promedio es representativa de lo que sucede en la cuenca hidrológica, el CV del valor substituto será similar al CV del escurrimiento. Esta relación es muy útil para determinar el valor de los registros de escurrimientos cortos. Se puede usar un registro climático extenso para comparar la variabilidad a largo plazo del valor substituto con la variabilidad a corto plazo durante un corto período de mediciones.

A veces es necesario estimar los valores mensuales de escurrimiento en los ríos de una cuenca hidrológica no calibrada, lo cual se puede hacer si es que se dispone de los registros de precipitación y temperatura provenientes de una cuenca que si esta calibrada. Siguiendo esta idea, se han encontrado buenas correlaciones entre los valores mensuales del índice de disponibilidad de humedad (IDH) y el escurrimiento mensual en $l/s/km^2$ a un nivel de probabilidad del 75%. Se considera una demora en el tiempo de escurrimiento, en aquellos casos donde la mejor correlación se produce en un lapso de 15 a 30 días, encontrándose que los valores de r^2 (el coeficiente de determinación) de estas correlaciones usualmente van de 0,75 al 0,98. Así, se ha encontrado que el 75% de probabilidad de que suceda un determinado caudal en una corriente, es útil para aquellos casos de planeación preliminar. En cuencas hidrológicas donde existe mucha infiltración profunda y flujo subterráneo, no está bien definida la relación entre IDH y escurrimiento superficial. Sin embargo, se ha encontrado una buena correlación para muchas otras cuencas hidrológicas (ver Anexo A.5).

4.4. FACTORES HUMANOS Y OTROS

En muchos países en desarrollo, existe mucha dependencia en la tierra para alimentar a un gran número de pequeños propietarios, los cuales al manejar la tierra familiar con métodos primitivos de cultivo, han provocado un constante deterioro de los recursos naturales existentes. En varios de estos países, las actividades concernientes al manejo del agua están virtualmente subdesarrolladas, además de que la centralización de las funciones gubernamentales dificulta el desarrollo de la responsabilidad y liderazgo local dentro de la comunidad.

Muchos proyectos de riego requieren de la acción del grupo. Una fuerte tendencia hacia el individualismo puede presentar ciertos problemas para obtener una acción efectiva de grupo. Sin embargo, el individualismo puede ser efectivamente utilizado para estimular un mayor logro en las prácticas apropiadas de riego. En algunas comunidades rurales los pequeños propietarios dependen mucho de la protección pública. Aunque frecuentemente desconfiados del gobierno, ellos pueden reconocer que la administración exitosa, adecuada y justa de las instalaciones de riego requerirá de un fuerte apoyo y cumplimiento de las decisiones y reglamentos.

El éxito a largo plazo de los proyectos de riego puede depender de varios factores, y algunos de ellos son los siguientes:

1. Habilidad para proporcionar medidas de conservación en la cuenca hidrológica, aguas arriba del proyecto;
2. Un adecuado control del agua en exceso y drenaje con el fin de remover el exceso de lluvia y la lixiviación de las sales;
3. Satisfacer la demanda del mercado, y disposición de instalaciones para procesar y/o almacenar los productos;
4. Disponibilidad de crédito, fertilizantes, equipo, mano de obra y otros insumos requeridos;
5. Aceptación del tamaño de las granjas y otras políticas, que promoverán una tasa de crecimiento del capital razonablemente rápido;
6. Participación de los usuarios en la planeación y financiamiento del proyecto de riego; y
7. Capacidad para introducir nuevas prácticas agrícolas, sistemas de labranza y variedades mejoradas, una vez que se disponga del proyecto.

Las prácticas agrícolas mejoradas se introducen frecuentemente con más facilidad como paquete, pues la aceptación de un cambio hace que a menudo la aceptación de otros sea más fácil. Por otro lado, la no introducción de este tipo de prácticas agrícolas, cuando se entrega el agua, puede volver más difícil la introducción de otras, posteriormente. En un país en desarrollo, los agricultores se resistieron a la consolidación de sus parcelas fragmentadas; posteriormente, ellos mismos aceptaron gustosos las reformas, con el objetivo de crear unidades económicamente viables para el crecimiento del capital, cuando dichas reformas les fueron ofrecidas en combinación con la electrificación rural, crédito subsidiado, mejor asistencia técnica y mayores facilidades de mercado. La electrificación rural ha sido frecuentemente un catalizador que ha hecho que el riego sea factible.

En la actualidad, más de la mitad de las instalaciones de riego en el mundo son manejadas por los propios agricultores o usuarios, los cuales en forma general, han sido más exitosos y mejor mantenidos, dando como resultado mayores producciones de los cultivos e ingresos que aquellos proyectos operados por el estado. Como parte de lo anterior, un cambio en los programas rígidos de entrega de agua a un programa basado en la demanda de los usuarios, o programas flexibles arreglados en base a la demanda de los mismos ha dado como resultado, ahorros de agua, mejor drenaje y mayores rendimientos y beneficios.

La transferencia de los sistemas de riego de propiedad pública a los usuarios, se cumple mejor por etapas, pudiendo además, requerir de un presupuesto inicial tanto para iniciar la operación como para la adquisición de equipo necesario. Un buen ejemplo lo constituye la República Dominica, en donde las producciones de los cultivos se incrementaron en 3,5 veces durante un período de cinco años (Yap Salinas 1996), constituido por la parte inicial del programa de transferencia de los sistemas de riego a los usuarios, lo cual se produjo principalmente debido a una mejora en la disponibilidad del agua y de la programación del riego. Como respuesta a tal beneficio, los usuarios incrementaron las tarifas de agua en alrededor de siete veces su valor actual y los subsidios del gobierno para la O&M fueron cancelados.

La falta de un adecuado mantenimiento a los sistemas de riego, manejados por gobiernos estatales, en los países en desarrollo ha producido en muchos casos una sobre explotación de las cuencas hidrológicas. Existen muchos casos, como este, que han sido documentados alrededor del mundo.

4.5. DESARROLLO INTEGRAL

A nivel de proyecto, la mayoría de los sistemas de riego deberán estar asociados con otras inversiones en infraestructura e instituciones, como por ejemplo, generación de energía hidroeléctrica, control de inundaciones, drenaje, transporte y creación de programas de mercado. A menudo los datos sobre suelos, clima, agua y otros, son suficientes y confiables de acuerdo a lo requerido en el proyecto. Sin embargo, de acuerdo con la experiencia ganada en los proyectos de transferencia de los sistemas de riego a los usuarios, son pocos los países en donde se cuenta con el equipo y personal capacitado como para recolectar la información necesaria, en forma tal que ésta sea confiable.

En la mayoría de los países en desarrollo, la información y otros datos básicos existentes, a menudo son inadecuados, acorde a las necesidades del proyecto. Sin embargo, un resumen de tal información puede significar un buen potencial para el desarrollo integral de los recursos hídricos existentes. Para lo anterior se pueden usar mapas topográficos 1:50.000 para estimar las áreas con potencial agrícola de riego y/o temporal, y localizar los sitios adecuados para la ubicación de represas. De la misma manera, una aproximación de la capacidad de almacenamiento en la represa, se puede calcular usando un tercio de la profundidad en el sitio de la cortina de la represa, multiplicada por el área de la superficie de agua propuesta. Luego en base a estos datos, los mejores sitios pueden ser investigados detenidamente.

El tiempo transcurrido entre lluvia y caudal base de las corrientes puede ser determinado gráficamente. En algunas situaciones, un año de lluvias significativamente sobre lo normal incrementará el flujo base tanto en ese año, como en los cuatro años posteriores, sin embargo, sobre todo en casos donde existen suelos poco profundos sobre material impermeable, el tiempo transcurrido entre la lluvia y el escurrimiento es muy corto. En cualquiera de los casos, el lapso de tiempo puede ser investigado, manejando la información en períodos de 10 días, mensual o anualmente.

Debido a que las características del suelo están influenciadas por la geología y el clima, los límites entre las series y tipo de suelo a menudo son también límites geológicos; así, un mapa geológico es de gran utilidad para evaluar el uso potencial de los suelos, de tal manera que la selección de los cultivos se deberá basar en las características del suelo y clima, sin olvidar las condiciones que dicta el mercado. Por otro lado, cada cultivo requiere un rango de temperaturas óptimas, por ejemplo, algunos requieren un período seco durante la maduración y cosecha. Como una guía, la temperatura promedio del aire disminuye de 0,5 a 0,7°C por cada 100 m de incremento en la elevación, siendo éste, un factor que determina la conveniencia o no de un determinado cultivo.

La mayoría de los países en desarrollo cuentan con información que puede ser utilizada en la planificación de proyectos integrales sobre los recursos hídricos. Desgraciadamente, pocos tienen una autoridad institucional o el personal capacitado para este tipo de trabajos. Tomando como base este tipo de deficiencias, en 1994, el Banco Interamericano de Desarrollo (BID) creó un Departamento en el Sector Privado para ofrecer financiamiento a largo plazo y para proyectos de infraestructura. En la actualidad, el BID promociona activamente el desarrollo integral de los recursos hídricos, por parte del sector privado.

La Unión Europea (UE) ha establecido un sistema por etapas dirigido al sector privado para el financiamiento de empresas colectivas, en donde, dichas empresas deben incluir por lo menos a una compañía de la UE y a una compañía de un país calificado. A este sistema se le denomina EPIC (*European Community Investment Partners*), y el mecanismo de financiamiento es complejo, con una mezcla de donación, préstamo y facilidades de préstamo-patrimonio. El EPIC opera en los países en desarrollo a través de un gran número de bancos Europeos y otras instituciones de inversión. Así como este sistema, también existen otras instituciones de características similares en otros lugares.

Para este tipo de proyecto, es importante saber que existen mapas topográficos 1:50.000 con curvas a nivel cada 20 m para casi todas las áreas potencialmente agrícolas del mundo. De la misma manera, existe información disponible sobre el clima a nivel mundial. Por otro lado, la preparación de un atlas sobre la disponibilidad de agua superficial y subterránea en el mundo ayudaría enormemente al desarrollo integral de los recursos hídricos, pero todavía no se ha hecho.

En algunos países en desarrollo, la gran cantidad de quejas sobre la corrupción en los tribunales de justicia, ha desalentado en mucho la inversión privada en proyectos del recurso agua. En otros casos, las multas y sanciones son casi insignificantes comparadas con los posibles beneficios, de modo que los agricultores no las consideran un factor convincente para el mal manejo y otras prácticas ilegales del agua. Se requieren siempre códigos y leyes comerciales uniformes que controlen el uso del agua, de modo que un inversionista pueda esperar un tratamiento justo bajo la ley (ver la Sección 10.8 para más información sobre la ley de agua).

Capítulo 5

MÉTODOS DE RIEGO

5.1. INTRODUCCIÓN

El término "sistema de riego" ha sido empleado por diferentes personas y organizaciones en varias formas. En su definición, un sistema de riego incluye: las instalaciones de recolección y almacenamiento de los escurrimientos ocurrentes en las cuencas hidrológicas, el sistema de conducción y distribución (canales y tuberías), los sistemas de aplicación en la finca y las instalaciones de drenaje en una cierta área de riego. En otras definiciones se toma sólo uno de estos componentes como sistema de riego. En este libro se considera que un sistema de riego es la forma de aplicación del agua en la finca o en el campo, incluyendo el equipo respectivo, bombas, tuberías y aspersores. El sistema de aplicación en el campo se usa para distribuir el agua sobre o bajo la superficie del suelo de donde se puede mover hacia la zona de raíces.

El agua de riego puede ser aplicada a través de diferentes formas, las cuales dependen de muchos factores como: nivel económico, tipo de cultivo, tipo de suelo, disponibilidad y calidad del agua, prácticas agrícolas, consideraciones legales y otros. Uno puede ir al campo y encontrar variaciones casi infinitas sobre los sistemas de riego y técnicas de aplicación y manejo del agua, pero las siguientes cubren la mayoría de estas variaciones:

1. Riego superficial por inundación o mediante surcos;
2. Riego subterráneo manteniendo el nivel freático o zona de saturación al alcance de las raíces de las plantas;
3. Riego por aspersión;
4. Goteo (riego localizado)

Existen muchas consideraciones relativas a la selección del mejor método de riego. Sin embargo, el proceso de selección deberá evaluar el impacto del costo, topografía, textura del suelo, posibles problemas de salinidad, cultivo o cultivos a producir, así como otros factores que pueden influir en la obtención de ganancias de cualquier tipo. Un sistema que arroja buenos resultados a través del tiempo en forma consistente, es definitivamente más valioso para el agricultor y justifica un costo inicial más alto. La magnitud del caudal, el costo probable y la precisión de la preparación de tierras pueden también influir en la selección del tipo de sistema de riego. Con el fin de proporcionar pautas que sirvan de base para la selección de un método apropiado para aplicar el agua a los cultivos, en este capitulo se describen brevemente algunos de los sistemas de riego.

5.2. RIEGO POR MELGAS

Este es un método de riego superficial en el cual el agua se introduce en los extremos superiores de cada una de las franjas de tierra, cada una separada por un pequeño dique o bordo de tierra. En éste método, la superficie del suelo tiene una inclinación o pendiente desde el extremo superior hasta el extremo final de dichas franjas, mientras que la pendiente transversal generalmente es cero. Algunos de los principales requisitos para el uso de este método incluyen:

1. Caudales relativamente grandes;
2. Una topografía suave (gradientes del tres por ciento o menos);
3. Suelos con velocidad de infiltración regular y;
4. Nivelación cuidadosa de la tierra.

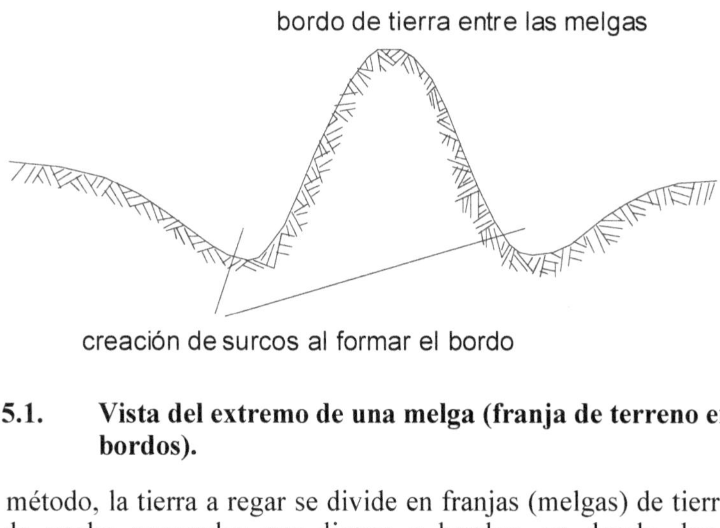

Figura 5.1. Vista del extremo de una melga (franja de terreno entre los bordos).

En éste método, la tierra a regar se divide en franjas (melgas) de tierra de 5 a 15 m. de ancho separadas por diques o bordos, en donde, los bordos generalmenyte se hacen usualmente con implementos de punto (ver la figura 5.1). Los bordos usualmente corren en dirección a la pendiente, pero también pueden estar en curvas a nivel, estando la tierra entre ellos, nivelada a cero (inclinación transversal cero). La superficie del suelo entre los bordos es regada, dejando que una lámina de agua fluya pendiente abajo. Cuando se alcanza el extremo inferior, se corta el riego y se pasa a otra melga. Este método es a menudo conveniente para cultivos de heno, pasto, granos y huertas frutales, sin embargo no es conveniente para suelos de textura fina que requieren de varios días para drenar a capacidad de campo porque el suelo permanece saturado durante un tiempo más largo, restringiendo la aireación del suelo y dando como resultado una reducción en crecimiento del cultivo.

5.3. RIEGO POR CUADROS

El riego por cuadros o riego de cuadros a nivel se usa para la recuperación de suelos salinos (lixiviación) y para una amplia variedad de texturas de suelo y cultivos. Otros nombres son "riego por pozas", o bien, "riego por inundación". Este también es un método de riego superficial porque el agua se distribuye en el campo sobre la superficie del suelo en vez de tuberías. Las eficiencias de la aplicación del agua con este método pueden ser muy altas (menos del 10% de pérdidas por percolación profunda) cuando la superficie del campo está nivelada con precisión y el caudal es suficiente para cubrir rápidamente el área. De hecho, la eficiencia de aplicación en un cuadro a nivel puede fácilmente ser más alta que aquella que se obtiene en la mayoría de los sistemas por aspersión. En este método de aplicación del agua, no hay escurrimiento superficial, a menos que se transfiera el agua a propósito a otros cuadros adyacentes, a través de pequeñas aberturas en los bordos.

Los cuadros pueden ser de diferentes tamaños, pudiendo ser desde muy pequeños hasta de varias hectáreas. En aquellas áreas donde ocurren lluvias significativas a veces es necesario proporcionar un medio de desagüe superficial y en los campos de arroz y caña de azúcar el agua puede ser transferida de un cuadro a otro, a través de cortes en los bordos o áreas de retención entre los bordos. Para cultivos de hortalizas y algunos granos, un método ya sea de melgas o cuadros surcados, constituye esencialmente el riego por surcos a nivel. Esta configuración tiene la ventaja de proporcionar más aireación del suelo que aquella con una superficie plana del terreno y ayudando también a evitar el humedecimiento directo que daña algunos cultivos.

5.4. CURVAS DE NIVEL

Las curvas de nivel son una variante del riego por cuadros o melgas, ampliamente utilizados para la producción de arroz. El nombre proviene del hecho de que los bordos que los limitan siguen las curvas de nivel del terreno, el cual generalmente es bastante plano. Los bordos de nivel pueden ser construidos a intervalos de altura, de modo que la diferencia de elevación entre ellos no exceda los 10 cm. En una inclinación del tres por ciento, esto daría como resultado un espaciamiento de 3 m entre bordos. En el caso de pastos, este método se puede usar con grandes caudales. El terreno entre bordos deberá estar nivelado a cero y se deberá proporcionar buenas condiciones de drenaje superficial.

5.5. RIEGO POR SURCOS

Este es uno de los métodos de riego superficial más común. Los surcos se pueden hacer cultivando entre las hileras de las plantas, o se pueden crear los lechos con el suelo removido para hacerlos. Las corrugaciones (o camellones) son nada más que los surcos de poca profundidad que corren a lo largo de la pendiente para regar cultivos en hileras. Los surcos pueden estar a nivel, siguiendo una curva de nivel, con una pequeña pendiente, o siguiendo la pendiente principal del campo. El riego por surcos se puede usar en un rango considerable de caudales, ajustando el número de surcos regados al mismo tiempo. Este tipo de riego es adaptable a una gran variedad de pendientes y texturas del suelo. Sin embargo, se debe tener cuidado de reducir el caudal en los surcos para evitar la erosión del terreno. Utilizando éste método, las sales pueden ser lixiviadas más allá de la zona de raíces o manejadas de modo que se acumulen en zonas alejadas de las semillas en germinación y de las raíces de las plantas. Esto se puede hacer regando cada surco en lechos de doble hilera, de modo que las sales se acumulen en la mitad del lecho superior y no en las hileras de plantas o líneas de semillas.

Este riego se realiza normalmente en grupos de surcos, debido a que el caudal de suministro rara vez es suficiente para proporcionar agua en todos los surcos en forma simultánea, y aunque así fuera, el manejo de tanta agua puede ser muy difícil. El agua se suministra generalmente en el extremo superior de cada surco a través de sifones de aluminio o plástico, tomando el agua de una acequia abierta o de un tubo con compuertas ajustables al mismo espaciamiento que los surcos. Se pueden colocar varios sifones a la vez al inicio del riego, para que el agua avance rápidamente, una vez logrado lo anterior, se retiran uno o más sifones para completar el tiempo de riego total. Esto produce un riego de "reducción" manual, en el cual se reduce la entrada para evitar el escurrimiento superficial al extremo final del surco. Otra forma de riego por reducción puede conseguirse reduciendo manualmente las aberturas en la tubería de compuertas o aplicando una tecnología denominada "cablegación", en la cual se tira lentamente, mediante un cable, una tapadera a lo largo de la tubería de compuerta para cambiar automáticamente los ajustes y producir un efecto de reducción.

La longitud del surco y la corriente inicial deberán estar reguladas de modo que el agua fluya rápidamente hasta el extremo final del surco, pero sin causar erosión. Una vez hecho esto, a continuación se reducirá el caudal de modo que ocurra un pequeño escurrimiento durante el resto del riego. En el riego por surcos, los cultivos son frecuentemente fertilizados en banda, favoreciendo un acercamiento de los nutrientes hacia la zona de raíces del cultivo. El riego por surcos se usa generalmente en tierras con una superficie bastante uniforme y pendientes del uno al dos por ciento. A pesar de esto, el riego por surcos ha sido utilizado extensivamente en los países Andinos en condiciones montañosas en las cuales los surcos se construyen en "zigzag" en la dirección de la pendiente. En estos casos, los surcos en "zigzag" son bien formados y profundos, con una vigilancia constante para evitar que ocurra una severa erosión debido a una rotura del surco durante el riego. Esta es simplemente una de las muchas excepciones a las aplicaciones más tradicionales de las tecnologías de riego por surcos.

El riego por pulsos es una tecnología desarrollada en la Universidad del Estado de Utah, EUA, para hacer avanzar el agua por impulsos aguas abajo de los surcos de modo que se mejoren tanto la eficiencia como la uniformidad de la aplicación. En lugar de proporcionar un gasto constante de agua en la cabecera del campo, el caudal es aplicado a través de un ciclo intermitentemente. El tiempo de "conexión" puede ir de segundos a horas y puede ser diferente al tiempo de "desconexión." Al producir pulsos de entrada en esta forma, ocurre algún grado de sellado de la superficie en el suelo, lo que permite el avance más rápido de los siguientes pulsos, o ciclos de conexión, sobre áreas de suelo previamente humedecidas. De ésta forma, el agua avanza al extremo del campo en menor tiempo y con menos pérdida por percolación profunda. El pulso de alta frecuencia (ciclos rápidos de conexión-desconexión) durante la fase posterior al avance del riego ayuda a reducir las pérdidas por escurrimiento, al disminuir efectivamente la entrada del agua al surco, pero manteniéndola sobre éste para infiltración adicional.

El riego por pulsos es más aplicable a suelos de textura más pesada que muestren características de sellamiento superficial durante los períodos iniciales de humedecimiento. Por otro lado, esta forma de aplicar el agua, ofrece pocos beneficios en regimenes de caudal continuos y en suelos arenosos. En la actualidad, varias compañías fabrican y venden equipo para la aplicación automática del riego por pulsos, sin embargo, la técnica puede ser aplicada manualmente. Se ha diseñado algún equipo para controlar válvulas individuales en la cabecera de cada surco, mientras que otro controla las entradas de izquierda y derecha del tubo de compuerta y así alcanzar los ciclos de conexión-desconexión.

5.6. RIEGO SUBTERRÁNEO O POR SUBIRRIGACIÓN

El riego subterráneo puede proporcionar el suministro único de agua al campo, o ser complementario a otros métodos de aplicación del agua. Con el riego subterráneo se suministra el agua a los cultivos mediante movimiento capilar (flujo no saturado) sobre un nivel freático de elevación controlada. El suelo debe permitir el movimiento lateral y hacia abajo del agua y estar en capacidad de moverla desde la posición del agua a la zona de raíces. El campo deberá ser plano y la superficie del terreno deberá estar aproximadamente paralela al nivel friático. En muchos casos habrá una capa semi-permeable bajo la zona de raíces y esto ayuda a mantener la posición del agua sin infiltración profunda excesiva.

La posición del nivel freático, puede ser controlada mediante canales laterales, de 2-3 m de profundidad, y que sirven a la vez tanto de riego como de drenaje, o bien mediante tubos perforados. La Figura 5.2 muestra un campo regado con riego subterráneo y constituido por canales abiertos. La distancia entre los canales o tubería perforada enterrada en algunos casos depende principalmente de la profundidad de las raíces, textura, estructura del suelo y de la variación permisible en la posición del nivel freático entre los canales (ver *Espaciamiento de drenes*, Sección 8.5). Con riego subterráneo "natural", la posición del agua puede ser típicamente alta debido a condiciones geográficas y/o topográficas. Los canales abiertos o tubos de drenaje enterrados se usan no para el propósito de suministro sino más bien para controlar el nivel del agua. El nivel de agua friática es el nivel bajo el suelo al cual la tensión del agua del suelo es cero y esto coincide esencialmente con el nivel freático.

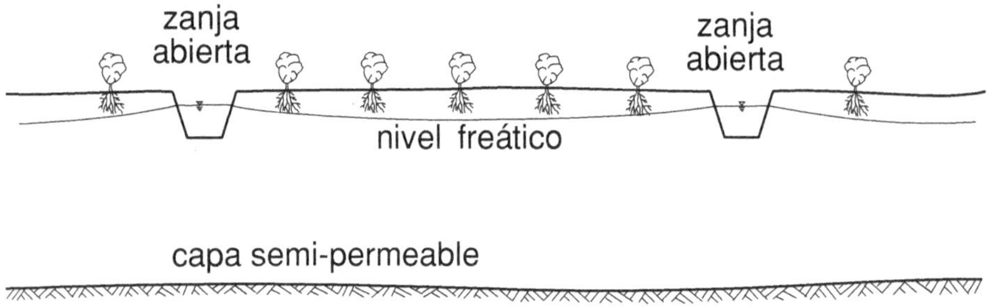

Figura 5.2. Vista de un campo con riego subterráneo y canales abiertos.

Este método se usa principalmente en cultivos de raíces poco profundas en suelos turbosos en los deltas de ríos, pero también se le usa en suelos de textura media para complementar la lluvia directa. Menos del 2% del área regada en los EUA utiliza este método de riego. La mayor parte de esta área está concentrada en tierras que dependen principalmente del riego subterráneo para controlar el contenido del agua en la zona de las raíces.

5.7. RIEGO POR ASPERSIÓN

La mayoría de cultivos pueden ser regados con éxito mediante algún sistema de riego por aspersión. Sin embargo, las decisiones relativas a la conveniencia de instalar un sistema de aspersión y el tipo de sistema a ser instalado deberán ser tomadas en cuenta sólo por aquellos con un conocimiento considerable de los costos, opciones, beneficios probables, condiciones del suelo, cultivo y topografía del terreno. La mayoría de los sistemas de riego por aspersión requieren de bombeo, de modo que la disponibilidad de energía eléctrica o combustibles fósiles (por ejemplo, gasolina y diesel) se consideran importantes. Sin embargo, algunos sistemas pueden ser a presión sin bombeo cuando la fuente de agua está por lo menos de 10 o 15 metros sobre el área regada, tal vez en un reservorio ubicado en una colina. El riego por aspersión en los suelos de textura fina o baja permeabilidad puede producir una menor aereación de la superficie del suelo y, consecuentemente, una reducción en el rendimiento del cultivo. El estancamiento de agua, localizado en la superficie y el escurrimiento, pueden ser también un problema especialmente con altas intensidades de aplicación.

Los sistemas de riego por aspersión pueden ser de los siguientes tipos:

1. Estacionarios o fijos, especialmente para huertas frutales y cultivos perennes;
2. Semi-portátiles o movidos a mano, con las líneas principales fijas y los laterales móviles;
3. Portátiles, para la germinación del cultivo o para riego complementario;
4. Baja presión, para aspersión bajo los árboles frutales;
5. Alta presión para cultivos de campo o sobre los árboles, tales como los aspersores de cañón;
6. Lateral rodante y autopropulsor (aspersores móbiles); y
7. Pivote central y lateral móbil.

Los pivotes centrales se han vuelto muy populares en algunas áreas durante las últimas tres décadas y pueden encontrarse en muchos países. Aproximadamente la mitad de toda la superficie regada por aspersión en los Estados Unidos es con pivotes centrales; tan sólo el Estado de Nebraska en los Estados Unidos tiene más de 23.000 pivotes centrales en varios tamaños y en muchas agrupaciones densas. Sin embargo, una de las dificultades potenciales del pivote central es que la tasa de aplicación puede ser muy alta en la periferia del área del círculo regado, lo cual puede causar empozamiento y escorrentía.

El riego por aspersión puede estar restringido a los cultivos que pueden soportar un humedecimiento foliar completo, mientras que algunos otros como los tomates no pueden tolerar el humedecimiento cuando la fruta está en proceso de maduración porque esto les causa hongos y otros daños. Sin embargo, en algunos casos se pueden inyectar fungicidas y otros químicos dentro del sistema de riego y así evitar la degradación de la calidad de la fruta. En los huertos frutales a menudo es necesario usar aspersores subfoliares para evitar el mojar las hojas y los frutos, pero en los cultivos como las bananas se puede usar un aspersor tipo "cañón" para complementar el riego sobre la cubierta.

El riego por aspersión (y goteo) es frecuentemente conveniente en áreas con pendiente, rocosas o desiguales, o donde los suelos son poco profundos y demasiado permeables como para usar otro tipo de riego. El riego a presión puede no ser conveniente donde la energía eléctrica o una fuente alterna de energía es insegura o costosa. En estos sistemas de riego, los gastos a aplicar deben ser medidos y las cantidades de riego ajustadas de acuerdo con las necesidades de agua del cultivo, lo cual se puede hacer midiendo en recipientes la aplicación del agua en varias partes del sistema. Se deberá medir periódicamente la uniformidad y hacer los ajustes que sean necesarios para mantener eficiencias aceptables de aplicación.

Los diseños de riego por aspersión, incluyendo sus posibles alternativas, deberán ser hechos por ingenieros con experiencia. En donde sea posible, el cliente o agricultor deberá comprobar u obtener información sobre las eficiencias y uniformidades de diseños de sistemas similares antes de aceptar un diseño propuesto.

5.8. RIEGO POR GOTEO

En el riego por goteo, el agua se aplica en los sitios donde se encuentran las raíces activas de la planta; por esta razón, tal vez un término mejor es *riego localizado* o *microriego*; para tal fin, existen muchos tipos de emisores y difusores de neblina que pueden suministrar el agua directamente al área de raíces. Para tal propósito, la tubería perforada se usó en algunos de los primeros sistemas de riego por goteo, pero ésta ha sido reemplazada por la tubería de plástico de pared doble y sistemas de entubado y emisores. Debido a que con éste método es posible aplicar el riego diariamente, el régimen de humedad en el suelo se puede mantener alto. El sistema puede estar localizado bajo la superficie del suelo, o elevado sobre el piso a lo largo de hileras o líneas de cultivos (árboles o viñedos). Las presiones de operación son, por lo general, bajas (de media a una atmósfera, o de 7 a 15 libras por pulgada cuadrada, psi). De la misma manera, las instalaciones pueden ser fijas, semi-portátiles o portátiles.

Debido a que el agua puede ser aplicada más frecuente y eficientemente que con otros métodos, la aplicación de agua por el sistema es cercana a la evapotranspiración del cultivo, así, el contenido de humedad en el suelo siempre esta cercano a la capacidad de campo. En algunos casos, se reduce la evaporación de la superficie del suelo, pero la transpiración puede incrementarse debido a la baja tensión del agua en la zona de raíces. La infiltración profunda y el escurrimiento superficial pueden reducirse a valores mínimos, esto y la baja magnitud del riego hacen que este método sea conveniente para suelos de baja infiltración; de la misma manera, el agua puede ser ahorrada al no humedecer el espacio entre las hileras o entre plantas, lo cual reduce las pérdidas por evaporación de la superficie del suelo.

Así como el riego por goteo requiere de una fuente segura de energía para mantener la presión en las líneas principal y laterales, también el tratamiento del agua es esencial para minimizar el taponamiento de los emisores o goteros (salidas de agua). Sin embargo, el riego por goteo o microriego tiene muchas ventajas para el riego de frutales, viñedos y hortalizas, siendo éstos, a menudo regados con menos agua que mediante otros métodos comunes de riego. Los costos laborales para el riego se pueden reducir puesto que el agua aplicada por los sistemas de goteo puede ser regulada por dispositivos automáticos que permiten ahorrar la mano de obra

Las operaciones de campo son más fáciles porque gran parte del suelo permanece seco, se reduce el crecimiento de malas hierbas y son posibles las operaciones continuas de los huertos. Cuando los cultivos crecen sobre camas, los surcos por los cuales caminan los trabajadores de la finca permanecen relativamente secos. De la misma manera, los fertilizantes pueden ser inyectados dentro del agua de riego para evitar la mano de obra que se requiere para su aplicación. Un mayor control sobre la colocación y períodos de aplicación del fertilizante puede conducir a mayores eficiencias del fertilizante y se puede reducir significativamente la contaminación debida a la infiltración profunda.

Tanto los fertilizantes como otros agroquímicos son aplicados frecuentemente en forma disuelta a través del agua de riego. Herbicidas y esterilizadores del suelo también pueden ser aplicados con el agua de riego. La aplicación de estos químicos a través del sistema de riego se denomina "quimigación", una práctica que puede conducir a rendimientos más altos de los cultivos y a una mejor calidad de la cosecha. A veces el tiempo de la cosecha puede mejorar con la aplicación de éstas prácticas. Los sistemas de riego localizado son costosos, pero en muchos casos la mejor calidad y cantidad de la producción, junto con mejores tiempos de cosecha, justifica los gastos.

¿Qué es un sistema LEPA?

La aplicación de agua usando baja energía con precisión (LEPA) es un concepto que se desarrolló de mediados a finales de los años 70´s en el Estado de Texas EUA para conservar el agua y la energía en sistemas de riego a presión. El principal objetivo de la tecnología fue hacer efectivos los recursos disponibles de agua, incluyendo la lluvia, minimización de las pérdidas por evaporación y la aplicación del agua de riego cerca de la superficie del suelo. Dichas aplicaciones de riego condujeron a diseños de sistema de aspersión con las boquillas en posiciones más bajas y con menores presiones de operación, ayudando de este modo a evitar las pérdidas de acarreo por viento y evaporación disminuyendo los costos de bombeo. Por ejemplo, muchos sistemas de pivote central con aspersores sobre el lateral han sido modificados para sostener las cabezas de los aspersores bajo el lateral, a menudo con diseños de boquillas con menor presión. La comercialización de la tecnología LEPA ha conducido a muchas modificaciones y extensiones del concepto original.

El gran número de emisores requeridos, problemas con taponamientos, mantenimiento del sistema y variaciones de presión debidas a la topografía, requieren de experiencia técnica y de la operación cuidadosa de un sistema de goteo para tener resultados óptimos. Si la salinidad es un problema, las sales se pueden acumular en la superficie de contacto entre las zonas regadas y no regadas en el suelo. Estas sales, si no son lavadas mediante la lixiviación, pueden dañar los cultivos del siguiente ciclo.

5.9. SELECCIÓN DEL MÉTODO DE RIEGO

En la actualidad, hay disponibles varios manuales y textos sobre la selección y diseño de los diferentes tipos de sistemas de riego, los cuales proporcionan detalles considerables pero sin substituir a la experiencia que pueda tener un diseñador. El agricultor o gerente de riego deberá, sin embargo, tener el suficiente conocimiento de las condiciones de los suelos, topografía, tamaño y formas de los campos, sistemas de labranza, disponibilidad de mano de obra y sistemas alternativos de riego posibles para proporcionar algunos parámetros al diseñador. Por supuesto, los costos iniciales de desarrollo y costos operativos anuales son importantes factores económicos en la selección de un método de riego. De la misma manera, las consideraciones sociales y prácticas tradicionales también tienen impacto sobre la conveniencia y factibilidad de un método en particular. Si la falta de energía eléctrica es frecuente, el riego a presión pudiese ser no económico a menos que se disponga de una fuente alterna de energía a un costo aceptable.

La Tabla 5.1 proporciona una guía para seleccionar el método de riego, acorde a las condiciones del predio. Dicha tabla contiene un resumen muy útil, pero se deberá reconocer que hay excepciones a casi todas las reglas en la selección de un sistema de riego. El ingenio de los agricultores y técnicos en riego en muchas partes del mundo ha producido un sinnúmero de adaptaciones a los métodos de riego bajo condiciones difíciles, incluyendo la aplicación exitosa de métodos de riego que generalmente serían considerados inconvenientes para las condiciones predominantes.

El riego frecuente con gastos pequeños en riego por goteo reduce los costos de capital, lo cual es debido a la reducción en tamaños de las líneas principales y laterales cuando se los compara con aquellos requeridos para el riego por aspersión o superficial. Así, los riegos frecuentes reducen las fluctuaciones entre condiciones húmedas y secas proporcionando una buena aireación del suelo, y las sales en el agua del suelo se mantienen más diluidas, haciendo posible el uso de aguas más salinas que con otros métodos de riego; de esta manera, los cultivos frecuentemente maduran antes y producen rendimientos más altos. En muchos casos el incremento en producción, calidad, utilidades y uniformidad del producto mediante el riego por goteo puede inducir a un aumento significativo en las utilidades de la empresa.

Un factor en la selección del sistema de riego ha sido, a menudo, el nivel de tecnología percibido. Los sistemas de riego superficial o por gravedad requieren generalmente de una menor cantidad de equipo (tubos, válvulas, bombas, filtros, etc.) y en algunos casos han sido considerados como obsoletos o intrínsecamente ineficientes. Lo anterior es frecuentemente debido a que los sistemas superficiales tienen menos accesorios, hay menos que vender a los agricultores. Algunos vendedores de sistemas de riego a presión (aspersión y goteo), en varias regiones del mundo han producido folletos muy ilustrativos con lo que han convencido a los agricultores que ellos no son modernos si continúan utilizando métodos de riego superficial. No obstante, los sistemas de riego superficial pueden ser, y a menudo son, más eficientes que los sistemas a presión y en la actualidad estos métodos son los más comunes, aún en muchos de los países más desarrollados.

5.10. EMPAREJE Y NIVELACIÓN DE TIERRAS

Nivelar y emparejar la tierra no significan lo mismo. La nivelación de la tierra involucra el mover y rellenar, donde las áreas de corte y relleno están separadas por alguna distancia. Así, la nivelación no se realiza a menudo en una forma anual, sino cada cinco a diez años, o más. En cambio, el empareje involucra suavizar la superficie del terreno para corregir pequeñas irregularidades localizadas en la superficie. En el cultivo del arroz, esta actividad se realiza a veces bajo condiciones saturadas utilizando energía animal o mediante maquinaria.

Los beneficios de la nivelación y empareje del terreno son los siguientes:

1. El riego superficial demanda menos mano de obra y puede realizarse con mayor uniformidad y eficiencia (manejo del agua potencialmente mejor);
2. Se reducen los riesgos de erosión del suelo porque el escurrimiento superficial es controlado mejor durante la lluvia y el riego (mediante cualquier método de riego);
3. Después del riego, la superficie se seca más rápida y uniformemente, permitiendo que se realicen riegos más frecuentes entre cultivos y otras operaciones agrícolas;
4. El control de malezas se realiza favorablemente porque no hay el problema de áreas húmedas en las partes bajas del campo; y
5. La aplicación de fertilizante es más eficiente y efectiva, porque hay menos infiltración profunda.

Las principales desventajas de la nivelación y emparejamiento del terreno son:

1. Por lo general estos trabajos son costosos;
2. Los grandes cortes pueden reducir la productividad agrícola por años;

3. Algunos suelos no son lo suficientemente profundos como para permitir la nivelación, o hay demasiadas piedras y rocas para que el movimiento de tierras sea factible; y
4. El equipo de nivelación y empareje es a veces mal empleado y deficientemente entendido, causando problemas en lugar de proporcionar soluciones.

Los cálculos de nivelación de tierra pueden realizarse utilizando técnicas convencionales o bien a través del método de regresión; el cual puede ser lineal, hilera por hilera y columna por columna a través del campo, o puede ser una regresión lineal múltiple, siendo ésta última lo mejor. La regresión múltiple puede incluir un coeficiente de correlación para toda la superficie del campo, el cual da una indicación de la *rugosidad* de la superficie. La correlación indica en qué medida el mejor plano se ajusta realmente a la superficie del campo existente.

El tiempo requerido para completar un trabajo de nivelación depende de dos factores principales: (1) volumen de corte; y (2) distancia entre los centroides del área de corte y relleno, respectivamente. El segundo factor da una indicación de la distancia a la que la tierra debe ser transportada a través del campo, en promedio, aunque las distancias reales de transporte dependen de la forma en que los operadores del equipo realizan su trabajo.

La relación de volumen de cortes y rellenos usualmente es mayor a la unidad, lo cual tiene como fin evitar falta de material de relleno. La relación necesaria variará de acuerdo a la textura, estructura y humedad del suelo, así como a la presencia y tipo de material orgánico y a otros factores. Usualmente se deberán hacer uno o dos ajustes a la profundidad de corte antes de terminar el trabajo, de otra forma habrá una cantidad de suelo "extra" sobrante, o habrá áreas no rellenadas luego de que se han hecho todos los cortes. El juicio y experiencia de campo por parte del operador son muy útiles cuando se toman estas decisiones.

A menudo se construyen “cojines” en los extremos de la cabecera del campo, consistentes de una franja de 3 m de superficie de suelo ligeramente elevado, los cuales sirven para facilitar el riego superficial, especialmente con zanjas o surcos en tierra, y tubos de sifones. La construcción de los cojines requiere que se haga algunos ajustes a los cálculos de cortes y rellenos.

Usualmente es conveniente aplicar fertilizante adicional en las áreas de corte luego de la nivelación de la tierra, especialmente cuando se hacen cortes profundos y se deja expuesto el subsuelo. A través de algunos nuevos trabajos se puede crear un mapa de las deficiencias de nutrientes en el suelo y luego se pueden aplicar los químicos correspondientes de acuerdo al mapa. Pero para cortes profundos, se recomienda cortar más profundamente de lo necesario, luego volver a rellenar los espacios con una capa de tierra fértil. De otra manera, durante varios años los cultivos podrían no crecer bien en las áreas con cortes grandes. Las áreas con rellenos profundos se asientan substancialmente después del riego o la lluvia, por lo cual requieren de una nivelación correctiva durante el siguiente año.

5.11. EQUIPO Y PRÁCTICAS DE NIVELACIÓN CON LASER

La nivelación con láser ha sido utilizada en la agricultura por más de veinte años. La palabra "láser" es el acrónimo de *Light Amplification by Stimulated Emission of Radiation* (Amplificación de la Luz Mediante Emisiones Estimuladas de Radiación). Los láseres utilizados en la nivelación de tierras agrícolas y en la construcción son usualmente del tipo helio-neón, que producen una luz de color rojo. En la actualidad, muchos agricultores poseen y operan estos equipos en los Estados Unidos y otros países, en donde las ventajas principales sobre la nivelación convencional consisten en que el trabajo final puede ser más preciso, además de requerirse menos preparación antes de comenzar el movimiento de tierras. La nivelación convencional se usa todavía cuando se requieren cortes y rellenos muy profundos.

El equipo láser ha sido utilizado por más de treinta años en la industria de la construcción, y se usa para colocar tuberías, excavar zanjas y canales y revestir canales con concreto. Los láseres se usan para trabajos convencionales de agrimensura, para lo cual, en muchos casos, sólo se requiere de una persona para completar la tarea. El equipo incluye un láser con instrumentos sensibles a la nivelación, un sensor para distinguir entre luz normal y una frecuencia específica de luz láser, y un circuito de control para monitorear y operar el equipo. También son necesarios un tractor suficientemente grande y una excavadora. El equipo láser y las válvulas hidráulicas automáticas pueden costar USD $20.000 o más, y el tractor posiblemente puede ser utilizado para otros propósitos agrícolas, además de los trabajos de nivelación.

El láser se coloca verticalmente y encima gira un espejo con un ángulo de 90 grados a unas 8 revoluciones por segundo, lo cual establece esencialmente un plano de luz sobre la superficie del campo y, cuando se termina el trabajo, la superficie del campo es paralela al plano de luz. El láser toma su energía de una batería de carro, ya sea instalado en una camioneta, o de una batería separada. Por lo general, la batería se cambia cada 12 horas o más de operación.

Pueden surgir problemas cuando dos fuentes separadas de láser se cruzan en un campo ya que el sensor no sabe cuál utilizar. Esto no es un suceso muy común, pero si se presentan estos casos. La mayoría de equipos láser son sensibles al movimiento (por ejemplo, de vientos fuertes) y el espejo dejará de rotar si la unidad de láser es sacudida ligeramente, empezando de nuevo luego de ajustarse automáticamente a las pendientes especificadas. En condiciones de mucho viento, se puede estabilizar mejor la torre o trípode sobre el cual se encuentra instalado el láser, si se sujeta y ancla con cables al piso. El equipo puede trabajar día y noche, pero la niebla y el polvo denso pueden obstruir el rayo láser lo suficiente como para detener las operaciones. Estos problemas son peores cuando el sensor está retirado del mismo láser (por ejemplo, en campos de alrededor de 20 ha, o más). Las condiciones de clima cálido y seco pueden también causar problemas cuando el sensor está lejos del láser y el aire tiene fuertes corrientes, haciendo que el rayo se desvíe y fluctúe. Esto a la vez hace que el sensor envíe señales fluctuantes al controlador, proporcionando un efecto "ondulatorio" a las áreas de corte y relleno.

El equipo se puede usar tanto para el levantamiento topográfico como para realizar el trabajo de nivelación. El levantamiento topográfico no es tan preciso como el hecho con el equipo convencional manual, pero es rápido y fácil. Los cálculos de nivelación son algo complicados por el hecho de que el levantamiento se realiza utilizando un plano de referencia en declive. Esto se hace porque el mástil telescópico sobre el cual se monta el sensor tiene un recorrido vertical limitado y algunas partes del equipo podrían exceder esa escala. El operador debe verificar la posición del sensor en los vértices alto y bajo antes de comenzar el proceso de levantamiento topográfico. Las tres formas comunes de operación son: (1) Manual (se ignora el láser); (2) Automático (la hoja de la excavadora sigue el plano de la luz); y (3) Levantamiento (el sensor láser sigue el plano de luz en un mástil telescópico y la hoja permanece en una altura fija sobre la superficie del suelo). En cortes profundos, el operador podría necesitar hacer unos pocos pases iniciales en forma manual, luego hacer los cortes finales en una forma automática "a nivel". De otra manera, se podría forzar a la excavadora y al tractor a cargar demasiado cada vez. Además con rellenos profundos, se puede pedir al operador que haga los pases iniciales en forma manual.

No se requiere que el operador sea experto en cortes y rellenos a la elevación indicada, pero sí en lo que se relaciona al control del corte, de modo que el cucharón (o cubeta) se llene sin que el tractor se atasque o las llantas patinen. Cuando las llantas patinan, éstas se desgastarán rápidamente (en unos pocos días) y los costos de cambio pueden alcanzar los miles de dólares. Consecuentemente, el operador deberá aprender a controlar simultáneamente la dirección, la aceleración del motor, la marcha delantera (con transmisiones automáticas), el modo láser (automático o manual), la hoja y la puerta de la excavadora. Esto puede exigir el uso de ambos pies, ambas manos y tal vez un codo o los dos. Es importante también que el operador esté alerta, porque el mástil con el sensor puede estar situado sobre la altura de la cabina del tractor y cerca de los árboles, donde podría ser dañado.

Usualmente se desmonta y guarda el equipo cuando no está en uso. El volver a instalar el equipo en el campo antes de que se complete un trabajo podría ser un problema por las razones siguientes: (1) Puede ser difícil alinear los gradientes principal y lateral (en la dirección de los surcos o bordos) exactamente a las mismas direcciones que antes; (2) El plano de la luz láser podría estar en las mismas inclinaciones que antes, pero la altura sobre la superficie del campo ha cambiado, lo cual requiere de un cambio correspondiente en la diferencia de elevación entre el sensor y la hoja de la excavadora.

5.12. CÁLCULO DE PENDIENTES DIAGONALES

Los agricultores a veces hacen surcos en ángulo diagonal a las pendientes principal y lateral del campo. Esto se hace típicamente para cambiar la pendiente de los surcos sin volver a nivelar la superficie. Se requiere la aplicación de ecuaciones de rotación de coordenadas para determinar las pendientes que quedan en una diagonal entre los gradientes principal y lateral conocidos. Contrario a lo que es a veces la intuición común, la pendiente en una diagonal de un campo con gradientes principal y lateral iguales es mayor que la pendiente principal o lateral.

La rotación de coordenadas incluye trigonometría. Si las pendientes principales y laterales de un campo son S_x y S_y, a lo largo de las direcciones x y y, respectivamente, la pendiente "principal" efectiva para una rotación opuesta a la dirección de las manecillas del reloj de θ grados sería:

$$S_x \cos\theta + S_y \sin\theta \qquad (5.1)$$

La Ecuación 5.1 proporciona la pendiente del piso en la dirección x', como se indica en la Figura 5.3, mientras que la pendiente en dirección y' sería:

$$S_y \cos\theta + S_x \sin\theta \qquad (5.2)$$

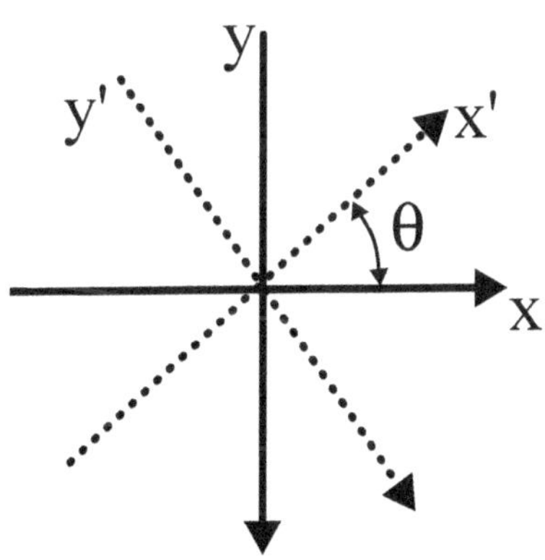

Figura 5.3. Croquis para definir la rotación de coordenadas y así como las pendientes en el campo.

De modo que en un ángulo de cero ($\theta = 0$) los ejes x y x' coinciden, como ocurre con los ejes y y y', y en base a las ecuaciones 5.1 y 5.2 las pendientes son simplemente S_x y S_y. En cualquier otro ángulo las pendientes son diferentes porque el sistema de coordenadas es rotado. Utilizando estas ecuaciones simples es posible mostrar cuáles serían las pendientes para cualquier ángulo determinado en base a la dirección de las pendientes principal y lateral conocidas.

5.13. EVALUACIÓN DEL SISTEMA DE RIEGO

La evaluación del sistema de riego tiene como fin el determinar el funcionamiento del sistema, teniendo como objetivo final el identificar alternativas que puedan resultar en un mejor funcionamiento. El funcionamiento puede ser definido en términos subjetivos en la mayoría de aplicaciones prácticas, pero a menudo involucra indicadores cuantitativos, tales como parámetros de eficiencia y uniformidad de aplicación del agua. La evaluación del sistema de riego es intrínsecamente relativa porque se requiere hacer comparaciones con otros indicadores de funcionamiento en otros sistemas de riego, así como para determinar si el manejo del agua en el sistema es adecuado o no. En algunos casos, un nivel bajo de funcionamiento es aceptable y en otros el sistema deberá ser muy eficiente, distribuyendo agua con un alto grado de uniformidad. Todos los sistemas pueden ser mejorados pero el nivel de mejora está relacionado con el valor del cultivo, costo del agua y otros factores. Un sistema de riego que no parece ser "bueno" podría, de hecho, ser apropiado y funcionar muy bien.

Una evaluación completa del sistema de riego incluye tres componentes: (1) observaciones de campo; (2) mediciones de campo y análisis de datos; y (3) una entrevista al agricultor o regador. El tercer componente puede ser una parte muy importante de una evaluación porque puede proporcionar indicaciones sobre la razón por la cual el sistema es mantenido y operado en esa forma y se pueden descubrir problemas adicionales que no se detectan durante las observaciones y mediciones de campo. El entrevistador deberá preguntar al agricultor los tipos de problemas de riego que se experimentan normalmente y cuáles son sus percepciones en cuanto a la forma en que se podría mejorar el funcionamiento del sistema de riego.

Existen varias formas para evaluar los sistemas de riego. Sin embargo, una de las más importantes es la inspección visual frecuente de la forma en que se están desarrollando los cultivos. En este libro se describen posteriormente algunos métodos de monitoreo del agua del suelo. Las observaciones simples de campo son esenciales para cualquier evaluación del sistema de riego, las cuales deberán preceder a las mediciones. Sin embargo, un evaluador podría "mirar" el campo o finca y no "ver" los problemas en el sistema de riego. Las observaciones de campo se pueden hacer durante un riego o entre riegos y se pueden encontrar muchas cosas interesantes. Los siguientes son ejemplos de lo que se debe observar cuando se visita un área regada:

1. ¿Está el suelo muy seco o muy húmedo (se usan azadones o palas para controlar el agua?) ¿Está el suelo suficientemente seco como para iniciar un riego, o suficientemente húmedo como para detener un riego que está en marcha?
2. ¿Hay algún signo de erosión del suelo, especialmente en los extremos de cabecera y final del campo? ¿Son los caudales demasiado altos o son las pendientes del campo demasiado altas ?
3. ¿Estan las obras de cabecera (bordos, estructuras, tuberías, etc.) bien mantenidas?
4. ¿Están las entradas a los surcos o melgas erosionadas? ¿Está la tubería de compuertas descargando directamente en el surco sin ninguna disipación de energía?
5. ¿Hay áreas bajas en el campo (áreas anegadas, húmedas y tal vez con maleza)? ¿Necesita el campo ser rasado o nivelado?
6. ¿Hay áreas arenosas en el campo que tiendan a secarse más rápidamente que el resto? ¿Hay áreas de arcilla pesada que se secan mucho más lentamente?
7. ¿En los cuadros y melgas, están los bordos (diques) en buenas condiciones?
8. ¿En los surcos, son éstos lo suficientemente profundos y sin obstrucciones (terrones, paja, enredaderas, etc.)? ¿Hay grietas profundas en los surcos debido a la contracción del suelo?
9. ¿En los surcos, está el suelo con costra en los lechos (se inundan los lechos durante el riego)? ¿Parece que el agua salta sobre los surcos durante el riego?
10. ¿En los aspersores, está siendo transportada el agua fuera del campo debido a fuertes vientos? ¿Están los aspersores rotando en forma igual y hay cualquier fuga visible en los tubos?
11. ¿En los aspersores, es el tamaño de las gotitas de agua muy pequeño (alta presión, alta evaporación, baja uniformidad) o muy grande (baja presión, sellamiento superficial del suelo, baja uniformidad)?
12. ¿Se están acumulando sales en la superficie del suelo en forma visible?
13. ¿Hay alguna área que ni siquiera permite el crecimiento de malezas (suelos alcalinos, suelos sódicos, falta de agua, etc.)?
14. ¿Parece que el desarrollo del cultivo es uniforme a través de todo el campo?
15. ¿Hay evidencia de agua estancada en la superficie del campo (la lámina de aplicación es demasiado alta)?
16. ¿Drena adecuadamente el escurrimiento superficial, o están las salidas tapadas o bloqueadas?

Las observaciones de campo son también una parte importante de una evaluación pero se debe tener cuidado de presentar los resultados en una forma comprensiva de modo que se puedan aplicar al mejoramiento del sistema de riego. Las observaciones generales pueden incluir la velocidad de infiltración utilizando cilindros infiltrómetros u otros dispositivos, el agua en el suelo y el análisis de la calidad del agua, etc. En los sistemas de riego superficial, las mediciones típicas de campo incluyen el avance del agua sobre la superficie del suelo, los volúmenes de escurrimiento y los hidrogramas de entradas y salidas así como las dimensiones y topografía del campo. Las evaluaciones del riego por aspersión usualmente incluyen mediciones por el método de "latas recolectoras" para analizar la uniformidad de aplicación, la presión en los tubos o en los aspersores en diferentes localizaciones así como otros datos y observaciones generales. Las evaluaciones del sistema de riego por goteo incluyen típicamente muestras de las medidas de descarga de los emisores para estimar la uniformidad de la aplicación. Merriam y Keller (1978) y Walker y Skogerboe (1986) describen procedimientos técnicos detallados para realizar las evaluaciones de los sistemas de riego.

Los parámetros de manejo del riego superficial incluyen el caudal de entrada, duración del riego, longitud del campo, topografía del terreno e infiltración del agua al suelo. Estos son unos de los parámetros que se pueden analizar para mejorar el funcionamiento de un sistema de riego. La magnitud del caudal de entrada se puede modificar muy fácilmente y puede dar como resultado un gran cambio en el funcionamiento. El gasto o caudal de entrada afecta la velocidad de avance a través del campo y aunque las velocidades más altas tienden a proporcionar una mejor uniformidad de aplicación, estos están también asociados con un mayor escurrimiento en el extremo del campo o bien un alto riesgo de erosión del suelo. La duración del riego es otro parámetro que se puede cambiar fácilmente y que afecta enormemente el funcionamiento del sistema de riego. En la práctica, los tiempos de riego son a menudo mayores a lo requerido, dando como resultado un escurrimiento excesivo y/o pérdidas por percolación profunda.

Se puede modificar la longitud del campo, pero las posibilidades son, por lo general, muy limitadas. Por ejemplo, la longitud del campo puede ser dividida en dos cuando el avance es demasiado lento, luego durante el resto de la estación podría ser factible regar la longitud total. La topografía del campo puede ser modificada mediante el empareje o nivelación, lo cual puede afectar significativamente la uniformidad, requisitos de mano de obra, control de malezas y el tiempo para secado entre riegos. La velocidad de infiltración del agua en el suelo puede ser afectada a través de medios mecánicos o químicos, o utilizando el riego por pulsos. Los agricultores a veces "recorren" los surcos con las llantas de un tractor para triturar los terrones, compactar el terreno y así reducir la magnitud de infiltración, permitiendo un avance más rápido del agua y una mayor uniformidad. De la misma manera podría ser necesario arar o mover la capa superficial del suelo para proporcionar una mayor infiltración y aireación.

Otro criterio para evaluar un sistema de riego es a través de la relación costo/beneficio, y si esta en su punto óptimo. De este modo, se puede evaluar lo siguiente:

1. ¿Es aceptable la uniformidad de aplicación del agua?
2. ¿Son razonables los costos de mano de obra para la operación del sistema?
3. ¿Suministra el sistema los requerimientos máximos de agua cuando se necesita?
4. ¿Es confiable la operación del sistema?
5. ¿Son satisfactorios los funcionamientos y calidad del producto?

La uniformidad puede ser medida u observada de varias maneras. Las hojas de los cultivos tienden a volverse verde obscuros conforme se aumenta la tensión del agua en el suelo. Se puede utilizar fotografía infrarroja de los campos para conocer las áreas con déficit o exceso de agua y pudiendo usar una sonda de metal para determinar la uniformidad de penetración del agua en el suelo. Se pueden colocar latas en el campo para evaluar la uniformidad del riego por aspersión. Para el riego por surcos o cuadros, el avance deberá ser bastante rápido cuando comienza el riego y luego deberá rebajarse, de modo que no se desperdicie demasiada agua al final del campo. Se pueden comparar los costos de mano de obra de un sistema de riego en particular con otros para evaluar si hace falta introducir cambios. Si el suministro de agua es demasiado limitado para el área a ser regada, entonces se incrementará la mano de obra requerida para la aplicación de la misma.

Tabla 5.1. Guía para selecionar un método de riego (adaptado de Doneen y Westcot 1984).

Método de riego	Topografía	Cultivos	Observaciones
Melgas o franjas anchas	Pendientes que pueden ser ajustadas a menos del 1% y preferiblemente al 0.2%	Alfalfa y otros cultivos densos de raíz profunda y frutales	Es un método apropiado para irrigar cultivos de crecimiento denso donde la topografía es favorable. En terrenos planos se requiere una pendiente uniforme en la dirección del riego, siendo más convenientes pendientes arriba del 0.5%. Los cambios de pendiente deberán ser ligeros y se deberán evitar las contrapendientes. Se deberán de evitar las pendientes transversales.
Melgas o franjas angostas	Pendientes que pueden ser ajustadas al 4% o menos; preferiblemente menos de 1%	Pastos	Especialmente adaptados para suelos superficiales sobre una capa endurecida de arcilla o suelos de baja infiltración. Pendiente uniformes son deseables en dirección del riego pero no esencial. Los cambios severos en la pendiente y contrapendientes deberán ser suavizados. La pendiente transversal es permisible cuando se limita a una diferencia en la elevación entre bordos de 6-9 cm.
Surcos transversales	Pendientes de que pueden ser ajustada a 0,2% o menos	Frutales	Este método es aconsejable para obtener una buena distribución y penetración del agua, sobre todo en suelos con baja capaci dad de infiltración.
Corrugaciones	Tierras cuyas pendientes pueden ser ajustadas del 0,5% a 12%	Alfalfa, pastos y cereales	Este método se adapta especialmente a terrenos con fuerte pendient y peque¨nos caudales de riego. Es conveniente, pero no esencial, una pendiente uniforme en la dirección del riego. Los cambios bruscos en pendientes deberán ser corregidos. Debido a la tendencia de las corrugaciones a obstruirse, desbordars y causar seria erosión, se deberán evitar las pendientes transversales cuando posible.
Surcos en contorno	Torrenos con pendientes variables del 2 al 25%	Cultivos en hileras y frutales	Adaptado a cultivos en hileras, en terrenos con fuerte pendiente, aunque presentan riesgo debido a la erosión por fuertes lluvias. La pendiente en la dirección de riego debe ser del 0,5 al 1,5%. No hace falta corregir más allá de rellenar las zanjas y remover protuberancias abruptas.
Zanjas s nivel (o en contorno)	Pendientes irregulares de hasta el 12%	Pastos y cereales	Especialmente adaptado a condiciones de pie de colinas, así mismo, requiere poca o ninguna nivelación de la superficie.
Diques rectangulares	Terrenos con pendientes de manera que una o multiples pozas de arboles puedan ser niveladas dentro de los 6 cm de altura	Frutales	Especialmente adaptado a suelos con alta o baja infiltración. Pueden requerir considerable movimiento de suelo.

(continuación de la Tabla 5.1)

Diques en contorno a nivel	Terrenos ligeramente irregulares con pendientes menores del 1%	Frutales, arroz, cereales y cultivos forrajeros	Reduce la necesidad de movimiento de suelo. Empleado frecuentemente para evitar la necesidad de nivelación. Mejor adaptadoa suelos de alta obaja infiltración.
Tubería portátil	Pendientes irregulares hasta del 12%	Pastos y cereales	Especialmente adaptadoa cibducuibes de oue de cikubas, Reqyuere oici I bubgún movimiento de suelo.
Riego subterráneo	Pendiente cercana a cero	Cultivos de raíces poco profundas como papas y algunos pastos	Requiere un nivel freático elevado, condiciones muy permeables del subsuelo y una nivelación precisa. Muy pocas áreas están adaptadas para este método.
Terrazas de escalones en curvas de nivel	Terrenos con pendientes hasta del 35%	Cualquier cultivo, expecialmente los agrícolas	Considerable pérdida de terreno debido a las terrazas. Requiere costosas estructuras de caída de agua para control de la erosión.q
Riego Sugterráneo (con tuberías)	Pendientes del 0 al 1%	Cualquier cultivo, cultivos en hileras o cultivos de alto valor	Requiere la instalación de tubería plástica perforada en la zona de ra^cesa espaciamientos estrechos. Existen algunas dificultades cuando las raíces se insertan en las perforaciones. No se pueden corregir espaciamientos tan fácilmente. Se requiere prue bas de compo sobre los diferentes suelos.
Microriego (goteo y microaspersión)	Cualquier pendiente apta para cultivos en hilera	Cultivos en hileras y frutales	Se requiere tubería perforada en la superficie del suelo la cual gotea agua en la base de las plantas o árboles individuales. Ha sido usado con éxito con agua salina y alta frecuencia riego, en condiciones en que la salinidad del agua en el suelo es similar a la de riego.

Capítulo 6

REQUERIMIENTOS DE AGUA POR LOS CULTIVOS

6.1. INTRODUCCIÓN

Los requerimientos de agua en los cultivos están determinados por el potencial evaporativo climático, las características de las plantas y todos los factores que influyen en el crecimiento y desarrollo de los cultivos. Para propósitos de planeación, diseño y manejo del riego, generalmente se hacen cálculos para determinar la evapotranspiración de referencia (ET_0), la cual al multiplicarse por un coeficiente de cultivo (K_c), se determina la evapotranspiración de un cultivo particular en una determinada etapa de crecimiento. Los coeficientes de cultivo se discuten en detalle en la Sección 6.8.

Los requerimientos de riego en las regiones donde éste se aplica tienden a ser significativamente mayores que el agua que los cultivos necesitan debido a que se debe tener en cuenta las eficiencias de aplicación existentes, así como para mantener un balance favorable de sales en la zona radicular. Los requerimientos de agua de los cultivos incluyen la transpiración por las plantas y la evaporación del suelo y de las hojas. Estas cantidades combinadas constituyen la evapotranspiración (ET), cuyo componente principal usualmente es la transpiración del agua por parte de las plantas. Mientras más frecuentemente se humedece la superficie del suelo o más frecuentes son las aplicaciones del agua, mayor es el componente de evaporación. En general, son necesarios alrededor de 500 kg de agua (alrededor de medio metro cúbico) para producir un kg. de materia seca – la mayor parte del agua absorbida a través de las raíces no permanece dentro de la planta sino que es transpirada a través de los estomatas de las hojas hacia la atmósfera.

Mucho se ha escrito sobre los requerimientos de agua para los cultivos y se han desarrollado y utilizado muchas ecuaciones diferentes para calcular la ET_0. Muchas de las ecuaciones para ET_0 son complicadas y requieren de varias mediciones del clima, las mismas que podrían no estar disponibles o tener una precisión cuestionable en un sitio determinado. Por lo tanto, en ocasiones es conveniente que los métodos seleccionados para calcular los requerimientos de agua de los cultivos se basen en un mínimo de variables climáticas y que sean de fácil obtención.

La velocidad máxima de ET, que ocurre típicamente durante el período más cálido de la época de desarrollo, en la mayoría de cultivos está entre unos 5 a 9 mm/día. Alguna vegetación no agrícola en tierras húmedas puede tener una ET máxima en el orden de 12 mm/día, pero esto es excepcionalmente alto. Muchos sistemas de riego en regiones semiáridas alrededor del mundo fueron diseñados con una capacidad de aproximadamente 1 lps/ha, lo cual equivale a una lámina de riego promedio de 8,64 mm/día. Tomando en consideración las ineficiencias en la aplicación, esto podría corresponder a una lámina neta del orden de los 6 mm/día. Sin embargo, debido a las desigualdades que se encuentran frecuentemente en la distribución del agua dentro de un sistema de riego, hay un rango amplio de láminas reales de aplicación en las granjas o campos individuales. En unidades inglesas, 1 lps/ha es alrededor de 1 cfs por 70 acres, lo cual equivale a una lámina bruta promedio de 0,34 pulg/día.

6.2. MÉTODOS DIRECTOS

La evapotranspiración se puede medir directamente por medio de lisímetros, los cuales son tanques o recipientes situados en el suelo en donde crecen las plantas bajo condiciones similares a las del suelo y vegetación circundante. Un lisímetro instalado puede ser visible solamente mediante una inspección cuidadosa porque su superficie coincide con el suelo circundante y el mismo cultivo está sembrado tanto dentro como alrededor del tanque. Se mide un cambio en el contenido del agua en el lisímetro por el peso, comparando el agua aplicada con la cantidad de drenaje, o mediante otros métodos convenientes. La ET de varios pastos que se han cultivado en lisímetros ha sido utilizada para desarrollar y/o calibrar numerosas ecuaciones para estimar la ET_0. Sin embargo, debido a las amplias variaciones en la ET de los pastos y en el manejo y diseño de los lisímetros, ha habido considerable variación en la calibración de las ecuaciones para calcular la ET_0. El énfasis en el uso de los lisímetros se ha volcado más hacia la determinación de los coeficientes de cultivo que a la evapotranspiración del cultivo de referencia porque se ha demostrado que las ecuaciones (más notablemente, la ecuación de Penman-Monteith) predicen la ET de referencia con precisión excelente en la mayoría de sitios agrícolas alrededor del mundo.

También se puede determinar la ET del cultivo mediante muestreos intensivos del agua en el suelo donde éste es regularmente uniforme y la profundidad del manto freático no influye en el agua que va a la zona radicular. El agua en el suelo se determina mediante un muestreo de la humedad del mismo antes y después de cada riego, tomándose algunas medidas entre riegos para determinar el disminución de la humedad en la zona radicular.

6.3. MÉTODOS INDIRECTOS

Un tanque de evaporación "Clase A" colocado en un pasto u otra área bastante regada proporciona un índice que ha sido ampliamente utilizado para estimar la ET del cultivo. El término "Clase A" se refiere a la instalación específica del tanque de evaporación estándar desarrollada por el *National Weather Service* de los Estados Unidos, pero no es la única norma en uso. Si la fuente principal de energía para la evaporación es la radiación solar; y si el tanque refleja el cinco por ciento de la radiación que regresa a la atmósfera y una área de pasto extensamente regada refleja del 25 al 30%, entonces se puede asumir lógicamente una relación de la ET del pasto con la evaporación del tanque (E_p) de 0,75 a 0,80. *California Department of Water Resources* (1986) proporciona relaciones ET/E_p para pastos y céspedes regados de 0,70 en los períodos más fríos y de 0,78 para los meses más cálidos.

A partir de las variables climáticas se han derivado y utilizado muchos métodos para estimar la ET_o, donde las principales que se usan son: radiación solar incidente, radiación neta, radiación extraterrestre, temperatura del aire, temperatura máxima, temperatura mínima, humedad relativa, presión de vapor, horas luz y velocidad del viento. La mayoría de los métodos requieren de alguna medida de calibración local para su aplicación general. Se ha dado un uso considerable a por lo menos ocho versiones de la ecuación de combinación de Penman, la que incluye una función del viento. La velocidad del viento ha sido, con frecuencia, estimada cuando no se dispone de valores reales y la calibración de la función del viento ha permanecido también como un punto de controversia entre los investigadores. La radiación neta requerida se estima generalmente a partir de la radiación global (R_s).

En la aplicación de las ecuaciones combinadas de Penman, se estima frecuentemente la radiación solar global (R_s) en base a las horas de luz, mientras en días despejados, el valor de R_s puede aproximarse a $0{,}75R_A$, donde la radiación solar extraterrestre, R_A es una función del día del año y la latitud (Ecuación 6.14). Sin embargo, a menudo la calidad de los valores estimados o medidos de horas luz es menor a lo adecuado. La confiabilidad de las ecuaciones de Penman también está influenciada por el método utilizado para medir o estimar el déficit de presión de vapor.

Un procedimiento alternativo para estimar la ET_o, que requiere de la temperatura (máxima y mínima) y latitud, proporciona valores estimados satisfactorios de ET_o para cinco o más días de duración (ver la Ecuación 6.3). Una ventaja importante de este procedimiento es que hay poca o ninguna indicación de que se requiera de calibraciones locales en condiciones climáticas típicas de la época de crecimiento de los cultivos regados.

6.4. EVAPORACIÓN POTENCIAL

La evaporación del agua involucra un cambio de fase, de líquido a vapor, requiriendo para esto de energía proveniente del sol. El calor latente (en calorías) requerido para la vaporización de un centímetro cúbico (o un gramo) de agua pura es dado por la ecuación:

$$\lambda = 595,9 - 0,55\,T \qquad (6.1)$$

en la cual, λ es el calor latente de la vaporización en calorías por cm^3; y T es la temperatura media del aire en °C. En base a esta ecuación y a una temperatura del aire de 20°C, la energía requerida para evaporar una lámina de un milímetro de agua es de 58,5 calorías por cm^2. Si un cinco por ciento (un valor típico) de la radiación que llega, se refleja de regreso hacia a la atmósfera, entonces 61,6 langleys (cal/cm^2) de radiación solar corresponden a una lámina equivalente de evaporación de agua, de un milímetro a 20°C.

El valor latente de vaporización se puede determinar también en base a la temperatura del aire en unidades métricas, de la siguiente forma:

$$\lambda = 2,50 - 0,002361\;T \qquad (6.2)$$

donde λ está en MJ/kg.; y T es la temperatura media del aire en °C. Con la Ecuación 6.2, el valor numérico de λ para 15°C es 2,47, y para 40°C es de 2,41. Un valor típico de λ en base a la Ecuación 6.2. es alrededor de 2,45, correspondiendo a una temperatura del aire de 20°C.

La energía total disponible para la evaporación del agua consiste en la radiación neta más la energía advectiva, la cual esta última corresponde a la transferencia de calor que resulta del movimiento lateral del aire. Sin embargo, en muchos casos se puede estimar el potencial evaporativo mediante la Ecuación 6.1 o 6.2, sin una función separada que tome en cuenta la advección.

6.5. EVAPOTRANSPIRACIÓN DE REFERENCIA

Se ha utilizado la evapotranspiración de varias especies de pastos y alfalfa como una referencia para determinar los requerimientos de agua de otros cultivos en general. Por costumbre, se usa el término ET_o cuando el cultivo de referencia es el pasto y ET_r cuando la referencia es la alfalfa. La ET_r es siempre mayor a la ET_o, y se puede estimar como de 1,2 veces la ET_o en condiciones semiáridas y de viento moderado. En áreas húmedas y sin viento, la relación puede ser tan baja como 1,05 y en localizaciones áridas y con mucho viento puede llegar hasta 1,4. Algunos pastos usan poca agua y otros usan cantidades relativamente altas, de modo que en muchos casos es importante conocer el tipo de pasto que se usó para calibrar una ecuación particular de ET de referencia. Las variedades típicas de pastos utilizados en la investigación son el alta festuca y el ryegras perenne.

Las variedades de alfalfa adaptadas a climas cálidos incrementan su ET según aumenta la temperatura mientras haya agua disponible en la zona radicular, mientras que la mayoría de los pastos aumentan su resistencia estomatal a temperaturas más altas, haciendo que la relación ET_r/ET_o se incremente. Los valores diarios de ET están influenciados por la altura a la cual se corta el pasto, la disponibilidad de nitrógeno en el suelo, las densidades de hojas y tallos, la orientación de las hojas y el grado al cual la temperatura y otras condiciones son óptimas para su crecimiento. Obviamente, una ecuación basada en las variables climáticas y la ET medida en un lisímetro podría no reproducir la ET medida en diferentes pastos u condiciones. Es, por lo tanto, difícil utilizar las mediciones de la ET del pasto para comparar métodos de estimación de la ET_o.

La ET de referencia se calcula en base a una ecuación calibrada para un cultivo de referencia seleccionado utilizando mediciones con lisímetro. La forma de la ecuación puede ser preparada empíricamente, incluyendo sólo unas pocas variables del ambiente exterior, o puede derivarse de los principios de física, transferencia del calor y otros campos científicos de estudio. Algunas de las ecuaciones más complejas para la ET de referencia incluyen muchas variables y pueden ser muy precisas. Sin embargo, en la práctica, la complejidad de una ecuación de ET de referencia debe ser justificada por la disponibilidad y confiabilidad de los datos climatológicos y otros – si una ecuación es muy "completa" en base a un punto de vista teórico, podría ser más conveniente que una ecuación empíricamente derivada, pero sólo si hay suficientes datos para apoyar su aplicación. En general, las ecuaciones de ET de referencia pueden usualmente estar categorizadas como métodos basados en la temperatura o radiación y como una combinación de éstos. Se han propuesto docenas de ecuaciones para la ET de referencia, las mismas que han sido aplicadas por los investigadores durante décadas anteriores, pero se han seguido utilizando sólo unas pocas.

Hargreaves y otros (1985) y Hargreaves y Samani (1985) proponen el uso de una ecuación para estimar la ET_o en base a la temperatura del aire y la latitud, la cual está clasificada como un método basado en la temperatura; para llegar a tal ecuación, se propusieron varias versiones previas, mismas que fueron posteriormente mejoradas antes de que se desarrollara la ecuación actual (6.3).

$$ET_o = 0.0023\, R_A (T + 17.8)\sqrt{RT} \tag{6.3}$$

en la cual ET_o y R_A están en las mismas unidades de evaporación equivalente del agua (a menudo en mm); R_A es la radiación solar extraterrestre (Ecuación 6.14); T es la temperatura media del aire en ^oC (o el promedio de las temperaturas medias máxima y mínima diarias); y RT es el rango promedio de temperaturas diarias para el período considerado (máximo medio diario menos el mínimo medio diario). El valor de RT está influenciado por la radiación solar, energía advectiva local y las diferencias de temperatura asociadas con tormentas y cambios abruptos del clima. Por lo tanto, la Ecuación 6.3 no será precisa para los días de grandes cambios climáticos, pero generalmente proporciona resultados muy satisfactorios cuando T y RT son promediados para períodos de cinco o más días. De modo que la Ecuación 6.3 se aplica a menudo para el cálculo de la ET_o acumulativa semanal.

La Ecuación 6.3 se derivó de varias comparaciones entre grupos de datos siendo calibrada con mediciones de ET, tomadas durante ocho años en pasto alta festuca sembrado en lisímetros de 6,1 m de diámetro en Davis, California. Como se dijo anteriormente, la Ecuación 6.3 es una de las muchas ecuaciones que han sido propuestas a través de los años para estimar la evapotranspiración de referencia de los cultivos.

En reuniones recientes de la División de Riego y Drenaje, de la Sociedad Americana de Ingenieros Civiles (ASCE) y la Comisión Internacional para Riego y Drenaje (ICID), se ha recomendado el uso de la ecuación Penman-Monteith sobre otras ecuaciones. Esta ecuación puede ser expresada como (Allen y otros 1989):

$$ET_o = \frac{0,408\, \Delta \left(R_n - G\right) + \dfrac{890\, \gamma\, U_2 (e_a - e_d)}{T + 273}}{\Delta + \gamma \left(1 + 0,339\, U_2\right)} \qquad (6.4)$$

donde ET_o está en unidades de mm/día para un cultivo referencia; Δ es la pendiente de la curva de presión de vapor a saturación (kPa/°C); γ es una constante psicrométrica (kPa/°C); R_n es la radiación solar neta (MJ/m^2/día); U_2 es la velocidad del viento (m/s) a una altura de 2,0 m sobre la superficie del suelo; T es la temperatura media del aire diario (°C); e_a - e_d representa el déficit de presión de vapor atmosférica (kPa); y G es la densidad del flujo de calor solar en el suelo (MJ/m^2/día).

Con frecuencia no se tienen datos disponibles sobre la radiación solar neta en base a medidas directas. En estos casos, los valores diarios pueden ser determinados en la siguiente forma (Allen y otros 1993):

$$R_n = R_{ns} - R_b \qquad (6.5)$$

donde R_{ns} es la radiación solar neta de onda corta (MJ/m^2/día); y R_b es la radiación solar saliente de onda larga (MJ/m^2/día). Estos dos componentes de R_n pueden ser estimados como:

$$R_{ns} = 0,77\,R_s = 0.77(0,25 + 0,5\,S)\,R_A \tag{6.6}$$

y,

$$R_b = 2,45(10)^{-9}(0,9\,S + 0,1)\left(0,34 - 0,14\sqrt{e_d}\right)\left(T_{kx}^4 + T_{kn}^4\right) \tag{6.7}$$

donde R_s es la radiación global de onda corta y e_d es la presión real del vapor (kPa); T_{kx} es la temperatura máxima diaria del aire (°K); T_{kn} es la temperatura mínima diaria del aire; (°K); S es la relación de las horas de luz solar reales (medidas) con las máximas posibles por día (fracción); y R_A es como se definió previamente para la Ecuación 6.3. El máximo de horas de luz por día es aproximadamente igual a 24 ω_s/π, donde ω_s es como se define en la Ecuación 6.17. El valor de S puede ser aproximado a partir de la R_s medida, o sea, $S = (2R_s/R_A) - 0,5$.

La temperatura en grados Celsius (°C) puede ser convertida a grados Kelvin (°K) agregando 273,15. La pendiente de la curva de presión de saturación del vapor, Δ, puede calcularse como:

$$\Delta = \frac{4098\,e_a}{(T + 237,3)^2} \tag{6.8}$$

donde Δ está en kPa/°C; T es la temperatura del aire (°C); y e_a es la presión de saturación del vapor (kPa) a la temperatura T. La presión de saturación del vapor, e_a, se puede estimar en base a mediciones de la temperatura del aire como sigue (Allen 1993):

$$e_a = 0,611\ \exp\left(\frac{17,27\,T}{T + 237,3}\right) \tag{6.9}$$

donde la presión de saturación del vapor está en unidades de kPa; y T es la temperatura del aire (°C). El término *exp( )* contiene la constante e (la base de los logaritmos naturales) elevados a la potencia del término entre paréntesis. Para períodos de 24 horas la presión de saturación del vapor deberá ser calculada como el promedio no compensado de e_a a T_{max} y e_a al T_{min} para el día. De este modo, la Ecuación 6.9 se aplica una vez con la T_{max}, luego con la T_{min} y se agregan los dos valores de presión de vapor resultantes y se los divide por 2.

La presión real del vapor, e_d, se estima multiplicando la humedad máxima relativa por la presión de vapor a T_{min}. La justificación es que la temperatura mínima diaria del aire está usualmente asociada con la humedad máxima relativa diaria. De este modo, e_a a la T_{min} (ver la Ecuación 6.9), multiplicada por RH_{max} es:

$$e_d = 0,611 \left(\frac{RH_{max}}{100}\right) \exp\left(\frac{17.27\, T_{min}}{T_{min} + 237,3}\right) \qquad (6.10)$$

donde RH_{max} está dada en porcentaje. Entonces, de acuerdo a la Ecuación 6.10, cuando la humedad relativa máxima es 100%, e_d es igual a e_a a T_{min}. La constante psicrométrica, γ, se calcula como:

$$\gamma = \frac{c_p\, P}{\varepsilon\, \lambda} \qquad (6.11)$$

donde γ esta en unidades de kPa/°C; c_p es el calor del aire húmedo a la presión constante (igual a 0.00101 MJ/kg/°C); P es la presión atmosférica media (kPa); ε es la relación de los pesos moleculares de aire al agua (igual a 0,622); y λ es el valor latente de la vaporización (MJ/kg).

El valor de R_A (como se usa en la Ecuación 6.3) en unidades equivalentes de vaporización puede ser estimado tomando en cuenta el calor latente de vaporización. Lambda, λ es el factor de conversión entre MJ/m^2 y milímetros equivalentes de evaporación del agua. Dividir el valor R_A en MJ/m^2/día (de la Ecuación 6.14) por el valor de λ (de la Ecuación 6.1 o 6.2) para obtener el valor de mm/día equivalentes de evaporación, el cual se puede usar en la Ecuación 6.3. Por ejemplo, si R_A es 35 MJ/m^2/día, la evaporación equivalente es aproximadamente 35/2,45 = 14,3 mm/día.

La presión atmosférica media, P, es función de la elevación y es aproximadamente igual a:

$$P = 101,3 \left(\frac{293 - 0,0065\, z}{293}\right)^{5,26} \qquad (6.12)$$

donde P está en kPa; y z es la elevación sobre el nivel medio del mar (m). La Ecuación 6.12 es más válida cuando se aplica para estimar la presión media durante un período de varios días o semanas. El valor diario de densidad de flujo de calor del suelo, G, en la Ecuación 6.4 se estima como:

$$G = 0,38 \left(T_{dia} - T_3\right) \qquad (6.13)$$

donde G está en unidades de MJ/m^2/día; T_{dia} es la temperatura promedio del aire en (°C); y T_3 es el promedio de las temperaturas promedio diarias del aire de los tres días anteriores (°C). Nótese que G tendrá un valor negativo cuando ese día sea más frío que el promedio de los tres días anteriores.

La ASCE ha propuesto el uso de condiciones estándar para la aplicación de la ecuación Penman-Monteith, incluyendo un índice de área foliar (IAF) de 2,9 y una altura de pasto de 12 cm. La ecuación Penman-Monteith y la Ecuación 6.3 producen valores muy similares para ET_o, cuando se comparan utilizando condiciones estándar para períodos de cinco o más días con datos climáticos confiables y completos. Además, la Ecuación 6.3 requiere de datos climáticos mucho más simples y puede ser aplicada exitosamente en más localizaciones porque muchos sitios no cuentan con los datos suficientes para la aplicación de la ecuación Penman-Monteith. Por estas razones, la Ecuación 6.3 es a menudo una alternativa muy aceptable a la ecuación más compleja de Penman-Monteith.

La FAO recomienda actualmente el método estandarizado de Penman-Monteith para la ET_o como el valor de referencia. Esta ecuación puede ser utilizada para calcular la ET_o diaria o aún horaria. Los cálculos por horas de la ET_o no se usan, excepto en los estudios de investigación y no en los programas de riego porque las láminas reales de aplicación de riego no son conocidas con precisión. El método de Penman-Monteith de la FAO requiere que los datos del clima sean recolectados en una área grande de pasto y que este bien regada. Sin embargo, relativamente pocas estaciones meteorológicas tienen las condiciones de sitio bien humedecido que se requieren.

El método de Penman-Monteith de la FAO requiere valores de radiación solar (R_s), déficit de presión del vapor, temperatura y velocidad del viento. Los valores medidos para estos tres parámetros están influenciados por la aridez del suelo. El método de Penman-Monteith de la FAO sobrestima la ET_o cuando se obtienen los datos climáticos de sitios áridos sin riego. Todavía no se han desarrollado métodos satisfactorios para corregir el factor de aridez y la sobrestimación durante el mes de uso pico del agua puede ser significativa.

El método de Hargreaves también sobrestima la ET_o en sitios áridos. Se han hecho numerosas comparaciones con localizaciones apareadas (una seca y otra bien humedecida). La diferencia máxima que se encontró en los sitios secos durante el mes de uso máximo fue de 15 por ciento. Por lo tanto, para uso general, cuando muchos de los sitios no pueden ser bien humedecidos, se recomienda la Ecuación 6.3 como el método preferido para determinar la ET_o. Para toda la estación del cultivo, la Ecuación 6.3. con poca frecuencia sobrestima la ET_o medida en más del 10%. Sin embargo, el método Hargreaves no es apropiado, generalmente, para cálculos diarios de la ET_o; normalmente se aplica en intervalos semanales.

Varios Estados del oeste de los EUA han establecido redes de estaciones meteorológicas para estimar los valores de la ET_o. Frecuentemente, se usa una ecuación del tipo Penman. Numerosas comparaciones de los valores ET_o en base a las ecuaciones del tipo Penman han conducido a la conclusión de que las diferencias en los valores ET_o calculados mediante la Ecuación 6.3 son menores cuando se les compara con la inseguridad que involucra el estimar la evapotranspiración real del cultivo. Estas diferencias, son también pequeñas cuando se les compara con los errores que pueden ocurrir debido a la deficiente calibración de los instrumentos o a condiciones no estándar del sitio.

El *International Water Management Institute* (IWMI) está desarrollando un Atlas Climático (IWMI 1998), el cual incluye los promedios de 10 días, mensuales y desviaciones estándar de ET_o en base a la Ecuación 6.3, temperaturas mínima y máxima y frecuencias y cantidades de lluvia. Se usa el 75% de la precipitación probable (P_{75}) y ET_o para evaluar las necesidades de riego y drenaje. ETN (ET_o menos P_{75}, como se definió en la Sección 4.2) se usa para indicar el exceso de lluvia o lámina requerida de riego para alcanzar una producción completa del cultivo. El Atlas será publicado en discos compactos e incluirá información resumida de períodos de 10 días y mensuales. Los datos recuperables son a nivel de cuenca hidrológica o a cualquier otra área con localización definida por latitud y longitud. En el Apéndice A se describe el Atlas en más detalle.

6.6. RADIACIÓN SOLAR EXTRATERRESTRE

La radiación solar extraterrestre puede ser calculada de acuerdo a la latitud y al día del año. Las siguientes ecuaciones han sido tomadas de Allen y otros (1993), Duffie y Beckman (1980) y London y Frohlich (1982):

$$R_A = 37,6\, d_r \left(\omega_s \sin\phi \sin\delta + \cos\phi \cos\delta \sin\omega_s\right) \qquad (6.14)$$

donde R_A está en unidades de MJ/m^2/día; d_r es la distancia relativa de la tierra al sol; ω_s es el ángulo de la hora de puesta del sol (rad); ϕ es la latitud (rad); y δ es la declinación del sol (rad). Las latitudes sur tienen valores negativos de ϕ. Los valores restantes se definen como:

$$\delta = 0,4093\ \sin\left(\frac{2\,\pi\,(284 + J)}{365}\right) \qquad (6.15)$$

$$d_r = 1 + 0,033\ \cos\left(\frac{2\,\pi\,J}{365}\right) \qquad (6.16)$$

$$\omega_s = \cos^{-1}(-\tan\phi \tan\delta) \qquad (6.17)$$

donde J es el día calendario desde 1 a 365 o 366 (J es igual a 1 el 1ro. de enero, etc.), dependiendo de si es un año bisiesto o no. En el año bisiesto la constante 365 en el denominador de las Ecuaciones 6.15 y 6.16 debe ser reemplazado por 366. Nótese que las expresiones entre paréntesis, en las Ecuaciones 6.15 y 6.16 están en radianes y no en grados (1 radian = 57,296 grados).

El argumento del coseno inverso en la Ecuación 6.17 es válido para latitudes entre 55°N y 55°S. Para latitudes que estén fuera de esta escala, el argumento debería ser menor o igual a 2,0 durante el invierno. Si es menor a cero durante el verano, deberá ser calculado como [tan ϕ tan δ- 2,0]. Como se observó anteriormente, el valor de ϕ es positivo para las latitudes norte y negativo para las latitudes sur.

Ejemplo del cálculo de R_A

Para la latitud 27°N (ϕ = 0,471 rad) el 8 de enero, el valor de δ es -0,389, d_r (ver Ecuación 6.16) es 1,033, y ω_s (ver Ecuación 6.17) es 1,360. De la Ecuación 6.14, el valor de R_A (ver Ecuación 6.14) es 22,20 MJ/m^2/día, el mismo que cuando se divide por lambda (Ecuación 6.11) es de alrededor de 9,1 mm/día de evaporación equivalente de agua.

La Figura 6.1 fue preparada utilizando las Ecuaciones 6.14 a la 6.17 para latitudes norte. La figura ilustra la mayor variación anual en la radiación solar extraterrestre para latitudes más lejanas de la línea equinoccial. En la línea equinoccial, la variación anual de la radiación solar es mínima. De este modo hay la posibilidad de cultivar durante todo el año a valores bajos de latitud, particularmente dentro de los trópicos (23.5°N y 23.5°S). La Tabla 6.1 fue preparada utilizando las mismas ecuaciones y proporciona valores de R_A medios mensuales aproximados en milímetros equivalentes por día de evaporación del agua, para las latitudes norte y sur. Los valores equivalentes de mm/día en la Tabla 6.1 se basan en una temperatura del aire de 20°C, que mediante la Ecuación 6.2 da λ = 2,45. Las temperaturas promedio del aire de 10°C o de 30°C, darán como resultado valores de R_A (mm/día) que difieren de aquellos para 20°C en menos del 1,0%.

Un punto interesante a observar en la Tabla 6.1 es que la radiación solar extraterrestre no está distribuida de igual manera durante el año en los hemisferios norte y sur. Por ejemplo, el valor medio máximo mensual en el hemisferio sur es de alrededor de 18,2 mm/día (42-44°S en diciembre) en comparación con alrededor de 17,0 mm/día en el norte (36-48°N en junio). Para latitudes norte, los valores de R_A mínimos ocurren alrededor del 21 de diciembre y los valores máximos cerca del 21 de junio, sin embargo, éstos no corresponden generalmente a los días con temperaturas del aire mínima y

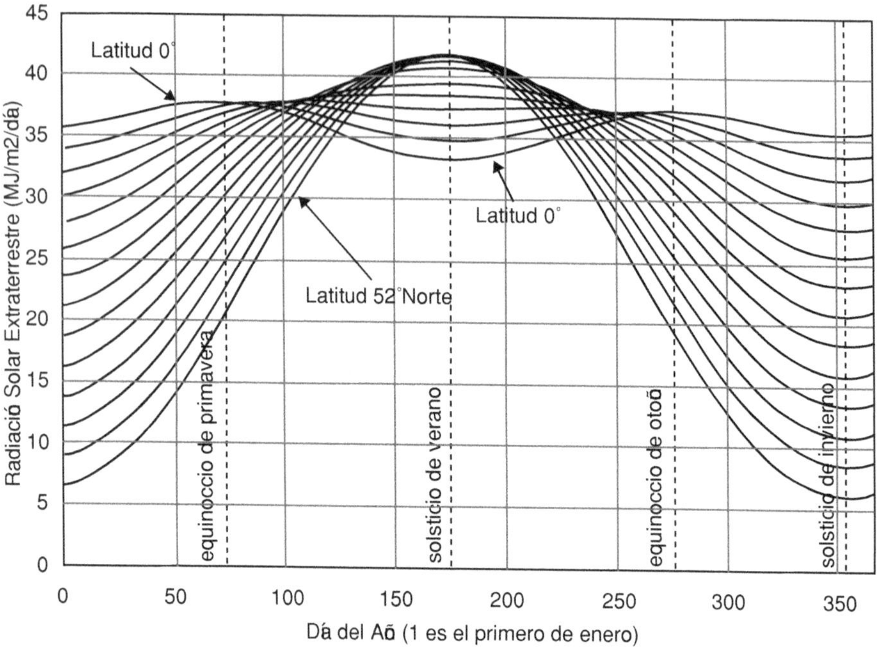

Figura 6.1. Curvas de R_A en MJ/m^2/día para latitudes norte de 0° a 52°, con incrementos de 4°

máxima, debido a que existen otros factores, aparte de la radiación extraterrestre, que afectan la temperatura del aire.

Se puede estimar un valor R_A promedio diario para un mes en base a la ecuación 6.18 si se tienen los valores aproximados de J para la mitad de cada mes. La ecuación es:

$$J = 15 + [30,5\,(M - 1)] \qquad (6.18)$$

donde M es el número del mes (comenzando con 1 para el primero de enero).

6.7. REQUERIMIENTOS DE RIEGO

En climas áridos, el riego proporciona esencialmente toda el agua usada por los cultivos, sin embargo, en otros climas, el riego puede ser complementario a la lluvia. Se pueden usar los conceptos de precipitación probable y precipitación efectiva para evaluar la posible contribución de las precipitaciones al

Tabla 6.1. **Valores aproximados del promedio mensual de la radiación solar extraterrestre, R_A, en mm/día de evaporación equivalente de agua (con $\lambda = 2{,}35$).**

Latitudes Sur												Lati-tud	Latitudes Norte											
Ene	Feb	Mar	Abr	May	Jun	Jul	Ago	Sep	Oct	Nov	Dic		Ene	Feb	Mar	Abr	May	Jun	Jul	Ago	Sep	Oct	Nov	Dic
14,8	15,3	15,4	15,0	14,2	13,7	13,9	14,6	15,2	15,2	14,8	14,6	0°	14,8	15,3	15,4	15,0	14,2	13,7	13,9	14,6	15,2	15,2	14,8	14,6
15,1	15,5	15,5	14,9	13,9	13,4	13,6	14,4	15,1	15,4	15,1	14,9	2°	14,5	15,1	15,4	15,1	14,5	14,0	14,1	14,7	15,2	15,1	14,5	14,2
15,4	15,6	15,5	14,7	13,6	13,0	13,2	14,2	15,1	15,5	15,4	15,2	4°	14,1	14,8	15,3	15,2	14,7	14,3	14,4	14,9	15,2	14,9	14,2	13,9
15,6	15,8	15,5	14,5	13,3	12,7	12,9	13,9	15,0	15,6	15,6	15,5	6°	13,8	14,6	15,2	15,3	14,9	14,6	14,7	15,1	15,2	14,7	13,9	13,5
15,9	15,9	15,4	14,3	13,0	12,3	12,6	13,7	14,9	15,7	15,8	15,8	8°	13,4	14,3	15,1	15,4	15,1	14,8	14,9	15,2	15,1	14,5	13,6	13,1
16,1	16,0	15,4	14,1	12,7	11,9	12,2	13,4	14,8	15,7	16,0	16,1	10°	13,1	14,1	15,0	15,5	15,3	15,1	15,1	15,3	15,1	14,3	13,2	12,7
16,3	16,1	15,3	13,9	12,4	11,5	11,9	13,1	14,7	15,8	16,2	16,3	12°	12,7	13,8	14,9	15,5	15,5	15,3	15,4	15,4	15,0	14,0	12,9	12,3
16,6	16,2	15,2	13,6	12,0	11,1	11,5	12,9	14,5	15,8	16,4	16,6	14°	12,3	13,5	14,7	15,5	15,7	15,6	15,5	15,5	14,9	13,8	12,5	11,9
16,7	16,3	15,1	13,4	11,6	10,7	11,1	12,5	14,4	15,8	16,5	16,8	16°	11,9	13,1	14,6	15,5	15,8	15,8	15,7	11,5	14,8	13,5	12,1	11,4
16,9	16,3	15,0	13,1	11,3	10,3	10,7	12,2	14,2	15,8	16,7	17,0	18°	11,4	12,8	14,4	15,5	15,9	16,0	15,9	15,6	14,7	13,2	11,7	11,0
17,1	16,3	14,9	12,8	10,9	9,9	10,3	11,9	14,0	15,8	16,8	17,2	20°	11,0	12,4	14,2	15,5	16,0	16,1	16,0	15,6	14,6	12,9	11,3	10,5
17,2	16,4	14,7	12,5	10,5	9,5	9,9	11,5	13,8	15,7	16,9	17,4	22°	10,6	12,1	13,9	15,4	16,1	16,3	16,2	15,6	14,4	12,6	10,9	10,0
17,3	16,3	14,5	12,1	10,1	9,0	9,4	11,2	13,5	15,6	17,0	17,5	24°	10,1	11,7	13,7	15,3	16,2	16,4	16,3	15,6	14,2	12,3	10,4	9,6
17,4	16,3	14,3	11,8	9,6	8,6	9,0	10,8	13,3	15,6	17,0	17,6	26°	9,6	11,3	13,4	15,2	16,2	16,6	16,4	15,6	14,0	11,9	10,0	9,1
17,5	16,3	14,1	11,5	9,2	8,1	8,6	10,4	13,0	15,4	17,1	17,8	28°	9,2	10,9	13,2	15,1	16,3	16,7	16,4	15,5	13,8	11,6	9,6	8,6
17,5	16,2	13,9	11,1	8,8	7,6	8,1	10,0	12,7	15,3	17,1	17,9	30°	8,7	10,5	12,9	15,0	16,3	16,8	16,5	15,5	13,6	11,2	9,1	8,1
17,6	16,1	13,7	10,7	8,3	7,2	7,6	9,6	12,4	15,2	17,1	18,0	32°	8,2	10,1	12,6	14,9	16,3	16,9	16,6	15,4	13,3	10,8	8,6	7,6
17,6	16,0	13,4	10,3	7,9	6,7	7,2	9,2	12,1	15,0	17,1	18,0	34°	7,7	9,6	12,2	14,7	15,3	16,9	16,6	15,3	13,1	10,4	8,1	7,1
17,6	15,9	13,1	9,9	7,4	6,2	6,7	8,8	11,8	14,9	17,1	18,1	36°	7,2	9,2	11,9	14,5	16,3	17,0	16,6	15,2	12,8	10,0	7,7	6,6
17,6	15,7	12,8	9,5	6,9	5,8	6,2	8,4	11,5	14,7	17,1	18,1	38°	6,7	8,7	11,6	14,3	16,2	17,0	16,6	15,0	12,5	9,6	7,2	6,1
17,6	15,6	12,5	9,1	6,5	5,3	5,8	7,9	11,1	14,5	17,0	18,1	40°	6,2	8,3	11,2	14,1	16,2	17,0	16,6	14,9	12,2	9,1	6,7	5,6
17,6	15,4	12,2	8,7	6,0	4,8	5,3	7,5	10,7	14,2	16,9	18,2	42°	5,7	7,8	10,8	13,9	16,3	17,0	16,6	14,7	11,9	8,7	6,2	5,1
17,5	15,2	11,9	8,2	5,5	4,3	4,8	7,0	10,4	14,0	16,9	18,2	44°	5,2	7,3	10,4	13,7	16,0	17,0	16,5	14,5	11,5	8,3	5,7	4,6
17,5	15,0	11,5	7,8	5,1	3,9	4,4	6,5	10,0	13,7	16,8	18,1	46°	4,7	6,8	10,0	13,4	15,9	17,0	16,5	14,3	11,2	7,8	5,2	4,1
17,4	14,8	11,1	7,3	4,6	3,4	3,9	6,1	9,6	13,5	16,6	18,1	48°	4,2	6,4	9,6	13,1	15,8	17,0	16,4	14,1	10,8	7,3	4,7	3,6
17,3	14,6	10,8	6,9	4,1	3,0	3,4	5,6	9,1	13,2	16,5	18,1	50°	3,7	5,9	9,2	12,9	15,7	16,9	16,3	13,9	10,4	6,9	4,2	3,1
17,2	14,3	10,4	6,4	3,6	2,5	3,0	5,1	8,7	12,9	16,4	18,0	52°	3,2	5,4	8,7	12,6	15,5	16,9	16,2	13,7	10,1	6,4	3,7	2,7
17,1	14,1	10,0	5,9	3,2	2,1	2,5	4,7	8,3	12,6	16,2	18,0	46°	2,8	4,9	8,3	12,2	15,4	16,9	16,1	13,4	9,6	5,9	3,2	2,2

crecimiento de los cultivos. Se ha propuesto el uso de la probabilidad al 75% de precipitación, y la media menos una desviación estándar, como índices de confiabilidad, como criterios útiles para propósitos de diseño de un sistema de riego. La precipitación efectiva es aquella porción de la lluvia total almacenada en la zona radicular y disponible para el uso de las plantas. Este valor depende de la velocidad de infiltración en el suelo, cantidades e intensidad de las lluvias, cubierta del cultivo, preparación del suelo, topografía y de otras prácticas.

El riego deberá proporcionar la diferencia entre la lluvia efectiva y los requerimientos de agua del cultivo, con una tolerancia para las eficiencias, la falta de uniformidad de aplicación y cualquier lixiviación necesaria de las sales en los suelos. En algunos casos es necesario considerar el agua suministrada al cultivo proveniente del manto freático o del rocío.

6.8. COEFICIENTES DE CULTIVO

Como se mencionó al comienzo de este capitulo, la ET del cultivo de referencia se multiplica por los coeficientes del cultivo (K_c) y así se obtienen las estimaciones del uso potencial del agua o los requerimientos de agua del cultivo (ET_c). Los coeficientes del cultivo dependen especialmente del tipo y etapa de crecimiento del cultivo y no de las condiciones climáticas. La idea es que los coeficientes del cultivo permanecen esencialmente iguales para el mismo cultivo sin importar la localidad y clima. Una vez que se determinan los valores de K_c para un cultivo y variedad determinados, estos se pueden aplicar casi en cualquier sitio. Si esta posibilidad de transferencia no fuera válida no tendría mucho sentido el determinar la ET_c a través del producto de estos términos -- en su lugar, sería necesario calibrar las ecuaciones de ET para cada sitio y cada tipo de cultivo en forma individual. De este modo, con los coeficientes del cultivo es necesario únicamente determinar la ET_o en un sitio determinado, luego multiplicarla por el valor K_c apropiado para determinar la evapotranspiración actual del cultivo.

Los coeficientes de los cultivos generalmente incluyen tanto la transpiración desde las estomas de la planta como la evaporación del suelo húmedo y superficies foliares, si la disponibilidad de agua no es un factor limitante para el crecimiento y desarrollo de las plantas. El riego frecuente (por ejemplo, diario) usualmente produce valores más altos de ET que aquellas que se consideran normalmente en el desarrollo de valores de coeficientes del cultivo debido a la mayor evaporación del suelo húmedo (especialmente con riego por aspersión y superficial) y posiblemente también mayor transpiración.

Otros tipos de coeficientes de cultivo han sido propuestos y usados. Por ejemplo, los coeficientes basales del cultivo (K_{cb}) consideran principalmente el componente de transpiración en la ET y se usan generalmente con funciones separadas de evaporación del suelo húmedo para determinar los valores de

ET_c. Los coeficientes basales del cultivo son útiles cuando es necesario determinar estimaciones precisas diarias del uso del agua del cultivo, por ejemplo en el caso de aplicaciones de programas de riego. Este método proporciona una mayor precisión porque toma en cuenta el efecto del riego individual. Los coeficientes normales del cultivo (K_c) son apropiados cuando se les usa en estimaciones de uso del agua semanales, mensuales o del ciclo de cultivo.

Los coeficientes K_c dependen principalmente del tipo y la etapa de crecimiento del cultivo, con valores que generalmente varían entre 0,2 y 1,2, cuando el cultivo de referencia es el pasto. Su valor por varios de los cultivos agrícolas nunca excede de 1,0, aun durante el período más crítico. Debido a la diferencia significativa entre la ET de referencia entre el pasto y la alfalfa, es importante que se seleccionen los valores de K_c apropiados. Cuando no se hace esta distinción es probable que los valores estén basados en el pasto como cultivo de referencia o bien en la alfalfa.

La Figura 6.2 proporciona coeficientes de cultivo generales por etapa de crecimiento, los cuales son más o menos correctos para períodos de cálculo semanal o más largos, y para coeficientes de cultivo basales. Para cultivos perennes maduros, el coeficiente de cultivo es esencialmente constante. Por supuesto, se requiere un conocimiento de la cantidad de días en cada etapa de crecimiento para calcular los requerimientos de agua del cultivo. La Tabla 6.2 proporciona descripciones de los diferentes segmentos lineales de la Figura 6.2.

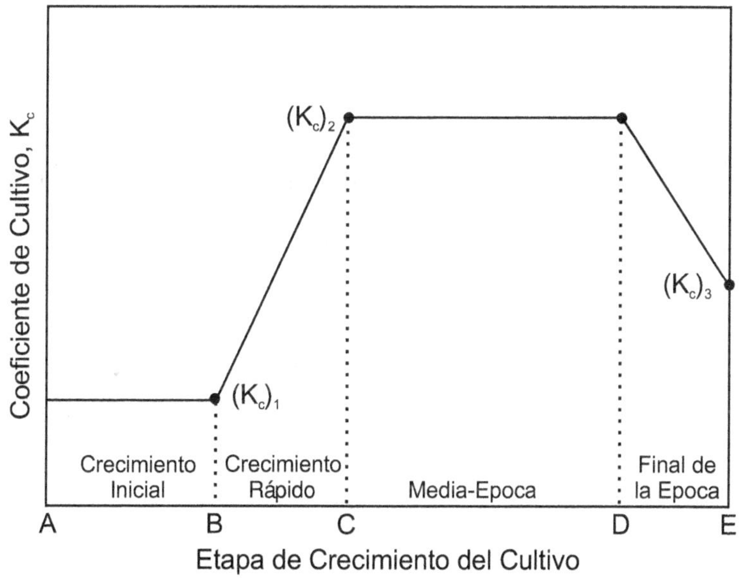

Figura 6.2. Coeficientes generales de cultivo por etapa de crecimiento.

Tabla 6.2. Descripción general de los coeficientes de cultivo en diferentes etapas de crecimiento.

Valores de K_c	Etapas de crecimiento	Descripción
$(K_c)_1$	Inicial (A-B)	El valor promedio de K_c desde la siembra hasta aproximadamente el 10 por ciento de cobertura.
$(K_c)_1$ a $(K_c)_2$	Crecimiento rápido (B-C)	Del 10 al 75 por ciento de cobertura, o hasta el uso de agua máximo (lo que ocurra primero), o del rebrote hasta cobertura total para huertos deciduos y viñedos.
$(K_c)_2$	Media época (C-D)	El valor promedio, desde el final de la etapa de crecimiento rápido hasta que el uso del agua comienza a declinar debido a la senescencia del cultivo.
$(K_c)_2$ a $(K_c)_3$	Final de la época (D-E)	Desde el momento en que K_c comienza a declinar hasta la cosecha, o cuando el uso del agua cesa o alcanza un valor mínimo.
$(K_c)_3$	Cosecha (E)	El valor promedio durante la cosecha o al final del período de uso del agua.

La Tabla 6.3 muestra un resumen de los valores de K_c para pasto como cultivo de referencia. Estos valores fueron publicados por Hargreaves (1990) y Hargreaves y Samani (1991), los cuales fueron derivados principalmente de cultivos establecidos en California bajo condiciones de "riego adecuado" (sin déficit apreciable de agua en la zona radicular) y de las prácticas de manejo diseñadas para producir rendimientos altos. Los valores de K_c varían según la variedad del cultivo, el índice de área foliar y del vigor del cultivo. Los valores proporcionados en la Tabla 6.3 se consideran adecuados para producir buenos rendimientos si las condiciones climáticas y de manejo del cultivo son favorables, ya que los valores en general, son para condiciones de riego adecuadas. Cuando hay un déficit significativo de agua en la zona radicular en cualquier momento del ciclo de desarrollo, la tasa real de ET será menor a aquella estimada por el producto de ET_o y K_c. Para fines comparativos, se proporciona la Tabla 6.4 de Doorenbos y Kassam (1979) que compara los coeficientes de cultivo de la FAO con aquellos presentados en la Tabla 6.3; usando pasto como cultivo de referencia.

Tabla 6.3. Coeficientes de cultivo, K_c, a usar con las Ecuaciones 6.3 y 6.4 (ver también la Tabla 6.2 y la Figura 6.2).

Cultivo	$(K_c)_1$	$(K_c)_2$	$(K_c)_3$
Alfalfa	0,40-0,50	1,00-1,40	0,95-1,35
Alcachofa	0,90-1,00	0,95-1,05	0,90-1,00
Espárrago	0,25-0,30	0,95	0,25
Banana	0,40-0,65	1,00-1,20	0,75-1,15
Cebada	0,25-0,30	1,00-1,10	0,10-0,20
Frijoles (fresco)	0,30-0,40	0,95-1,05	0,85-0,95
Frijoles (seco)	0,30-0,40	1,05-1,20	0,25-0,30
Remolacha	0,24-0,40	1,05-1,20	0,25-0,30
Col, etc,[1]	0,30-0,50	0,95-1,10	0,80-0,95
Melón	0,15-0,40	1,00-1,10	0,30-0,90
Zanahoria	0,40-0,50	1,05	0,75
Apio	0,25-0,35	1,00-1,15	0,90-1,05
Cítricos[2]	0,65	0,65-0,75	0,65
Maíz (grano)	0,20-0,50	1,05-1,20	0,35-0,60
Maíz (fresco)	0,20-0,50	1,05-1,20	0,70-0,80
Algodón	0,20-0,50	1,05-1,30	0,30-0,60
Pepino	0,20-0,40	0,90-1,00	0,70-0,80
Huertos deciduos	0,50	0,85-1,20	0,50-0,85
Huertos deciduos con cobertura[3]	0,75-0,85	1,10-1,25	0,70-1,10
Berenjena	0,25-0,50	0,95-1,10	0,80-0,90
Lino	0,20-0,40	1,00-1,15	0,20-0,25
Uva	0,20-0,50	0,74-0,85	0,20-0,45
Cacahuate (maní)	0,30-0,50	0,95-1,00	0,50-0,60
Kiwi	0,30	1,05	1,05
Lenteja	0,20-0,30	1,05-1,20	0,25-0,30
Lechuga	0,20-0,30	0,85-1,05	0,45
Mijo	0,20-0,40	1,00-1,15	0,25-0,30
Avena	0,20-0,40	1,05-1,20	0,20-0,25
Aceituna	0,60	0,80	0,80
Cebolla (seca)	0,40-0,60	0,95-1,10	0,75-0,85
Cebolla (verde)	0,40-0,60	0,95-1,05	0,95-1,05
Arveja (fresca)	0,40-0,50	1,05-1,20	0,95-1,10
Pimiento (fresco)	0,30-0,40	0,95-1,10	0,80-0,90
Pistacho	0,10	1,10	0,35
Patata (papa)	0,40-0,55	1,10-1,20	0,40-0,75
Leguminosas	0,20-0,40	1,05-1,20	0,25-0,30
Arroz	1,10-1,15	1,10-1,30	1,10
Azafrán	0,30-0,40	1,05-1,20	0,20-0,25
Granos (cereales)	0,20-0,40	1,10-1,30	0,20-0,35

(continuación de la Tabla 6.3)

Cultivo	$(K_c)_1$	$(K_c)_2$	$(K_c)_3$
Sorgo (grano)	0,15-0,40	1,05-1,20	0,30-0,50
Soya	0,30-0,40	1,00-1,15	0,45-0,55
Espinaca	0,20-0,30	0,95-1,05	0,90-1,00
Calabaza	0,20-0,40	0,90-1,00	0,70-0,80
Remolacha azucarera	0,20-0,40	1,05-1,20	0,70-1,00
Caña de azúcar	0,40-0,50	1,00-1,30	0,50-0,60
Girasol	0,30-0,40	1,05-1,20	0,35-0,45
Tabaco	0,30-0,40	1,00-1,20	0,75-0,85
Tomate	0,25-0,50	1,05-1,25	0,60-0,85
Sandía	0,25-0,50	1,00-1,10	0,20-0,70
Trigo	0,20-0,40	1,05-1,25	0,20-0,30

[1]Incluye otras plantas crucíferas (por ejemplo, coliflor, brócoli, coles de Bruselas)

[2]Agregar 0,20 a 0,25 cuando hay un cultivo "de cobertura."

[3]Huertos con un cultivo secundario "de cobertura."

En las Tablas 6.3 y 6.4 se puede apreciar que el arroz tiene los requerimientos de agua más altos que cualquier otro cultivo agrícola común, excluyendo la infiltración profunda y el escurrimiento de los campos. El arroz es también uno de los principales cultivos en Asia y otras regiones del mundo y en términos de volumen es probablemente el cultivo de mayor uso de agua entre todos los cultivos agrícolas. La caña de azúcar y la alfalfa pueden tener requerimientos de agua similares, pero el área plantada a nivel mundial con caña de azúcar y alfalfa es mucho menor que la de arroz.

La Tabla 6.5 proporciona la duración en días de las cuatro etapas de cultivo que se muestran en la Figura 6.2, las cuales varían significativamente en duración y dependen principalmente del clima y variedad del cultivo. Los valores de la Tabla 6.5 deben ser considerados como una guía pero, cuando sea posible, se deberá usar la información fenológica local para las variedades cultivadas ya que la duración de las etapas de desarrollo depende de muchos factores, entre los cuales no son menos importantes la temperatura del aire y la radiación neta. Los investigadores usan a menudo relojes fenológicos para calcular las diferencias en la duración de la etapa de desarrollo para varios tipos de cultivos. La Tabla 6.6 (Doorenbos y Pruitt 1977) es más completa que la Tabla 6.5 porque proporciona la duración de la época de crecimiento, la fecha de siembra y la duración de las etapas de desarrollo del cultivo.

Tabla 6.4. Coeficientes de cultivo de la FAO (según Doorenbos y Kassam 1979).

Tipo de cultivo	Etapas de desarrollo del cultivo					Período total
	Inicial	Desarrollo	Media	Final	Cosecha	
Banana						
tropical	0,4-0,5	0,7-0,85	1,0-1,1	0,9-1,0	0,75-0,85	0,7-0,8
subtropical	0,5-0,65	0,8-0,9	1,0-1,2	1,0-1,15	1,0-1,15	0,85-0,95
Frijol						
fresco	0,3-0,4	0,65-0,75	0,95-1,05	0,9-0,95	0,85-0,95	0,85-0,9
seco	0,3-0,4	0,7-0,8	1,05-1,2	0,65-0,75	0,25-0,3	0,7-0,8
Repollo (col)	0,4-0,5	0,7-0,8	0,95-1,1	0,9-1,0	0,8-0,95	0,7-0,8
Algodón	0,4-0,5	0,7-0,8	1,05-1,25	0,8-0,9	0,65-0,7	0,8-0,9
Uva	0,35-0,55	0,6-0,8	0,7-0,9	0,6-0,8	0,55-0,7	0,55-0,75
Cacahuate (maní)	0,4-0,5	0,7-0,8	0,95-1,1	0,75-0,85	0,55-0,6	0,75-0,8
Maíz						
tierno	0,3-0,5	0,7-0,9	1,05-1,2	1,0-1,15	0,95-1,1	0,8-0,95
grano	0,3-0,5	0,7-0,85	1,05-1,2	0,8-0,95	0,55-0,6	0,75-0,9
Cebolla						
seca	0,4-0,6	0,7-0,8	0,95-1,1	0,85-0,9	0,75-0,85	0,8-0,9
fresca	0,4-0,6	0,6-0,75	0,95-1,05	0,95-1,05	0,95-1,05	0,65-0,8
Arveja (fresca)	0,4-0,5	0,7-0,85	1,05-1,2	1,0-1,15	0,95-1,1	0,8-0,95
Pimiento (fresco)	0,3-0,4	0,6-0,75	0,95-1,1	0,85-1,0	0,8-0,9	0,7-0,8
Patata (papa)	0,4-0,5	0,7-0,8	1,05-1,2	0,85-0,95	0,7-0,75	0,75-0,9
Arroz	1,1-1,15	1,1-1,5	1,1-1,3	0,95-1,05	0,95-1,05	1,05-1,2
Azafrán	0,3-0,4	0,7-0,8	1,05-1,2	0,65-0,7	0,2-0,25	0,65-0,7
Sorgo	0,3-0,4	0,7-0,75	1,0-1,15	0,75-0,8	0,5-0,55	0,75-0,85
Soya	0,3-0,4	0,7-0,8	1,0-1,15	0,7-0,8	0,4-0,5	0,75-0,9
Remolacha azucarera	0,4-0,5	0,75-0,85	1,05-1,2	0,9-1,0	0,6-0,7	0,8-0,9
Caña de azúcar	0,4-0,5	0,7-1,0	1,0-1,3	0,75-0,8	0,5-0,6	0,85-1,05
Girasol	0,3-0,4	0,7-0,8	1,05-1,2	0,7-0,8	0,35-0,45	0,75-0,85
Tabaco	0,3-0,4	0,7-0,8	1,0-1,2	0,9-1,0	0,75-0,85	0,85-0,95
Tomate	0,4-0,5	0,7-0,8	1,05-1,25	0,8-0,95	0,6-0,65	0,75-0,9
Sandía	0,4-0,5	0,7-0,8	0,95-1,05	0,8-0,9	0,65-0,75	0,75-0,85
Trigo	0,3-0,4	0,7-0,8	1,05-1,2	0,65-0,75	0,2-0,25	0,8-0,9
Alfalfa	0,3-0,4				1,05-1,2	0,85-1,05
Cítricos						0,65-0,9
Aceituna						0,4-0,6

Tabla 6.5. Duración aproximada de los períodos de crecimiento, en días, para algunos cultivos anuales (ver también la Figura 6.2).

Cultivo	Inicial A –B	Crecimiento rápido B – C	Media época C – D	Final de época D - E
Frijól: fresco	10-15	20-25	30-45	0-5
Frijól: seco	10-15	20-25	40-55	20-25
Algodón	15-25	25-35	90-110	15-20
Cacahuate (maní)	10-20	25-35	60-75	10-20
Maíz	15-25	25-40	50-65	10-15
Cebolla: fresca	10-25	25-30	30-40	0-5
Cebolla: seca	15-25	25-30	35-45	15-20
Patata (papa)	10-25	20-30	45-55	10-15
Arroz	25-45	40-60	35-50	10-20
Azafrán	4-10	25	115	10
Sorgo	15-20	20-30	50-60	10-15
Soya	10	30-40	55-75	10-15
Remolacha azucarera	25-35	25-35	50-80	40-50
Caña de azúcar	10-30	150-350	70-200	50-70
Girasol	20	55	55	15
Tabaco	40-60	50-70	25-40	15-35
Tomate	10	20-25	40-60	15-20
Sandía	10-15	20-25	35-50	15-20
Trigo-primavera	10-15	30-50	30-55	10-15

Tabla 6.6. Duración aproximada de la época de crecimiento y desarrollo del cultivo, para ciertos cultivos (adaptado de Doorenbos y Pruitt 1977).

Tipo de cultivo	Duración de la época de crecimiento y etapas de desarrollo del cultivo
Alcachofa	Perenne, replantada cada 4-7 años; por ejemplo, en la costa de California con siembras en abril 40/40/250/30 y (360); cultivos subsiguientes con reducción de crecimiento a nivel del piso a finales de la primavera cada año y al final de la cosecha o 20/40/220/30 y (310).
Cebada	También trigo y avena; varía ampliamente según la variedad; el trigo de India Central, siembra en noviembre 15/25/50/30 y (120); siembra a Inicios de primavera, latitudes 35°- 40° semiáridas y siembra en noviembre en la Rep. de Corea 20/25/60/30 y (135); el trigo se siembra en julio en las altiplanicies del Este de Africa a 2.500 m de altitud y en la Rep. de Corea 15/30/65/40) y (150).
Frijol (fresco)	Siembra en Febrero y Marzo en el desierto de California y en el Mediterráneo 20/30/30/10 y (90); Siembra en Agosto-Septiembre en el desierto de California, Egipto y la Costa de Líbano 15/25/25/10 y (75).
Frijol (seco)	Climas continentales con siembra a final de primavera 20/30/40/20 y (110); Junio en el centro de California y Pakistán 15/25/35/20 y (95); variedades de ciclo más largo 15/25/50/20 y (110).
Remolacha	Siembra de primavera en el Mediterráneo 15/25/20/10 y (70); siembra al inicio de la primavera en climas mediterráneos y época pre-fría en climas desérticos 25/30/25/10 y (90).
Zanahorias	Epoca cálida de climas áridos y semiáridos 20/30/30/20 y (100); para época fría hasta 20/30/80/20 y (150); siembra a inicio de primavera en el Mediterráneo 25/35/40/20 y (120); hasta 30/40/60/20 y (150) para siembra a finales de invierno.
Higuerilla	Clima árido y semiárido, siembra en primavera 25/40/65/50 y (180).
Apio	Siembra en época pre-fría y semiárida 25/40/95/20 y (180); época fría 35/55/105/20 y (215); época media húmeda del Mediterráneo 25/40/45/15 y (125).
Algodón	Siembra en Marzo en Egipto, Abril-Mayo en Pakistán, Septiembre en Arabia del Sur 30/50/60/55 y (195); siembra en primavera, cosecha mecánica en Texas 30/50/55/45 y (180).
Crucíferas	Amplio rango en duración del ciclo debido a diferencias varietales; siembra de primavera en climas Mediterráneo y continental 20/30/20/10 y (80); finales de invierno en el Mediterráneo 25/35/25/10 y (95); siembra de otoño en la costa del Mediterráneo 30/35/90/40 y (195).

(continuación de la Tabla 6.6)

Pepino	Siembra en junio en Egipto, Agosto-Octubre en el desierto de California 20/30/40/15 y (105); siembra en primavera en climas áridos fríos y semiáridos, desiertos bajos 25/35/50/20 y (130).
Berenjena	Climas desérticos de invierno cálido 30/40/40/20 y (130); siembra a fines de primavera-principios de verano en el Mediterráneo 30/45/40/25 y (140).
Lino	Siembra en primavera en climas con invierno frío 25/35/50/40 y (150); siembra en octubre-noviembre en climas de invierno cálido; Pakistán y desiertos bajos 25/35/65/40 y (165).
Cereales	Siembra en primavera en el Mediterráneo 20/30/60/40 y (150); octubre-noviembre en climas de invierno cálido; Pakistán y desiertos bajos 25/35/65/40 y (165).
Lentejas	Siembra en primavera en climas de invierno frío 20/30/60/40 y (150); siembra de época pre-fría en climas de invierno cálido 26/35/70/40 y (170).
Lechuga	Siembra de primavera en climas Mediterráneos 20/30/15/10 y (75) en siembra a finales de invierno 30/40/25/10 y (105); inicios de la época fría en climas de desiertos bajos desde 25/35/30/10 y (100); siembra al final de la época fría, desiertos bajos 35/50/45/10 y (140).
Maíz (fresco)	Filipinas, siembra a principios de marzo (final de época seca) 20/20/30/10 y (80); siembra al final de la época fría en climas desérticos 20/30/30/10 y (90); inicios de época fría en climas desérticos 20/30/50/10 y (110).
Maíz (grano)	Siembra en primavera en las altiplanicies de Africa del este 30/50/60/40 y (180); final de la época fría, clima desértico cálidos 25/40/45/30 y (140); siembra en Junio en región sub-húmeda de Nigeria, principios de octubre en la India 20/35/40/30 y (125); inicios de Abril en el sudeste de España 30/40/50/30 y (150).
Melones	Siembra a finales de primavera en climas Mediterráneos 25/35/40/20 y (120); siembra a mediados del invierno en climas de desierto bajo 30/45/65/20 y (160).
Mijo	Siembra en junio en Pakistán 15/25/40/25 y (105); siembra en primavera en las planicies centrales de los Estados Unidos, 20/30/55/35 y (140).
Avena	Igual a la cebada.
Cebolla (seca)	Siembra en primavera en climas Mediterráneos 15/25/70/40 y (150); siembra en invierno pre-cálido en climas de desierto semiárido y árido 20/35/110/45 y (210).
Cacahuate (maní)	Siembra en época seca en Africa del Oeste 25/35/45/25 y (130); siembra a finales (maní) de primavera en planicies de la costa del Líbano e Israel 35/45/35/25 y (140).

(continuación de la Tabla 6.6)

Arveja	Siembra a inicios de verano en climas marítimos fríos, 15/25/35/15 y (90); siembra a inicios de primavera mediterránea y climas desérticos con invierno cálido 20/25/35/15 y (95); a final de invierno en el Mediterráneo 25/30/30/15 y (100).
Pimiento	Fresco - inicio de primavera mediterránea y siembra a inicio del verano continental 30/35/40/20 y (125); siembra a mediados de primavera en climas fríos de costas continentales, 25/35/40/20 y (120); siembra de invierno pre-cálido en climas desérticos 30/40/110/30 (210).
Patata	Siembra completa en climas desérticos de invierno cálido 25/30/30/20 y (común) (105); siembra a finales de invierno en climas semiáridos y áridos y finales de primavera-comienzos de verano en clima continental 25/30/45/30 y (130) principios a mediados de primavera en Europa Central 30/35/50/30 y (145); la emergencia lenta podría incrementar la duración del período inicial en 15 días durante una primavera fría.
Rábano	Inicios de primavera mediterránea y siembra de verano continental 5/10/15/5 y (35); fines de invierno mediterráneo costero y clima desértico de invierno cálido 10/10/15/5 y (40).
Azafrán	Siembra desde inicio/mediado de primavera en California Central20/35/45/25 y (125) y siembra de finales de invierno 25/35/55/30 y (145); climas desérticos de invierno cálido 35/55/60/40 y (190).
Sorgo	Climas desérticos de época cálida 20/30/40/30 y (120); siembra a mediados de junio, Pakistán, mayo en el Oeste Medio de los Estados Unidos y Mediterráneo 20/35/40/30 y (125); siembra a inicios de primavera en climas áridos cálidos 20/35/45/30 y (130).
Soya	Siembra en mayo en el Centro de los Estados Unidos 20/35/60/25 y (140); siembra de mayo-junio en el desierto de California 20/30/60/25 y (135); siembra a finales de diciembre en Filipinas, inicio de la época seca 15/15/40/15 y (85); hortalizas 15/15/30/0 y (60); siembra a inicio/mediados de junio en Japón 20/25/75/30 y (150).
Espinaca	Siembra de primavera en el Mediterráneo 20/20/15/5 y (60); siembra en septiembre-octubre y finales de invierno en el Mediterráneo 20/20/25/5 y (70); climas desérticos de invierno cálido 20/30/40/10 y (100).
Calabaza	Siembra de primavera en el Mediterráneo 25/35/25/15 y (100+); inicio (zucchini) de verano en el Mediterráneo y Europa marítima 20/30/25/15 y (90+); siembra en invierno en desierto cálido 25/35/25/15 y (100).

(continuación de la Tabla 6.6)

Remolacha	Siembra a mediados de noviembre en la costa del Líbano 45/75/30/30 y azucarera (180); siembra a inicios de verano 25/35/50/50 y (160); siembra a inicios de primavera en Uruguay 30/45/60/45 y (180); siembra a finales de invierno en desierto con invierno cálido 35/60/70/40 y (205).
Girasol	Siembra de primavera en el Mediterráneo 25/35/45/25 y (130); siembra a principio de verano, en el desierto de California 20/35/45/25 y (125).
Tomate	Clima desértico con invierno cálido 30/40/40/25 y (135); y finales de otoño 35/45/70/30 y (180); siembra de primavera en climas mediterráneos 30/40/45/30 y (145).
Trigo	Igual a la cebada.

Observaciones: Por ejemplo, la secuencia 40/40/25/30 corresponde al desarrollo inicial del cultivo, crecimiento rápido, etapas de crecimiento de medio ciclo y final en días, respectivamente, y los valores entre paréntesis como (360) representan la duración total de desarrollo desde la siembra hasta la cosecha, también en días.

Capítulo 7

PROGRAMACIÓN DE RIEGO

7.1. INTRODUCCIÓN

La cantidad de agua de riego que se debe aplicar y la duración de las aplicaciones dependen de varios factores. Antes que nada deberá haber una continua disponibilidad tanto de agua como de aire en la zona radicular del cultivo. De modo que la cantidad requerida de agua y la duración o frecuencia de las aplicaciones estén influenciadas por la profundidad de las raíces del cultivo, la capacidad de retención de humedad en el suelo, la evapotranspiración del cultivo, la precipitación, el método de riego y algunas consideraciones de manejo. Usualmente la meta es maximizar el beneficio lo cual podría ser el resultado de algún nivel de déficit de riego. Si el agua es costosa, el aplicar riego para obtener rendimientos menores a los máximos podría incrementar los beneficios. El ahorro en el gasto por costo del agua podría exceder el valor de la reducción de producción del cultivo.

Cuando el riego es frecuente (cada 1 o 2 días) a menudo la profundidad radicular y la capacidad de retención de humedad en el suelo, no son importantes para el cálculo de la lamina de riego. En este caso el riego se hace de forma que se satisfagan los requerimientos diarios de agua del cultivo. Es decir, no se depende de la capacidad de almacenamiento de agua en el suelo ya que se mantiene la humedad en el suelo en un valor cercano a la capacidad de campo, CC, todos los días. Este tipo de programación de riego se puede cumplir más fácilmente usando sistemas presurizados automatizados como pivotes centrales, riego por goteo u otros.

En otros casos, se permite abatirse el contenido de humedad en el suelo hasta menos de la capacidad de campo, pero sólo a un déficit de humedad que no arriesgue la producción del cultivo. Cuando se alcanza este contenido mínimo de humedad en el suelo es el momento de que se presente una lluvia o de regar. Muchos sistemas de riego son diseñados y operados para que se beneficien de esta capacidad de almacenamiento de humedad en el suelo, con el fin de minimizar la cantidad de riegos por ciclo de cultivo y para mejorar la eficiencia del riego mediante el suministro de mayores laminas de agua en cada riego.

Por lo anterior, el agua de la lluvia y/o riego deberá reemplazar el agua en el suelo que es consumida por los cultivos. La cantidad requerida deberá permitir que exista uniformidad y eficiencia de la aplicación, así como cubrir cualquier requerimiento de lavado en el suelo. La programación óptima del riego depende de varios factores entre los que se incluyen:

1. La profundidad efectiva del sistema radicular del cultivo;
2. La capacidad de retención de agua en el suelo;
3. La evapotranspiración del cultivo;
4. La sensibilidad del cultivo a condiciones adversas de humedad en el suelo (déficit de agua);
5. La calidad del agua de riego y la tolerancia del cultivo a las sales;
6. El tipo de sistema de riego y su capacidad; y
7. El programa de suministro y entrega del agua en el predio.

7.2. DÉFICIT PERMISIBLE DE HUMEDAD EN EL SUELO

De acuerdo con Doneen y Westcot (1984) la tabla que muestra las profundidades de penetración radicular de algunos cultivos maduros con riego, fue obtenida bajo suelos bien drenados, permeables y profundos, la cual se considera completa ya que explica las variaciones en la profundidad de las raíces. En la información de Doneen y Westcot (1984), presentada en la Tabla 7.1, se asume que la profundidad de enraizamiento de los cultivos anuales es de solo unos cuantos centímetros después de la emergencia del cultivo. Para la programación del riego se asume que la profundidad radicular se incrementa en forma lineal con el tiempo.

Se considera que el contenido de humedad en el suelo entre el punto de marchitez permanente, PMP, y capacidad de campo (capacidad de retención de agua), es el agua disponible para el crecimiento de la planta. La mayoría de cultivos se marchitan aproximadamente al mismo valor de tensión de humedad en el suelo. En términos de contenido de agua, el PMP promedio es aproximadamente el 50% de la CC, lo que significa que, el agua disponible en el suelo es casi la mitad de la capacidad del campo. Sin embargo, en la mayoría de los suelos arenosos, el agua disponible, AD, excede el 50% de la CC, mientras que en la mayoría de las arcillas el AD es menor al 50% de la CC.

Conforme los cultivos consumen el agua disponible en el suelo, la velocidad de crecimiento y la magnitud de uso del agua declinan. La Tabla 7.2 proporciona los porcentajes de déficit (o abatimiento) permisible, DP, de agua entre riegos, para alcanzar un rendimiento máximo del cultivo. Estos porcentajes están influenciados en una forma significativa por la textura del suelo como se demostrará en la Sección 7.3. Una práctica usual es determinar la frecuencia de riegos, considerando un abatimiento del 50% del agua disponible. Para la mayoría de las hortalizas, el déficit permisible deberá ser significativamente menor al 50%, mientras que para otros cultivos, un DP mayor a ese nivel, podría significar máximos rendimientos

Tabla 7.1. Profundidad de enraizamiento de los cultivos en maduración con riego y desarrollados en suelos profundos permeables y bien drenados.

Raíz poco profunda (0 - 0,6 m)		Profundidad moderada (0,6 – 1,5 m)		Raíz profunda (1,0 - 2,0 m)	
Brócoli	0,3-0,6	Banana	0,5-0,9	Alfalfa	1,0-2,0
Col de Bruselas	0,3-0,6	Frijol[3]	0,5-0,7	Almendras	1,5-2,5
Col (repollo)	0,4-0,5	Remolacha (mesa)	0,6-1,0	Espárrago	1,5-3,0
Coliflor	0,3-0,6	Melón[4]	0,9-1,5	Cebada (invierno)[6]	1,0-1,5
Apio	0,3-0,5	Zanahoria	0,5-1,0	Higuerilla[8]	1,5-2,5
Lechuga[1]	0,3-0,5	Cítricos[5]	1,2-1,5	Algodón	1,0-1,7
Cebolla[2]	0,3-0,5	Trébol	0,6-0,9	Dátiles	1,5-2,5
Piña	0,3-0,6	Pepino	0,7-1,2	Lino	1,0-1,5
Patata (papa)[1]	0,4-0,6	Berenjena	0,7-1,2	Arboles frutales	1,0-2,0
Rábano	0,3-0,6	Cereales pequeños[6]	0,6-1,5	Cereales (invierno)[6]	1,5-2,0
Espinaca	0,3-0,5	Pasto[7]	0,5-1,5	Uva	1,0-2,0
Fresas	0,2-0,3	Cacahuate (maní)	0,5-1,0	Maíz[9]	1,0-1,7
		Palmeras	0,7-1,1	Olivas	1,2-1,7
		Pastinaca	0,7-1,1	Zapallo	1,5-2,2
		Arvejas	0,6-1,0	Azafrán	1,0-2,0
		Pimientos	0,5-1,0	Sorgo[9]	1,0-2,0
		Soya	0,6-1,3	Calabaza (invierno)	1,5-2,2
		Calabaza	0,5-1,0	Caña de azúcar	1,2-2,0
		Remolacha azúcar[9]	0,7-1,2	Girasol	0,8-1,5
		Tabaco	0,5-1,0	Camote	1,0-1,5
		Nabos	0,7-1,1	Tomate	0,7-1,5
				Nogal	1,5-3,0
				Sandía	1,0-1,5
				Trigo[6]	1,0-1,5

1. Ni la lechuga ni las papas desarrollan sistemas extensos de raíces. Algunas de las raíces podrían penetrar hasta 0,5 a 6,0 m, pero más allá de esta profundidad, la masa de raíces es relativamente pequeña.
2. Las cebollas tienen raíces poco profundas. Es usualmente necesario mantener el agua adecuada en el suelo en los 0,20 m superiores, para así, alcanzar el rendimiento máximo.
3. La mayoría de las variedades de frijól no desarrollan sistemas extensos de raíces. Sin embargo, algunas otras sí desarrollan mejores sistemas de raíces hasta una profundidad de 1,2 m o mayor.
4. Las raíces del melón pueden alcanzar una profundidad de hasta unos 1,8 m, pero la mayor parte del agua es absorbida en el metro superior de la zona de raíces.
5. La mayoría de raíces de los cítricos están en los primeros 0,9 m del suelo, con sólo unas pocas raíces, extendiéndose a una profundidad máxima de 1,5 m.
6. La mayoría de cereales tienen raíces que se extienden a una profundidad de 1,2 m después del *espigamiento*, pero pueden acceder al agua hasta una profundidad de 1,7 m durante la maduración.
7. Los pastos tienen raíces de profundidades variables, con algunos bajo 1,2 m y otras menos profundas.
8. Las higuerillas, cuando crecen en un cultivo anual, no desarrollan sistemas extensos de raíces.
9. El maíz, sorgo y remolacha de azúcar desarrollan sistemas de raíces débiles durante la primera parte del período de crecimiento, pero posteriormente desarrollan raíces más vigorosas.

Si el agua disponible en el suelo es del 50% de la capacidad de campo y el déficit permisible del 50%, entonces el programa de riego promedio deberá proporcionar agua a 0,5 x 50 % = 25 % de déficit de la capacidad del campo. La Tabla 7.3 de Hargreaves y Samani (1991) sugiere variaciones en este porcentaje de déficit como una función de la magnitud de evapotranspiración (ET_c) y la profundidad de enraizamiento del cultivo. Como se indicó en la Tabla 7.2 hay una considerable variación en el déficit permisible de la humedad en el suelo, la cual está influenciada por factores que no tienen que ver con la profundidad de las raíces. La Tabla 7.3 se deberá, por lo tanto, usar como una guía.

Tabla 7.2. Déficit (o abatimiento) permisible, entre riegos, en la zona de raíces, para un rendimiento máximo (según Stegman, Musik y Stewart 1980).

Cultivo	Déficit permisible (%)	Profundidad radicular en suelos profundos (m)
Alfalfa	30-50	1,20-1,80
Frijol (seco)	50-70	0,60-0,90
Maíz	40-60	0,75-1,20
Algodón	50-65	0,90-1,20
Frutas deciduas	50-70	1,20-1,80
Patata (papa)	25-50	0,60-0,90
Remolacha azucarera	30-60	0,90-1,20
Sorgo en grano	50-70	0,90-1,20
Soya	50-60	0,60-0,90
Trigo	50-70	0,90-1,20
Hortalizas	25-50	0,60-1,20

Tabla 7.3. Déficit permisible, sugerido, de humedad en el suelo, en porcentaje de la capacidad de campo (CC).

Profundidad radicular del Cultivo	ET_c (mm/día)				
	2	4	6	8	10
Poco profunda (0,2-0,6 m)	25	20	17	14	10
Moderada (0,5-1,2 m)	35	30	25	20	15
Profunda (1,0-2,0 m)	40	35	30	25	20

Las Tablas 7.4 y 7.5 son de Doorembos y Kassam (1979). La Tabla 7.4 divide los cultivos en cuatro grupos donde se consideran tanto la profundidad de raíces como la tolerancia a la sequía. La fracción de reducción de humedad en el suelo (P) en la Tabla 7.5 es el déficit del agua disponible (AD).

Tabla 7.4. Grupos de cultivo de acuerdo al déficit de humedad en el suelo.

Grupo	Cultivos
1	cebolla, pimiento, papas
2	platano, col, uvas, arveja, tomate
3	alfalfa, frijol, cítricos, cacahuate, piña, girasol, sandía, trigo
4	algodón, maíz, oliva, azafrán, sorgo, soya, remolacha azucarera, caña de azúcar, tabaco

Tabla 7.5. Fracción de déficit de humedad en el suelo, P, de acuerdo al grupo de cultivo y a la evapotranspiración máxima (ET_m).

Grupo de cultivo	ET_m en mm/día								
	2	**3**	**4**	**5**	**6**	**7**	**8**	**9**	**10**
1	0.50	0.43	0.35	0.30	0.25	0.23	0.20	0.20	0.18
2	0.68	0.58	0.48	0.40	0.35	0.33	0.28	0.25	0.23
3	0.80	0.70	0.60	0.50	0.45	0.43	0.38	0.35	0.30
4	0.88	0.80	0.70	0.60	0.55	0.45	0.45	0.43	0.40

7.3. MONITOREO DEL AGUA EN EL SUELO

Los cálculos de evapotranspiración de referencia del cultivo y el uso de coeficientes del cultivo proporcionan en forma aproximada el uso del agua. Por otra parte, la capacidad de campo da una indicación de la cantidad aproximada de agua disponible en la zona de raíces. El uso real del agua por parte del cultivo está influenciado por la etapa de desarrollo, variedad y por todos los factores que influyen en el vigor del cultivo y en la magnitud de crecimiento. Por estas razones es conveniente monitorear en forma continua el estado del agua en el suelo.

Hansen y otros (1979), Doneen y Westcot (1984) y Hargreaves y Samaní (1991) han publicado tablas indicando cuánta agua puede agregarse para llevar al suelo a su capacidad de campo. Se toma un puño de suelo firmemente para ver si se desmorona (forma una centilla) entre los dedos. Se puede usar la Tabla 7.6 para determinar cuando se ha consumido del 25 al 50% de humedad disponible en el suelo. Los valores bajo la descripción corresponden a la profundidad del agua en milímetros por metro de profundidad del suelo que se requieren para llevar al suelo a su capacidad de campo. La experiencia ayuda a mejorar el juicio que se pueda desarrollar en base a la apariencia del suelo, especialmente cuando se la combina con otros métodos de monitoreo de humedad en el mismo.

Tabla 7.6. Guía para determinar cuándo se ha reducido del 25% al 50% de AD, y la profundidad de agua requerida para rellenar el suelo a la capacidad del campo.

Arena-franca	Franco-arenoso	Franco y Franco-limoso	Franco-arcilloso y Arcillo-limoso
Aparece seca, no forma una bola bajo presión	Tiende a formar una bola, pero a menudo se descompone	Forma una bola plástica, a veces ligeramente pegajosa	Forma una bola, y forma una cinta al apretarse entre el pulgar y el índice.
17-42 mm/m	36-67 mm/m	42-83 mm/m	50-100 mm/m

La tensión del agua en el suelo determina, en parte, la disponibilidad de agua para las raíces del cultivo. La relación de la tensión con el déficit de humedad disponible varía según la textura del suelo. La Figura 7.1 indica las variaciones típicas del déficit de AD según las variaciones en la textura del suelo. Las curvas en la Figura 7.1 se desarrollan usualmente utilizando aparatos de laboratorio que se denominan "olla de presión", las cuales se usan para crear varios niveles de presión negativa en muestras de suelo, pero ellas pueden ser determinadas parcialmente utilizando tensiómetros. Este tipo de aparatos son muy comunes en los laboratorios de suelos.

Los tensiómetros son muy útiles para monitorear el agua del suelo y para programar los riegos. En la Figura 7.1 se muestra la tensión del agua en el suelo en atmósferas, donde la tensión del agua en el suelo significa una presión negativa, relativa a la presión atmosférica. Como el nombre lo indica, los tensiómetros miden la tensión en unidades de columnas de agua. La lectura se incrementa en un centibar, cb, por cada 10 cm de columna de agua. Si el extremo de la cápsula de cerámica está a una profundidad de un metro se deberán restar 10 cb de la lectura, y así, obtener la tensión de humedad en el suelo. Los tensiómetros miden la tensión del agua en el suelo en centibares (cb) desde 0 hasta 80-85. La utilidad de los tensiómetros se ve limitada en suelos de textura pesada y en cultivos infrecuentemente regados debido a que se "rompe la tensión" entre 80 y 85 cb ó 0,80 a 0,85 atmósferas de tensión de agua en el suelo. Los tensiómetros no pueden leer una tensión de agua en el suelo más allá de esta escala.

La Tabla 7.7 es una generalización de lo que significan las lecturas del tensiómetro. Una revisión de la Figura 7.1 indica que la Tabla 7.7 se aplica principalmente a suelos de textura media a fina.

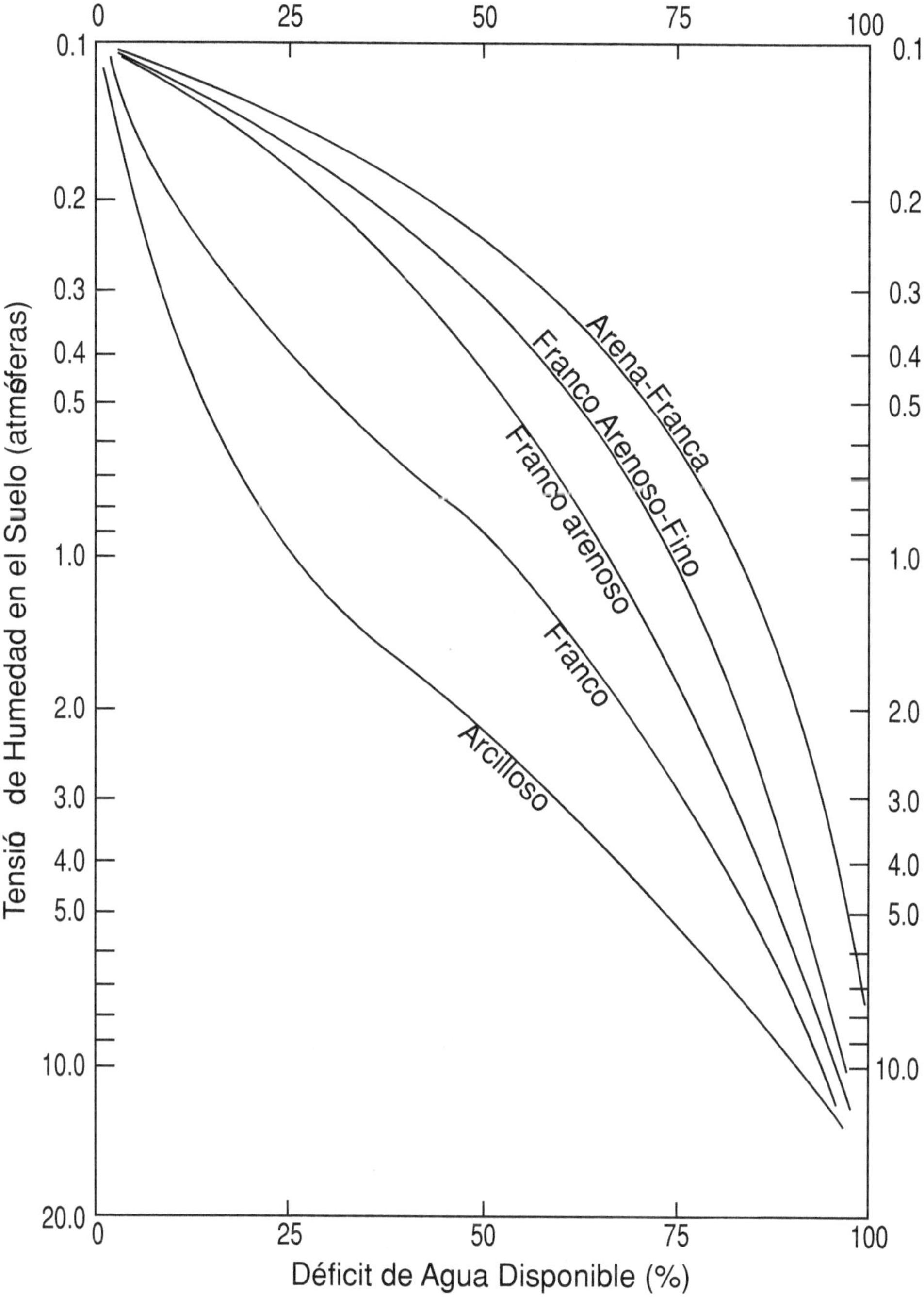

Figura 7.1. **Curvas típicas de retención de humedad para varias texturas de suelo.**

Tabla 7.7. Rangos de tensión de la humedad en el suelo y su significado.

Tensión (cb)	Significado
0 - 5	El suelo está demasiado húmedo para la mayoría de cultivos (excepto el arroz, por ejemplo)
10 - 25	Condiciones ideales de agua y aireación para la mayoría de los cultivos (el riego no es necesario)
25 – 40	Agua adecuada para la mayoría de cultivos moderadamente enraizados que crecen en suelos de textura media (el riego no es necesario)
40 – 50	Agua adecuada para cultivos de raíz de desarrollo intermedio en suelos de textura media (el riego no es necesario)
50 – 70	Agua adecuada para la mayoría de cultivos de raíz profunda (riego no necesario)
70 - 80	Se recomienda generalmente el riego en esta escala de tensión de humedad en el suelo para casi todas las condiciones de suelos y cultivos.
> 80	El riego es necesario a menos que sea conveniente dar tensión o estrés a los cultivos.

Para suelos de textura fina se han usado a menudo bloques de yeso para medir las tensiones de humedad en el suelo en la escala de 80 a 100 cb. Pogue (1990) propuso el uso de sensores de agua en el suelo, WATERMARK, para combinar los factores que favorecen tanto a los tensiómetros como a los bloques de yeso. Estos sensores son poco costosos, estables a través del tiempo y no requieren de calibración individual. Se han usado también varios otros métodos de monitoreo. Estos incluyen: el muestreo gravimétrico, el método del TDR (Reflectometría en Dominio-Tiempo), el método de sondas de neutrones, la lectura con termómetro infrarrojo, la apariencia y el color del cultivo y la magnitud de desarrollo foliar.

Los valores de cb en la Tabla 7.8 provienen de Marsh (1981) y se recomiendan para ser usados con métodos de riego de cubrimiento total, tales como el de inundación y aspersión. Los valores son típicos para suelos de textura media; los suelos de textura gruesa pueden necesitar riegos más frecuentes. La Figura 7.1 indica que para un suelo de arcilla una tensión de humedad de 70 cb (0,7 atmósferas) corresponde a una déficit de alrededor el 20% de la humedad disponible. Por otra parte, para un suelo de arena franca, una tensión de 70 cb corresponde a un déficit del 75%.

Tabla 7.8. Lectura con tensiómetro para decidir cuándo regar (según Marsh 1981).

Cultivo	Tensión del agua en el suelo (cb)
Arboles frutales deciduos	70 - 80
Cítricos	50 - 70
Aguacate	40 - 50
Tomate	60 - 70
Lechuga	40 - 50
Fresas	25 - 35
Apio	20 - 30
Melón y zanahoria	50 - 60
Pasto (césped)	20 - 30

7.4. PROGRAMACIÓN DE RIEGO

Hay varios métodos para decidir cuándo regar y cuánta agua aplicar. Muchos agricultores utilizan una frecuencia de riego en base a la experiencia anterior y usualmente se aplica algo más del agua que la necesaria para llevar el contenido de humedad del suelo a capacidad del campo. Si el agua está disponible por turnos o rotación, la frecuencia de disponibilidad del agua puede determinar el programa. Cuando hay agua disponible en base a demanda, se puede usar alguna forma de monitoreo del estado de la humedad en el suelo y así determinar cuándo regar. La cantidad de agua utilizada en la zona de raíces del cultivo proporciona una guía sobre la lámina de riego a aplicar.

El método del balance hídrico para programar el riego requiere de la estimación de la evapotranspiración diaria del cultivo o de otros períodos convenientes de tiempo. Este método requiere del conocimiento tanto de la precipitación efectiva como de las aportaciones que pudiera hacer la capa freática a las necesidades de agua por el cultivo. En algunas situaciones, parte del suministro de agua puede provenir de la neblina o del rocío. Por último, la cantidad de agua requerida que no es suministrada por estas fuentes debe ser aplicada mediante el riego. Los riegos se programan a partir de las estimaciones de lo siguiente:

1. Evapotranspiración del cultivo;
2. Capacidad de campo del suelo;
3. El déficit permisible de la humedad en el suelo;
4. La profundidad efectiva de las raíces del cultivo;
5. Requerimiento de lavado de sales; y
6. Asignaciones que es necesario hacerlas para la eficiencia y la uniformidad de aplicación del riego.

En la mayoría de métodos de riego se pueden alcanzar eficiencias del 75% al 85%, sin embargo las eficiencias en el orden del 55% al 65% son típicas en la mayoría de los casos. Las eficiencias de aplicación del agua en la granja (de una a varias parcelas) y a nivel de proyecto (de docenas a cientos de parcelas) tienden a ser más altas debido a la reutilización del agua dentro del área regada. Es decir, las ineficiencias en la aplicación del agua en los campos individuales no son un motivo de preocupación cuando las "pérdidas" del agua se traducen en agua disponible adicional en los campos aguas abajo. Adicionalmente, algunas pérdidas de agua son aceptables en la forma de percolación profunda (agua que se mueve hacia abajo de la zona de raíces del cultivo) y cuando se requiere la lixiviación para mantener un balance favorable de sales. Sin embargo, aún si las ineficiencias de campo proporcionan agua a áreas aguas abajo, esto se asocia generalmente con reducciones en la calidad del agua. Esto significa que siendo todas las cosas iguales, es mejor suministrar el agua a los campos individuales a través de un sistema de conducción y distribución (canales y/o tubos) que a través de escurrimientos y de percolación profunda desde los campos aguas arriba. Sin embargo, a veces se aplica más agua de la requerida, para el lavado de sales o para recargar los acuíferos de agua subterránea.

7.5. RIEGO DEL ARROZ

El arroz es el alimento principal en la dieta de más de la mitad de la población mundial; correspondiendo más del 90% de la producción de arroz a países Asiáticos. Una hectárea de arroz puede necesitar de 1000 horas de trabajo manual en muchas áreas y la mecanización en muchas de las regiones más grandes que producen arroz todavía es mínima. El arroz requiere de temperaturas relativamente altas durante una estación de desarrollo de 3 a 5 meses y su crecimiento está influenciado por la temperatura del agua, la temperatura promedio del aire y la variación de temperaturas diarias. El arroz es uno de los principales cultivos de cereales en el mundo, siendo interesante notar que la producción de cereales per cápita declinó 9,5% de 1984 a 1986 (Brown y otros 1997).

En términos de riego, una de las características significativas para la mayoría de los tipos de arroz es que a menudo éste crece mejor bajo condiciones de suelo saturado, manteniendo varios centímetros de agua estancada sobre la superficie del suelo. En realidad la lluvia y/o riego frecuentes pueden proporcionar condiciones de suelo saturado sin estancamiento del agua sobre la superficie del terreno y, en muchos casos, el agua estancada se mantiene en los campos de arroz con el único propósito de controlar el desarrollo de malezas. La mayoría de los cultivos de arroz con riego crecen en suelos mas bien de arcilla pesada o en suelos que poseen una capa impermeable bajo la superficie del suelo. Los suelos salinos y alcalinos no son por lo general convenientes para la producción de arroz. Este crece frecuentemente en áreas bajas donde la lluvia excede la evapotranspiración del cultivo durante 3 o más meses, en el ciclo de desarrollo.

El ET_c del arroz de media estación está usualmente en la escala de 1,1 a 1,3 veces la evapotranspiración de referencia de pasto (ET_o). Algunas plantaciones de arroz crecen en "aguas profundas" donde por lo general ocurre una inundación anual y la magnitud de crecimiento del tallo del arroz (hasta casi 50 cm por día) es capaz de mantenerse al ritmo de la elevación de la superficie del agua durante la inundación. El arroz de agua profunda casi siempre tiene la ventaja de la inundación natural, de modo que en este caso no se requiere de riego.

El requerimiento de agua por parte del arroz depende más bien de la magnitud del agua que se infiltra a través del suelo que de la ET_c. Para que este cultivo se desarrolle, la superficie del campo deberá de estar nivelada o alisada, de modo que se pueda mantener una lámina uniforme de agua. La profundidad más conveniente para las variedades mejoradas de tallo corto está entre 5 a 10 cm. En la producción de arroz se usan frecuentemente bordos a nivel o melgas. La área entre los bordos puede ser nivelada o emparejada, con una diferencia en la elevación de no más de 5 cm. El sistema de riego puede ser arreglado de modo que el agua se mueva hacia abajo del talud o hacia abajo del costado de una montaña desde un reborde al reborde inferior. Es necesario hacer previsiones para el drenaje para tener una aireación periódica con el fin de controlar las enfermedades. En algunas áreas la tierra entre los bordos está a nivel y se usa el riego por surcos de otros cultivos durante la estación seca.

El arroz se planta generalmente por cualquiera de los siguientes tres métodos; en donde tal vez el método más común es hacer crecer las plántulas en pequeños invernaderos y luego trasplantarlas en áreas de campo abierto. El segundo es por perforación (siembra con máquina), el cual es común para el arroz de terrenos altos y el tercero es por siembra al voleo. La perforación se puede hacer a mano, con una vara u otra herramienta o con una herramienta grande colocada en un tractor. Los rendimientos usuales del arroz están en la escala de 4 a 6 toneladas métricas por hectárea, sin embargo, algunas áreas han producido rendimientos promedio que exceden las 8 toneladas por hectárea. Para alcanzar producciones altas se requiere de niveles adecuados de fertilizante, por ejemplo, de 100 a 200 kg de nitrógeno por hectárea, así como un buen control de la maleza (hierba mala) y de insectos (Brown y otros 1996).

Capítulo 8

DRENAJE

8.1. INTRODUCCIÓN

Las raíces de las plantas requieren tanto de agua como de aire, siendo éste último, de vital importancia en la zona de raíces como el agua para la germinación de la semilla y el crecimiento de la planta. Los agricultores a menudo preparan sus campos en la ausencia de un crecimiento significativo de malezas porque ellos entienden que la zona radicular de la planta debe estar suficientemente aireada para apoyar el desarrollo del cultivo. El drenaje adecuado es la remoción del exceso de agua y sales del suelo en tal medida que a la planta se le permita alcanzar el crecimiento máximo. Con la disponibilidad adecuada de aire en el suelo, dentro de un rango de condiciones favorables de humedad, la respiración de la planta se incrementa exponencialmente con la temperatura. Por lo tanto, los efectos dañinos de un drenaje deficiente se incrementan conforme aumenta la temperatura.

¿Cuáles son las sales del agua en el suelo?

La mayor parte de las discusiones sobre las sales del agua en el suelo se refieren en general a minerales disueltos en el agua. Estos incluyen comúnmente componentes de calcio, magnesio, potasio, sodio, cloro, y sulfatos, carbonatos, bicarbonatos y nitratos. Toda el agua del suelo tiene algunos minerales en solución y en altas concentraciones éstos pueden ser dañinos para el crecimiento del cultivo. Hay un rango amplio de tolerancia del cultivo a las sales; algunos son muy tolerantes a altas concentraciones de sales en el agua del suelo y otros son muy sensibles. Los problemas con la salinidad del agua son generalmente peores en las áreas áridas y semiáridas porque hay menos lixiviación de las sales por las lluvias.

El drenaje puede ser natural o artificial. La mayoría de tierras tienen drenaje natural superficial y subterráneo. Cuando el drenaje natural no elimina el exceso de agua y/o salinidad en una forma y cantidades adecuadas se deberán construir estructuras de drenaje. El riego más la lluvia deberán ser suficientes para proporcionar una percolación profunda que mantenga la zona de raíces libre de exceso de agua y que evite la acumulación de cantidades dañinas de sal. Si la capacidad del drenaje natural del suelo no es adecuada, el diseño de un sistema que proporcione un drenaje adecuado debe considerar la profundidad y el espaciamiento de los drenes de modo que se mantenga el nivel freático a una profundidad suficiente bajo la superficie del suelo para no interferir con las raíces del cultivo. El drenaje no es una ciencia exacta – aunque son útiles varios criterios teóricos, el diseño de los sistemas de drenaje se basa en gran parte de la experiencia práctica.

8.2. BENEFICIOS DEL DRENAJE

En los suelos saturados, la falta de oxígeno evita la creación de formas utilizables de nitrógeno y azufre como resultado del desarrollo limitado de bacterias aeróbicas, dando como respuesta rendimientos de cultivo menores a los esperados. Un drenaje deficiente afecta también en forma adversa al cultivo y a la cosecha. Los beneficios del drenaje incluyen: un ciclo de desarrollo más largo, una mejor labranza del suelo, un crecimiento más temprano de la planta, un rendimiento mayor del cultivo, mejores selecciones de cultivo, una producción más redituable del cultivo y un mejor acceso y transporte en el campo.

El drenaje promueve un rápido calentamiento de los suelos en la primavera. Los suelos que están demasiado húmedos pueden estar entre 4 a 8° Celsius más fríos que los suelos bien drenados. Es decir que los suelos bien drenados pueden ser sembrados de 2 a 3 semanas antes. Los suelos excesivamente húmedos también favorecen el desarrollo de varios patógenos de las plantas. Un nivel freático alto crea condiciones en las cuales el movimiento capilar del agua hacia arriba puede llevar las sales a la zona de raíces o depositarlas en la superficie del suelo.

Como se indicó en el Capítulo 2, la saturación del suelo superficial, por unos cuantos días, a partir de un riego o una lluvia excesiva puede reducir significativamente los rendimientos en la mayoría de los cultivos. Algunos estudios indican una disminución del 10 por ciento en el rendimiento, por cada día de anegamiento, siendo mayor en los suelos de textura pesada o fina. La reducción en el rendimiento se incrementa con la temperatura; a temperaturas altas, la falta de aireación aumenta el estrés de la humedad y las reducciones del rendimiento son aún mayores, si esto ocurre durante las etapas críticas de desarrollo del cultivo. Las investigaciones realizadas por Gupta y otros (1992) indicaron una reducción del rendimiento en un 50%, cuando el anegamiento duró 6 días. Esto indica claramente la necesidad de evaluar las probabilidades de la cantidad y duración de las lluvias en exceso, respecto a los requerimientos de agua por los cultivos.

8.3. DRENAJE SUPERFICIAL

El riego es en alguna medida un complemento a la precipitación faltante. El drenaje superficial es necesario para retirar el exceso de agua de lluvia o el exceso de agua de riego de la superficie y perfil radicular. El control del agua superficial se realiza normalmente por medio de canales o zanjas de poca profundidad. Sin embargo, en la agricultura de temporal, el uso de lechos elevados y surcos pueden proporcionar una mejor aireación de las raíces del cultivo; en las camas y surcos con poca pendiente se puede incrementar el tiempo de oportunidad para que el agua ingrese al suelo. Este sistema, incluyendo camas anchas y elevadas, ha incrementado algunas veces 40 por ciento el rendimiento de los cultivos bajo temporal.

El escurrimiento depende de la intensidad y duración de la precipitación, del tipo de suelo, de la topografía, de la cubierta vegetal y del uso de la tierra. Se pueden hacer estimaciones de escurrimiento en base al conocimiento de estas condiciones ya que pueden existir registros disponibles de las cantidades diarias de lluvia en casi todos los sitios. Los drenes superficiales para la protección del cultivo deberán ser diseñados para manejar caudales con periodos de retorno de 5 a 25 años, sin embargo, se deberán usar períodos de retorno significativamente mayores cuando se trata de la protección de infraestructura más importante o costosa. Las cantidades máximas de lluvia en una hora usualmente se aproximan a la mitad de las cantidades que se pueden presentar en un día. Estas cantidades pueden ser convertidas a valores para un número mayor de horas, multiplicándolas por el periodo de duración en horas, y elevado a la potencia de un cuarto (ver Ecuación 4.2).

Los requerimientos de drenaje superficial dependen no solamente de los factores indicados anteriormente sino también del área de las tierras adyacentes que modifican las necesidades de drenaje. Algunos manuales y textos proporcionan métodos y ecuaciones para estimar el escurrimiento de las tierras agrícolas y de las cuencas hidrológicas no calibradas. Los hidrogramas que muestran el escurrimiento en función del tiempo transcurrido, son útiles siempre y cuando éstos hayan sido desarrollados bajo condiciones similares.

8.4. DRENAJE SUBTERRÁNEO

El drenaje subterráneo se utiliza para la remoción o control del agua subterránea así como para la eliminación de las sales por lixiviación. Los drenes pueden ser zanjas abiertas o tubos perforados enterrados. Los pozos con bombas pueden tener un doble propósito: para extraer agua para riego, donde ésta es de buena calidad, o bien para controlar la posición de la capa freática en áreas donde éste es un problema. En algunos proyectos de riego, el bombeo de una tercera parte del suministro del agua subterránea somera, ha eliminado la necesidad de otras estructuras de drenaje. Sin embargo no se deberá pensar nunca que los drenes subterráneos funcionan adecuadamente. Muchos drenes subterráneos se tapan después de unos cuantos años porque a menudo se descuida la limpieza y reparación de los mismos.

La conductividad hidráulica del suelo, K, es una medida de su capacidad para desalojar el agua existente en su seno y proporciona un criterio necesario para el diseño de los sistemas de drenaje. La conductividad hidráulica se mide y se reporta frecuentemente en pulgadas cúbicas por pulgada cuadrada por hora ($pulg^3/pulg^2/hr$), o en centímetros cúbicos por centímetro cuadrado por hora ($cm^3/cm^2/hr$). Los términos anteriores se abrevian y reportan usualmente como pulgadas por hora o cm por hr, respectivamente. La conductividad hidráulica saturada (K) puede ser determinada mediante el método del orificio de barreno, con el uso de un piezómetro, a través del abatimiento del nivel del agua dentro del pozo o por la prueba de bombeo-invertido del pozo. La conductividad hidráulica se determina por la tasa de recuperación del nivel de agua en un orificio de barreno o en un piezómetro, por el abtimiento o bajada del nivel estático de un pozo o por la tasa de bombeo-invertido requerida para mantener un nivel estático de agua arriba del nivel de agua subterránea, respectivamente.

El rendimiento específico de agua (S), es el volumen de agua que puede ser drenado de una área unitaria de suelo saturado por la acción de la gravedad, respecto a un decremento unitario del nivel freático, y dado en forma de una caída unitaria de la tabla de agua expresada como un porcentaje de un volumen unitario de suelo saturado. El rendimiento específico está relacionado con la conductividad hidráulica y en condiciones ideales de drenaje, S deberá exceder el 6%. Con un valor menor o igual al 3%, el drenaje se vuelve difícil y costoso. Tanto las determinaciones de laboratorio como de campo sobre S son costosas y toman mucho tiempo. La Figura 8.1 presenta una curva desarrollada por el *U.S. Bureau of Reclamation* (USBR) que muestra la relación existente entre S y K basada en aproximadamente 2000 pruebas de laboratorio.

La conductividad hidráulica varía según el contenido de humedad en el suelo, como se indica en la Figura 8.2. La conductividad hidráulica en condiciones de saturación se usa generalmente en los cálculos de drenaje pero bajo condiciones no saturadas, los suelos drenan mucho más lentamente.

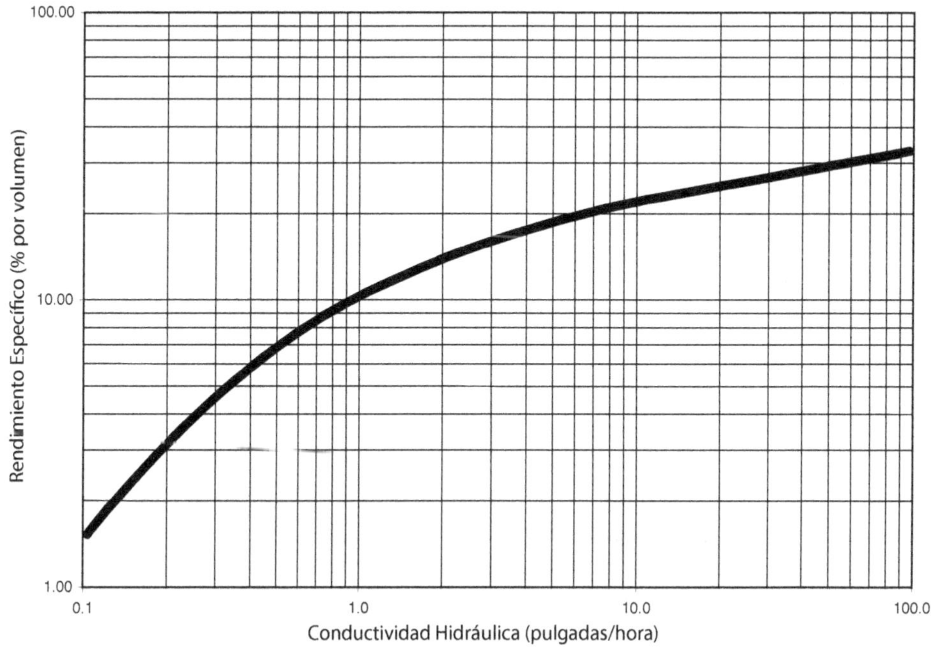

Figura 8.1. **Relación general entre el rendimiento específico y la conductividad hidráulica, según el USBR (1978).**

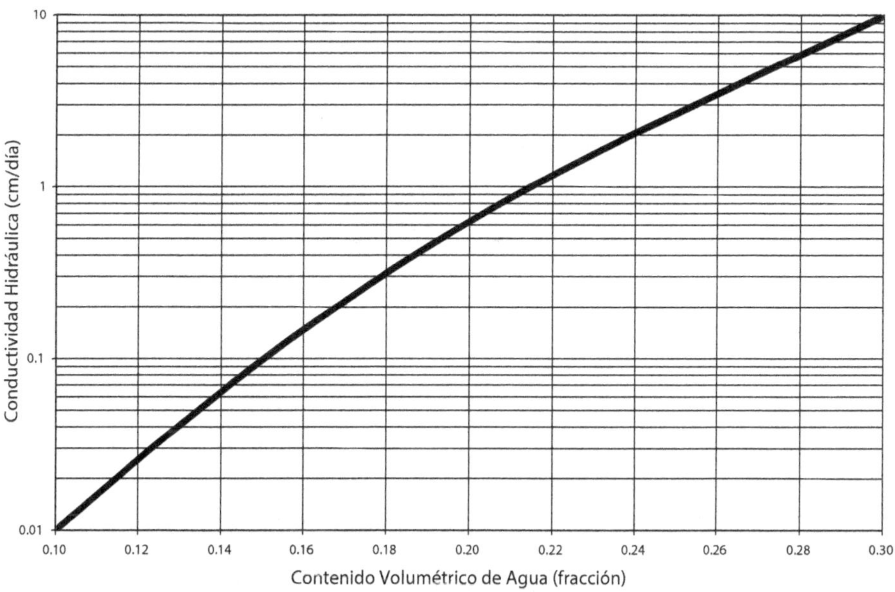

Figura 8.2. **Relación entre la conductividad hidráulica y el contenido de humedad en un suelo franco.**

8.5. ESPACIAMIENTO DE DRENES

La mayoría de áreas regadas requieren eventualmente de la instalación de drenes subterráneos, en donde su espaciamiento apropiado puede ser determinado en base a experiencia de campo en condiciones similares. Cuando no se cuenta con tal experiencia que pueda ser aplicada, se deberán considerar factores tales como: la profundidad de los drenes, profundidad a la capa impermeable, conductividad hidráulica, rendimiento específico del suelo, profundidad radicular requerida por los cultivos que se van a sembrar, las prácticas de riego, lluvia, otras condiciones climáticas, calidad del agua de riego, salinidad del suelo, pendiente y topografía del terreno. Esta gran cantidad de información indica la complejidad potencial en el diseño de un sistema de drenaje.

La estimación del espaciamiento de drenaje requiere de la determinación de la percolación profunda, del comportamiento del nivel freático y su relación con cada fuente de recarga. La elevación del nivel freático debido a la precipitación o a aplicaciones de riego puede determinarse por mediciones de campo. Una vez obtenida esta información, puede ser integrada a una ecuación apropiada de espaciamiento de drenes para condiciones estables y dinámicas y así controlar la posición del nivel freático.

Cuando existe un problema de drenaje, se deberá medir la profundidad del nivel freático en varios sitios del área a ser drenada, el día anterior y posterior a cada uno de los riegos, lo cual puede indicar la cantidad de percolación profunda y su relación con el nivel del agua. El agua de riego contiene sales y los cultivos transpiran esencialmente agua pura, permitiendo de esta manera que las sales se concentren en el suelo o en el agua subterránea.

Hay una profundidad crítica para el agua subterránea sobre la cual hay un agudo incremento en la magnitud de evaporación, y por lo tanto en la salinización del suelo. Dicha profundidad , varía según el tipo de suelo, el contenido de sales en el agua subterránea y las características del cultivo. En general, esta entre 1,0 a 1,5 m. El nivel del agua subterránea que se encuentra a la mitad de los drenes deberá conservarse a esta profundidad. El desarrollo de un sistema de drenaje subterráneo adecuado es el modo de controlar la profundidad del nivel freático.

Se han desarrollado varias ecuaciones para estimar el espaciamiento adecuado entre drenes subterráneo; sin embargo, el uso de estas ecuaciones puede ser mejorado significativamente cuando se le combina con la experiencia de campo y el conocimiento de los factores descritos anteriormente. Tal vez el método de espaciamiento de drenes más común se basa en la ecuación de Hooghoudt, el cual aplica las asunciones de Dupuit-Forcheimer y usa la conductividad hidráulica horizontal del suelo. La ecuación de Hooghoudt se basa en el flujo permanente y estable en el suelo, aunque prácticamente nunca se encuentra este tipo de flujo en el drenaje agrícola subterráneo, pero la aplicación de tal ecuación ha dado buenos resultados. El USBR ha utilizado un procedimiento de espaciamiento de drenes basado en flujo no permanente, el cual generalmente produce un espaciamiento más cercano y conservador, pero más costoso. La ecuación Hooghoudt se expresa en la siguiente manera:

$$L^2 = \frac{4KH}{V}(2d_e + H) \qquad (8.1)$$

donde L es el espaciamiento entre drenes paralelos, K es la conductividad hidráulica saturada en la dirección horizontal (por ejemplo mm/día); H es la distancia vertical entre la profundidad menor del nivel freático al dren; y V es el coeficiente de drenaje (unidades iguales a las de K) como se define en la Ecuación 8.4. La profundidad equivalente a la capa impermeable, d_e, se define como:

$$d_e = \frac{d}{1 + \frac{8\,d}{\pi\,L}\ln\left(\frac{8\,d}{\pi^3 r}\right)} \qquad (8.2)$$

donde r es el radio exterior de la tubería de drenaje o el radio exterior de la cubierta de drenaje (si ésta está presente); y d es la profundidad de los drenes a la capa "impermeable". El término de profundidad equivalente está diseñado para corregir errores debido a los supuestos hechos en la Ecuación 8.1, incluyendo las asunciones de Dupuit-Forcheimer. Muchos de los términos en las Ecuaciones 8.1 y 8.2 están definidos en la Figura 8.3, la cual es una idealización del perfil real del nivel freático bajo la superficie del terreno.

De acuerdo a Dupuit-Forcheimer el gradiente hidráulico es igual a la pendiente del nivel freático. Este supuesto es más válido cuando la posición de dicho nivel es plana o casi plana. Pero si es así, entonces no habría flujo horizontal porque el gradiente sería cero. La profundidad mínima del nivel friático, PMNF, ocurre en el centro de dos drenes como se muestra en la Figura 8.3, de tal manera que el valor PMNF deberá ser por lo menos de igual magnitud que la profundidad máxima potencial de las raíces del cultivo y, normalmente, el Servicio de Conservación de Suelos de los Estados Unidos lo toma como 0,9 m o como 1,2 m, de acuerdo al USBR. Si los drenes están demasiado espaciados el valor real de PMNF será demasiado bajo y el rendimiento del cultivo puede verse afectado. Por otra parte, si los drenes están espaciados muy estrechamente la instalación puede ser mucho más costosa de lo que debería.

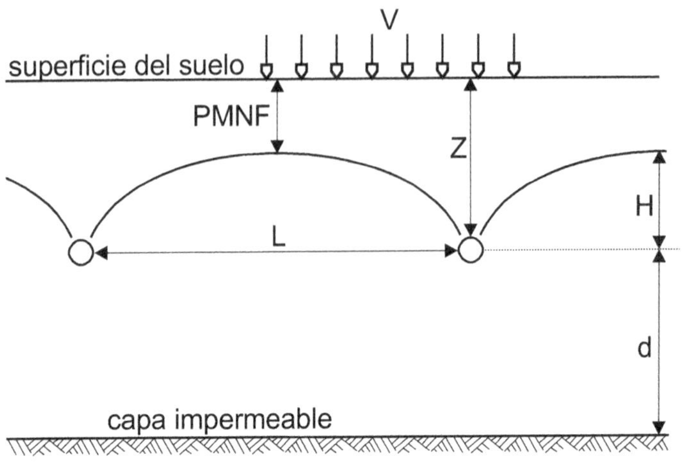

Figura 8.3. Definición de los términos del espaciamiento de drenes según la Ecuación de Hooghoudt.

Nótese que la profundidad de drenes, Z, como se indica en la Figura 8.3 se define como H + PMNF. Para valores determinados de Z y PMNF el valor de H se calcula como Z - PMNF. El valor de Z es conocido por lo general como un valor estándar o la profundidad máxima de excavación de la maquinaria zanjeadora. Los valores típicos de Z van desde 1,0 a 1,8 m.

La profundidad de la capa impermeable define el valor de d en la Ecuación 8.2 donde se puede considerar como *capa impermeable* a cualquier estrato de suelo cuya conductividad hidráulica está entre 1/5 y 1/10 de la conductividad hidráulica promedio de la(s) capa(s) superiores. Consecuentemente para propósitos de aplicar la Ecuación 8.1, la barrera a menudo es una capa relativamente impermeable a través de la cual el agua pasa, pero muy lentamente. Para identificar la barrera y para obtener un valor representativo de la conductividad hidráulica, K, para todos los estratos subyacentes de suelo se debe usar la Ecuación 8.3

$$K \approx \frac{\sum (K_i d_i)}{\sum d_i} \tag{8.3}$$

donde i es un subíndice que indica la capa; y el valor K utilizado en la Ecuación 8.1 se toma como un promedio de acuerdo al espesor del estrato. El coeficiente de drenaje, V, puede ser calculado como:

$$V = \frac{ET\,(1 + LF)}{E_{riego}} - ET \tag{8.4}$$

donde LF (la fracción de lavado) puede tomarse como 0,05 a menos que la lluvia durante el año rellene el perfil del suelo y causar la lixiviación de las sales, en cuyo caso LF es 0; ET es la tasa de evapotranspiración del cultivo (mm/día); y E_{riego} es la eficiencia del riego expresada como una fracción de la unidad que se define como:

$$E_{riego} = 1 - \frac{\text{percolación profunda}}{\text{infiltración}} \tag{8.5}$$

De modo que, si la percolación profunda (agua infiltrada más allá de la zona radicular) es cero, la eficiencia es 1,0 ó 100%. Nótese que ésta es sólo una de las muchas definiciones de "eficiencia del riego" pero es útil para determinar el coeficiente de drenaje.

Tanto la Ecuación 8.1 como la 8.2 tienen el término L que es el espaciamiento de los drenes. Las dos ecuaciones deben ser resueltas simultáneamente para determinar el valor de L, para un determinado diseño de drenaje y esto puede realizarse fácilmente en una calculadora programable o mediante un programa simple de computadora. En resumen, para aplicar la Ecuación 8.1 en el cálculo del espaciamiento de drenes se deben conocer o estimar los siguientes 7 parámetros: K, H, d, ET, LF, r y E_{riego}.

Por costumbre, un diseño conservador de espaciamiento de drenes asume que la línea de gradiente hidráulico (HGL) se conserva dentro de la tubería de drenaje, lo cual significa flujo en un canal abierto. Si el HGL está sobre la tubería en cualquier punto, se deberá usar un diámetro mayor de tubería para drenar el agua. Conociendo la pendiente, la longitud del dren, el material de la tubería y el gasto por unidad de longitud se puede utilizar la Ecuación de Manning para estimar el diámetro del dren. La Ecuación de Manning se aplica a menudo para flujo uniforme y se puede expresar como:

$$Q = \frac{1}{n} A R^{2/3} \sqrt{S_o} \tag{8.6}$$

donde Q es el caudal (m^3/s); n es un coeficiente de rugosidad; A es el área transversal de flujo (m^2); R es el radio hidráulico (m); y S_o es la pendiente de la tubería (m/m). Con unidades inglesas, Q en pies cúbicos por segundo, A en pies cuadrados, y R en pies, se usa el coeficiente 1,49 al lado derecho de la Ecuación 8.6.

El valor de la rugosidad varía generalmente entre 0,018 y 0,04 para las tuberías de drenaje. El radio hidráulico es igual al área, A, dividida por el perímetro mojado, P_m. Para una sección transversal, los parámetros geométricos se relacionan de la siguiente manera:

$$A = \frac{D^2}{8}(\beta - \sin \beta) \tag{8.7}$$

$$P_m = \frac{\beta D}{2} \tag{8.8}$$

$$h = \frac{D}{2}\left(1 - \cos \frac{\beta}{2}\right) \tag{8.9}$$

donde los términos de las Ecuaciones 8.7 a 8.9 están definidos en la Figura 8.4. El perímetro mojado, P_m, es la porción de la circunferencia del círculo que está en contacto con el agua, y donde el ángulo β se define como:

$$\beta = 2 \cos^{-1}\left(1 - \frac{2h}{D}\right) \tag{8.10}$$

Ejemplo de cálculos para espaciamiento de drenes

A continuación se verán algunos ejemplos de aplicación de las ecuaciones de espaciamiento de drenes. Estos datos se pueden usar para verificar un programa de computadora que incluya las Ecuaciones 8.1 a la 8.5. Supongamos que drenes subterráneos van a ser instalados a una profundidad de 2,0 m desde la superficie del suelo con un radio exterior de drenaje de 0,15 m y una profundidad mínima al nivel freático de 1,0 m. La profundidad a la capa, d, es 10 m, la tasa máxima de ET, es de 8 mm/día, la fracción de lavado es 0,05, la eficiencia del riego es 75 por ciento y la conductividad hidráulica del suelo es 1,0 m/día. Con los datos anteriores, el espaciamiento de los drenes con flujo permanente es 132 m. Si la profundidad a la capa impermeable fuese incrementada de 1,0 a 2,0 m, el espaciamiento se incrementaría a 156 m, si la profundidad del dren disminuyese de 2,0 a 1,5 m, entonces el espaciamiento decrecería a 86 m. Por otro lado, si la conductividad hidráulica fuese de 2,0 m/día, el espaciamiento original aumentaría a 198 m.

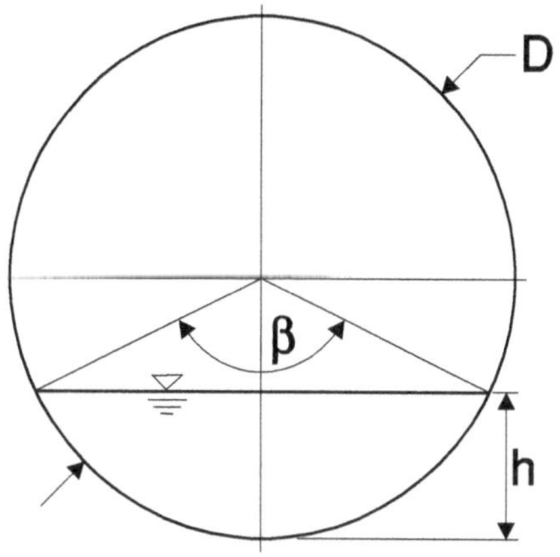

Figura 8.4. Definición de los términos hidráulicos para secciones circulares.

8.6. TIPOS DE DRENES

Las zanjas abiertas tienen la ventaja de remover grandes volúmenes de agua y de drenar suelos arcillosos y pesados donde la pendiente es bastante plana. Por otro lado, las zanjas pueden también servir como salidas para drenes de plástico o de barro cocido enterrados. Las desventajas principales de las zanjas abiertas son que: ocupan un área que podría ser cultivada, obstruyen las prácticas agrícolas y pueden crear problemas por el crecimiento de malezas, deslizamiento de las riberas y por sus costos altos de mantenimiento.

Los drenes "topo" son canales circulares subterráneos no revestidos formados mediante un implemento en forma de bala. Los drenes pueden ser usados para drenaje poco profundo en suelos de arcilla pesada, pero no son prácticos en suelos de textura más gruesa. Estos drenes son poco profundos y temporales, pero por lo general son menos costosos de instalar que otros métodos. Los drenes topo no funcionan bien en zonas áridas.

Los drenes de concreto y de barro han sido utilizados ampliamente. Los cuales son generalmente de 30 a 60 cm de longitud y de 10 a 25 cm de diámetro interno. Por otro lado, la tubería de plástico corrugado se ha vuelto cada vez más popular para drenaje subterráneo durante los últimos 20 años. Generalmente se dispone de tubos de plástico perforados en diámetros entre 8 y 30 cm en rollos de 75 a 80 m de largo. Los drenes de plástico o de barro tienen generalmente una envoltura que les rodea, compuesta de fibras sintéticas y un forro de arena y grava u otro material de filtro poroso, en donde las envolturas del dren son una especie de "filtro" que permite que el agua pase del suelo circundante hacia el dren sin un cruce significativo de partículas del suelo y sin desestabilizar el suelo circundante.

8.7. SOLUCIONES A LOS PROBLEMAS DE ENSALITRAMIENTO

El agua de riego es a menudo una fuente de sales. Dependiendo del contenido de sales en el agua de riego, podría ser necesario remover de 10 a 20 toneladas de sales por hectárea por año, con el fin de evitar su concentración. Las sales también se pueden mover desde el agua subterránea hacia la superficie en la zona radicular del cultivo. En regiones áridas el agua subterránea puede contener cantidades mucho mayores de sales que el agua de riego, captada y almacenada en represas. La salinidad en el suelo es controlada mediante la lixiviación, la cual requiere de la aplicación de un poco más de agua que aquella utilizada por los cultivos. La lixiviación mueve las sales hacia abajo a través del perfil del suelo y más allá de la zona radicular del cultivo. En la mayoría de los cultivos y condiciones, del 5% al 10% del agua aplicada debe pasar hacia estratos inferiores del suelo para remover el exceso de sales.

Los problemas de salinización se evalúan midiendo la conductividad eléctrica del extracto de saturación del suelo, ó EC, en mmhos/cm (equivalente a decisimens por metro ó dS/m) a 25°C. La Tabla 8.1 indica el efecto de la salinidad en la zona radicular sobre el rendimiento del cultivo. Deberá notarse que los valores en la tabla son aproximados debido a que la tolerancia a la salinidad varía notablemente entre diferentes tipos de cultivo. Una buena fertilidad de suelo puede disminuir el efecto dañino del exceso de sales en el agua.

Tabla 8.1. Efectos de la salinidad en el rendimiento del cultivo.

Conductividad eléctrica (dS/m)	Efecto en el rendimiento del cultivo
0 – 1	La reducción en el rendimiento es insignificante en la mayoría de los casos
2 – 4	El rendimiento de los cultivos sensibles es limitado
4 – 8	El rendimiento de la mayoría de los cultivos es limitado
8 – 16	El rendimiento es satisfactorio sólo en cultivos tolerantes a las sales

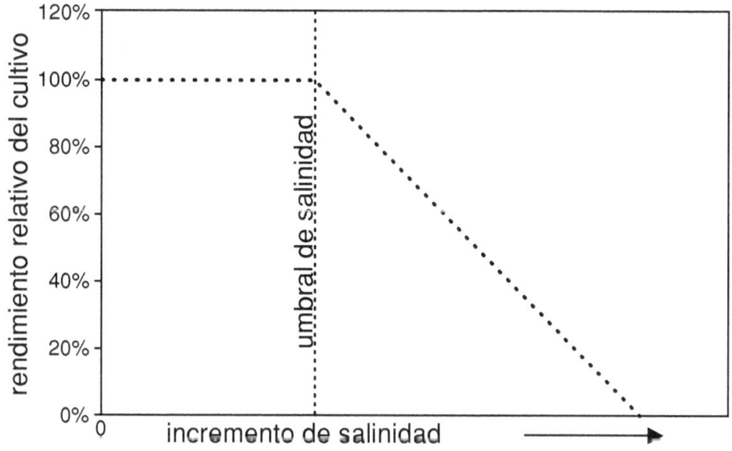

Figura 8.5. **Relación general entre el rendimiento relativo de los cultivos y la salinidad del agua en el suelo.**

La Figura 8.5 muestra una relación generalmente aceptada entre rendimiento relativo del cultivo y la salinidad del agua en la zona radicular del suelo. El rendimiento del cultivo no se reduce por la salinidad hasta que esta alcanza una concentración mínima. Si se incrementa la salinidad más allá de esta concentración, el rendimiento del cultivo tiende a disminuir en forma lineal hasta que la producción llega a cero. Sin embargo, la intensidad en el decremento del rendimiento no es exactamente lineal y tanto la concentración mínima como la magnitud de disminución varían de acuerdo al tipo de cultivo.

El riego por aspersión es un método muy efectivo para controlar las sales porque tiende a promover la infiltración vertical del agua para transportar las sales hacia abajo, en forma contraria al riego por surcos, el cual, puede dejar acumulaciones de sales en las camas entre los surcos. Cualesquiera que sea el método de riego usado, para la lixiviación es más fácil remover las sales de los suelos arenosos que de los suelos arcillo-limosos y se deberá reconocer que la lixiviación funciona bien solamente con un buen drenaje que retire las sales. Los estratos compactados y los cambios en la textura del suelo reducen el movimiento del agua hacia abajo y causan una menor lixiviación. Las sales se deben manejar, siempre de modo que se acumulen en zonas alejadas de las semillas que están germinando y de las raíces de las plantas. El goteo y otros métodos de riego de bajo caudal se pueden usar para mover las sales lejos de las semillas y/o raíces de las plantas. Estos métodos también son efectivos particularmente en suelos arenosos al disminuir la percolación profunda y reducir los requerimientos de agua para riego. Cuando las sales se acumulan entre las hileras de plantas, éstas pueden ser lixiviadas durante períodos de suficiente lluvia o con el uso periódico de riego en cantidad suficiente para remover las sales del perfil del suelo explorado por las raíces de las plantas.

Es importante reconocer que la presencia de sales puede tener efectos negativos en las plantas en diferentes formas. Por ejemplo, algunos de los componentes en las sales pueden ser tóxicos para ciertos tipos de plantas aún en concentraciones muy pequeñas. Las sales pueden ser también peligrosas para la estructura del suelo e incrementar el potencial osmótico, volviendo de esta manera más difícil que las plantas absorban el agua. En consecuencia, hay tres razones principales por las cuales la salinidad en el agua del suelo es, a menudo, una preocupación en la agricultura:

1. Toxicidad específica para las plantas;
2. Daños a la estructura del suelo (permeabilidad);
3. Incremento en el potencial osmótico, lo cual disminuye la disponibilidad del agua en el suelo para las plantas.

Se pueden usar varios parámetros para determinar la factibilidad del agua para propósitos de riego, de donde la conductividad eléctrica del agua de riego es uno de dichos índices, al igual que la relación de absorción de sodio (RAS), el porcentaje de iones libres de sodio y la concentración de boro. La Tabla 8.2 muestra los índices para seis parámetros donde un valor de 1 es excelente y un valor de 6 es inconveniente para riego. Algunas de las concentraciones de iones se expresan en miliequivalentes por litro (meq/l), aunque el boro se expresa en partes por millón (ppm).

Tabla 8.2. Índice de valoración para varios parámetros de calidad del agua.

Indice	EC (dS/m)	Na^+ (%)	RAS	Na_2CO_3 (meq/l)	Cl^- (meq/l)	Boro (ppm)
1	0,5	40	3	0,5	3	0,5
2	1,0	60	6	1,0	6	1,0
3	2,0	70	9	2,0	10	2,0
4	3,0	80	12	3,0	15	3,0
5	4,0	90	15	4,0	20	4,0
6	> 4,0	> 90	> 15	> 4,0	> 20	> 4,0

El RAS es un parámetro común en la calidad del agua y se define como la relación entre los iones de sodio y los iones de magnesio y calcio:

$$\mathrm{RAS} = \frac{\mathrm{Na}^+}{\sqrt{0,5\,(\mathrm{Mg}^{++} + \mathrm{Ca}^+)}} \qquad (8.11)$$

Los suelos salinos tienen niveles relativamente altos de salinidad en el agua del suelo y pueden ser recuperados mediante la lixiviación, la cual se realiza típicamente inundando la superficie del terreno o mediante riego por aspersión pero no con riego por surcos porque éste método tendería a dejar las sales cerca de la superficie del suelo entre los surcos. Los suelos alcalinos tienen un pH mayor a 7 (a menudo son suelos ricos en carbonato de sodio o de calcio).

Los suelos sódicos son aquellos con RAS o porcentaje de sodio intercambiable, PSI, mayor a 15, o en otras palabras son suelos donde el sodio es el catión dominante. La recuperación de suelos sódicos puede involucrar la aplicación de yeso (sulfato de calcio, C_aSO_4), pero si hay una fuente de carbonato de calcio en el suelo se puede usar el ácido sulfúrico para disolver el carbonato de calcio e intercambiar el sodio con calcio, donde el sodio podría ser lixiviado lejos de la zona radicular.

Capítulo 9

MEDICIÓN DEL CAUDAL

9.1. INTRODUCCIÓN

Conforme los recursos hídricos son explotados con más agresividad y conforme se incrementa la población mundial, el agua fresca (dulce) de buena calidad se está volviendo más escasa. Por lo anterior, es improbable que las situaciones tanto a nivel regional como mundial, sobre disponibilidad y calidad del agua, mejoren en un futuro previsible; más bien, la situación se volverá más difícil. Esta tendencia destaca la importancia de medir el agua, evaluar las prácticas en su manejo, e identificar las alternativas tecnológicas que lleven a su conservación.

La medición del caudal es un elemento clave en:

1. *Manejo del agua de riego*. Sin conocer los caudales, es difícil cuantificar la entrega de agua a los usuarios, lo cual dificulta significativamente la capacidad para evaluar las prácticas en su manejo.

2. *Análisis de la calidad del agua*. Esto se relaciona con la velocidad, dirección de movimiento, difusión y dispersión de solutos en el agua.

3. *Leyes y derechos de agua*. Esto incluye la entrega de agua por volumen, incluyendo el agua bombeada y los excesos por escurrimientos entre otros.

Así como no puede haber una buena contabilidad financiera si no se conocen los ingresos y los egresos, tampoco puede existir un buen manejo del agua cuando no se cuenta con una medición del caudal. En estas condiciones, es de poco valor estimar los requerimientos de agua por los cultivos a través de las Ecuaciones de ET_0 y los coeficientes de desarrollo correspondientes, si no se conocen las entregas reales de agua de riego. Una buena programación de riego implica la capacidad para medir los caudales y volúmenes de entrega de agua en puntos de control claves del sistema de riego.

En la actualidad se han desarrollado infinidad de dispositivos y técnicas para medir el caudal en canales y tuberías, de estos, algunos de los más recientes incluyen medidores ultrasónicos y de difusión; sin embargo, la mayoría de las veces, la medición de caudales en canales abiertos se hace a través de vertederos, compuertas calibradas, etc. Para mayores detalles sobre el tema, el lector interesado podrá consultar los numerosos artículos y manuales técnicos que existen acerca de su aplicación en sistemas de riego.

9.2. CONCEPTOS FUNDAMENTALES

El término “caudal” se refiere al volumen por unidad de tiempo que circula en un canal o un tubo. En sistemas de riego, el agua que circula en un canal o tubo, es directamente proporcional a su masa por unidad de tiempo, debido a que ésta se asume que es incompresible. Por lo anterior, el caudal se representa por la relación entre velocidad de desplazamiento del agua por su área hidráulica correspondiente. Otro nombre para caudal es descarga o gasto - estos tres términos son sinónimos.

La mayoría de dispositivos y técnicas para medición de caudal se basan en la medida de la carga hidráulica de operación (profundidad o presión), o velocidad. Estrictamente hablando, la mayoría de las técnicas de medición de caudales tanto en canales abiertos como en tuberías producen una pérdida de carga. Sin embargo, algunos métodos especiales incurren en pérdidas poco significativas. En términos operativos, es conveniente tener solo una pequeña pérdida de carga debido a que ésta se traduce típicamente en una mayor profundidad de flujo aguas arriba y un caudal subcrítico en el canal, como en la mayoría de canales de riego.

En la medición de caudales de canales abiertos, es necesario considerar que las estructuras para tal efecto, pueden operar bajo regímenes tanto de *flujo libre* como en *flujo sumergido*, o “modular” y “no modular”, respectivamente. En condiciones de flujo libre, y debido a que el flujo crítico ocurre en la vecindad del dispositivo de medición del caudal, solo es necesario el conocer la carga hidráulica de operación aguas arriba; en la medida en que esto es verdad, los cambios en la profundidad aguas bajo no afectarán la descarga en esa localización. Sin embargo, en condiciones de flujo no modular, es necesario considerar la diferencia de cargas aguas arriba y aguas abajo, a través de la estructura de medición del caudal; lo cual requiere la medición tanto de las profundidades aguas arriba como de las de aguas abajo (o elevaciones de la superficie del agua).

El flujo crítico se aplica solamente a canales abiertos y no a tuberías, distinguiendose por un valor mínimo de *energía específica*, para un determinado caudal, en donde, la energía especifica se define como:

$$E = h + \frac{V^2}{2g} = h + \frac{Q^2}{2A^2 g} \tag{9.1}$$

donde E es la *energía específica* (m); h es la profundidad de flujo (m); V es la velocidad promedio del agua a través de una sección transversal del canal en m/s; y g es la relación de peso con la masa (9,81 m/s^2). El término $V^2/2g$ se conoce como la carga dinámica o carga por velocidad.

De acuerdo a la ecuación de continuidad, la velocidad promedio, V, también es igual a la magnitud del caudal dividida para su área hidráulica, o V = Q/A. Para un valor constante de Q, la energía mínima específica se deriva de la Ecuación 9.1 cuando F_r^2 = 1,0, y definiéndose F_r^2 como:

$$F_r^2 = \frac{Q^2 T}{g\,A^3} \qquad (9.2)$$

donde F_r se denomina el número de *Froude* (adimensional); y T es el ancho superior en la superficie del agua (m), de modo que cuando el número de Froude es igual a la unidad se dice que el flujo es crítico y nada de lo que ocurra aguas abajo de dicha localización afectará las condiciones de flujo aguas arriba. Lo anterior, se debe a que en el flujo del canal, ninguna onda de agua puede pasar aguas arriba a través de una sección crítica. De hecho, ya sea que el número Froude sea 1.0 o mayor, las ondas de agua solo se moverán aguas abajo desde dicha localización. Cuando F_r^2 es mayor de 1,0, el flujo es supercrítico y cuando es menor a 1,0, el flujo es subcrítico.

9.3. PRECISIÓN EN LA MEDIDA DEL CAUDAL

Tal vez el método más preciso para medir el caudal es contabilizando el tiempo que tarda en llenarse un recipiente de volumen conocido. Por ejemplo se puede usar un balde para capturar el agua que fluye de un tubo pequeño y utilizando un cronómetro se mide el tiempo necesario para llenarlo. Sin embargo, esto por lo general no es práctico en caudales grandes. En forma típica, la precisión de la medición del caudal en los sistemas de riego es de 2 al 20%, respecto a la descarga real. Generalmente es necesario medir la carga hidráulica o la velocidad del agua y el área de paso para calcular el valor del caudal. Las mediciones de la carga, velocidad y área están sujetas a errores debido a una variedad de razones. La Tabla 9.1 da algunas de las razones más comunes para que se produzcan errores en la medición de flujo.

9.4 MÉTODOS SENCILLOS PARA MEDICIÓN DEL CAUDAL EN CANALES ABIERTOS

Los siguientes métodos son simples y aproximados y no son necesariamente los mejores para la medición de caudales en canales abiertos. Los mejores métodos utilizan estructuras calibradas (vertederos, aforadores, orificios y otros).

Tabla 9.1 Causas comunes por las que se producen errores en la medición del caudal.

Tipo de problema	Causas comunes
Condiciones de acceso	▪ Alta velocidad de acceso ▪ Velocidad de acceso no perpendicular a la estructura de medición
Turbulencia y remolinos	▪ Superficie desigual del agua ▪ Remolinos cerca o en el sitio de medición
Problemas de equipo	▪ Escalas hidrométricas, medidores de velocidad, flotadores, etc., en mala condición ▪ Cambio de calibraciones en los sensores de presión y otros medidores ▪ Instalación deficiente (cresta no horizontal, dimensiones erradas, etc.)
Sitio de medición	▪ Mediciones locales ▪ Estaciones de aforo (necesitan flujo estable)
Errores humanos	▪ Lectura errada de los niveles de agua, etc. ▪ Uso deficiente del equipo, o aplicación inadecuada del equipo, falta de experiencia y/o conocimiento.

9.4.1 Por observación

En este método se debe confiar en la experiencia del técnico para estimar la descarga en un canal abierto, simplemente observando el caudal del canal y comparándolo mentalmente con canales similares, en los cuales se midió y de los que se conoce dicho caudal. Este método por lo general no es muy preciso, especialmente cuando se trata de grandes caudales, pero algunos técnicos muy experimentados pueden (tal vez con algo de suerte) llegar a una estimación muy cercana.

9.4.2 Método del flotador

Se puede estimar la velocidad promedio de flujo en un canal abierto midiendo la velocidad de un objeto flotante en la superficie del agua. Esto se puede hacer marcando distancias uniformes a lo largo del canal y utilizando un reloj para medir el tiempo transcurrido desde el sitio de inicio hasta las respectivas localizaciones aguas abajo. Es una buena idea tener más de un punto de medición de modo que se pueda promediar la velocidad en cada tramo y disminuir la posibilidad de un error. A continuación se puede hacer una gráfica de la distancia de viaje del flotador contra el tiempo, donde la pendiente de la línea curva es igual a la velocidad promedio de agua en su superficie.

La velocidad del flotador será más alta que la velocidad promedia del agua en el canal; sin embargo, la velocidad promedio del agua en el canal se puede estimar multiplicando la velocidad del flotador por un coeficiente. La Tabla 9.2 proporciona los valores para dichos coeficientes como una función de la profundidad promedio del agua (USBR 1981).

Algunos técnicos han utilizado varas de madera parcialmente sumergidas y que son diseñadas para obtener una aproximación en la velocidad promedio del agua, evitando la necesidad de usar los coeficientes de la Tabla 9.2. A estas varas, se les adhiere un sobrepeso en uno de sus extremos, de tal manera que al desplazarse dentro del agua, se hunda más en un extremo que en otro, como se muestra en la Figura 9.1. El método de flotador no es preciso porque la relación entre la velocidad del flotador y la velocidad promedio real del agua, en realidad, no es bien conocida. Deberán usarse otros métodos si se desea una medida exacta.

Tabla 9.2. Coeficientes típicos de corrección para velocidad de caudal mediante el método del flotador (según USBR 1981).

Profundidad promedio		Coeficiente
(pies)	(m)	
1	0,30	0,66
2	0,61	0,68
3	0,91	0,70
4	1,22	0,72
5	1,52	0,74
6	1,83	0,76
9	2,74	0,77
12	3,66	0,78
15	4,57	0,79
> 20	> 6,10	0,80

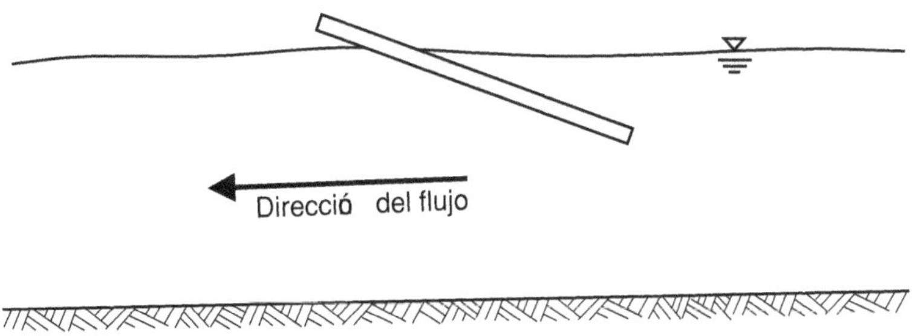

Figura 9.1. Vara parcialmente sumergida para usarse con el método del flotador.

Se deberá seleccionar una localización en la cual el canal sea regularmente recto, sin mucho cambio en su sección transversal, que tenga una superficie regular del agua y donde no hayan cambios bruscos en la elevación del lecho o en el talud del canal. Es importante considerar que el viento puede afectar la velocidad del flotador, cambiando la relación entre la velocidad de la superficie y velocidad promedio del agua. Se deberá tener cuidado de obtener las medidas con el flotador cerca del centro, evitando que éste no tope en las orillas del canal, ni tampoco hundiéndose.

9.4.3 Método del colorante

El método del colorante, o "método de velocidad del color" se puede usar para medir la velocidad de flujo en forma similar al método del flotador. Sin embargo, en este método se inyecta un poco de tinte dentro de la corriente y se mide el tiempo para que éste alcance un punto determinado aguas abajo. Este tiempo se puede tomar como el promedio de tiempo para que la primera porción del tinte alcance el punto de referencia aguas abajo y el tiempo para que la última porción del mismo alcance dicho punto (el tinte se dispersará y alargará conforme se mueva aguas abajo).

La distancia de medición no deberá ser demasiado larga porque de otra manera el tinte se habrá dispersado demasiado y es difícil detectar visualmente la diferencia de color en el agua. Se recomienda utilizar una distancia de tres metros. Los tintes usados en este tipo de medición no deberán ser tóxicos, de modo que no contaminen el agua. Se pueden usar colorantes para alimentos así como otros químicos coloreados.

9.4.4 Método de la sal diluida

En este método se vierte una solución salina de concentración conocida, C_1, dentro de la corriente, a una tasa constante, q; se mide la concentración de sal C_2, de la solución, en un punto aguas abajo; si se conoce la concentración inicial de sal C_0, en la corriente, (antes de la dilución de la solución concentrada), el caudal Q, se puede calcular como,

$$QC_0 + qC_1 = (Q + q)C_2 \tag{9.3}$$

o bien,

$$Q = q\left(\frac{C_1 - C_2}{C_2 - C_0}\right) \tag{9.4}$$

Como se puede ver, este método se usa no para medir la velocidad sino para medir el caudal. Las concentraciones se pueden expresar en mmho/cm o dS/m, o bien en otras unidades de conductividad eléctrica.

9.4.5 Método de flujo uniforme

Para aplicar este método se determinan la pendiente longitudinal, área hidráulica y profundidad promedio del canal. Se hace una estimación de rugosidad, y se aplica la ecuación de Manning o Chezy para calcular el caudal. Este método es válido solamente para flujo estable y uniforme y está severamente limitado por la incapacidad para estimar con precisión el valor de la rugosidad; además, a menudo el valor general de rugosidad se toma únicamente como una función de la condición del lecho o material de revestimiento, mientras que de hecho, también es una función del tamaño y forma del canal. Además, el método es válido solamente para las condiciones de su aplicación, de modo que no se puede aplicar para todas las condiciones, debido a que puede llevar a errores de estimación. En forma ideal se debería de medir tanto la pendiente de la plantilla del canal como la inclinación de la superficie del agua, y así verificar si el flujo es uniforme o no.

La descarga se puede estimar a través de una escala de rugosidades probables, partiendo de valores máximos y mínimos (también estimados), generados a partir de la apariencia y tamaño del canal. De la misma manera, la rugosidad o aspereza en las paredes del canal, se puede estimar en base a la experiencia o consultando los manuales correspondientes.

El *U.S. Bureau of Reclamation* y el Cuerpo de Ingenieros del Ejército de los Estados Unidos han preparado tablas técnicas para estimar los coeficientes de rugosidad de Manning. Estas tablas son muy utilizadas tanto para el diseño de canales como para la aplicación del método "pendiente y área", el cual consiste en usar la inclinación de la superficie del agua en un tramo uniforme de canal en conjunto con el área transversal promedio, y así estimar el caudal de paso en dicho canal.

9.4.6 Método del tubo de Pitot

Se puede colocar un tubo simple de Pitot dentro del caudal para medir la carga por velocidad. Se coloca un extremo del tubo dentro del caudal, hacia el flujo, y el otro extremo es dirigido en forma vertical fuera del agua. El extremo sumergido del tubo está colocado de forma que esté esencialmente paralelo al flujo cerca al centro de la sección transversal (o ligeramente sobre el centro).

Se pueden usar otros tubos de Pitot más complejos para obtener mediciones más precisas como los "tubos pitot estáticos" y los manómetros. Este método se aplica mejor a altas velocidades de flujo porque es difícil leer la diferencia de carga a bajas velocidades, en las cuales se pueden producir grandes errores en la estimación de la velocidad.

9.5. VERTEDEROS

Los vertederos son estructuras de derrame colocadas en los canales abiertos para medir la magnitud del caudal. La cresta de un vertedero es generalmente perpendicular a la dirección de flujo. Si éste no es el caso se deben hacer calibraciones especiales para desarrollar una relación de carga-caudal. A veces se usan los vertederos oblicuos y "pico de pato" para proporcionar profundidades casi constantes aguas arriba, pero estos también pueden ser calibrados como estructuras para medir el caudal. Los vertederos tienen varias ventajas y desventajas importantes. Las ventajas son las siguientes:

1. Son capaces de medir con precisión una amplia gama de caudales;
2. Tienden a proporcionar valores de descarga más precisas que los aforadores y orificios;
3. Son relativamente fáciles de construir; y
4. Permiten que los desechos flotantes pasen sobre la estructura.

Entre las desventajas, las más importantes son:

1. Se requiere una carga relativamente grande, lo cual significa que la profundidad aguas arriba aumenta significativamente cuando el vertedero opera bajo condiciones de flujo libre, impidiendo a menudo el uso práctico en áreas planas tales como deltas de río y;
2. El sedimento y desechos parcialmente sumergidos tienden a acumularse aguas arriba del vertedero.

Los vertederos son identificados por la forma de su abertura o paso. El borde de la abertura puede ser de cresta angosta o ancha o, a veces, esta entre estas dos. Un vertedero de cresta angosta tiene un filo o borde agudo aguas arriba, de modo que el agua cae inmediatamente por el filo y despegada de la cresta. Los que se usan más frecuentemente son los vertederos rectangulares, trapezoidales, Cipolleti y triangulares con contracción en 90°. Un vertedero de cresta ancha tiene una cresta horizontal o casi horizontal suficientemente ancha en la dirección de flujo, de modo que la vertiente está apoyada y las presiones hidrostáticas se desarrollan completamente por lo menos en una distancia corta.

Hidráulicamente se puede hacer una distinción entre vertederos *sin contracción* y *con contracción*. Un vertedero sin contracción es por lo general, un vertedero rectangular cuyos lados de paso (abertura) coinciden con los costados del canal, el cual se extiende sin cambios aguas abajo del vertedero. Por otro lado, en un vertedero con contracción, los lados y cresta están lejos de los costados y el fondo del canal de acceso, en estas condiciones la vertiente se contraerá completamente tanto lateral como verticalmente en la cresta del vertedero conforme el agua rebosa en dirección aguas abajo. Esto significa que la abertura de un vertedero con contracción es más estrecha que el ancho del canal aguas arriba; de esta manera, el término "sin contracción" se usa para indicar que no hay contracciones aguas arriba en el lateral, lo cual simplifica la relación entre descarga y carga aguas arriba.

El flujo libre o modular es una condición en la cual la vertiente descarga en el aire. Esto existe cuando la superficie aguas abajo es lo suficientemente baja para permitir que el aire circule entre el vertedero y por debajo de la vertiente. Esta aireación es automática en un vertedero con contracción. En un vertedero sin contracción, los costados de la estructura pueden evitar que el aire circule bajo la vertiente de modo que la parte inferior de la misma debe ser ventilada. De otra manera el aire podría ser expulsado por debajo de la vertiente causando una reducción de la presión bajo la misma, provocando el incremento correspondiente en la descarga para una carga determinada. Cuando esto ocurre la descarga medida (o aparente) es menor a la descarga real sobre el vertedero.

El flujo sumergido o no modular es una condición en la cual la vertiente está parcialmente bajo el agua, donde los cambios en la profundidad aguas abajo afectarán el caudal. Una condición que indica el cambio de flujo libre a sumergido se denomina sumergencia de transición, donde la sumergencia se define como la relación de la energía específica aguas abajo con la energía específica aguas arriba. Se puede hacer una aproximación de la sumergencia dividiendo la profundidad aguas abajo por la profundidad aguas arriba, lo cual proporciona un número menor a la unidad. Cuando la sumergencia es igual a la unidad no hay flujo y cuando la sumergencia excede la unidad el flujo se está moviendo (temporalmente) en la dirección aguas arriba.

Para la aplicación práctica de los vertederos como dispositivos de medida de caudal, es preferible que ellos operen bajo condiciones de flujo libre, de modo que solo se necesite medir la profundidad aguas arriba y así calcular el valor de la descarga. Esto hace que su aplicación sea más conveniente. Además, la calibración de los vertederos de flujo libre es más precisa que la calibración de los vertederos de flujo sumergido.

Se pueden presentar errores de consideración en la medida del caudal debido a condiciones deficientes de flujo, a alta velocidad y turbulencia en el área aguas arriba cerca del vertedero. En general, el caudal de acceso deberá ser el mismo que aquel en un canal recto y largo del mismo tamaño. La velocidad de acceso a un vertedero deberá ser menor a 0,15 m/s. Este valor se obtiene dividiendo la descarga máxima por el producto del ancho del canal y la profundidad del agua, la que se mide en el punto aguas arriba de 4 a 6 veces la carga del vertedero. Este punto es el preferido para la localización de las escalas de medición, aguas arriba del vertedero. Una condición de caudal tranquilo deberá extenderse aguas arriba desde el vertedero hasta una distancia de 15 a

20 veces la carga del mismo. La sección aguas arriba del canal a veces se denomina el "pozo del vertedero".

9.6. ECUACIONES DE DESCARGA DEL VERTEDERO DE CRESTA ANGOSTA

Los vertederos de cresta angosta incluyen vertederos triangulares, rectangulares y Cipolleti. La Figura 9.2 muestra las vistas frontal y lateral de los vertederos rectangular y en forma de "V". La ecuación general para flujo libre sobre un vertedero de cresta angosta es:

$$Q = C_e L_e h_{ar}^{1,5} \tag{9.5}$$

donde Q es el caudal (m^3/s); C_e es un coeficiente de calibración; L_e es la longitud "efectiva" de la cresta del vertedero (m) y h_{ar} es la carga hidráulica (aguas arriba) sobre el vertedero (m).

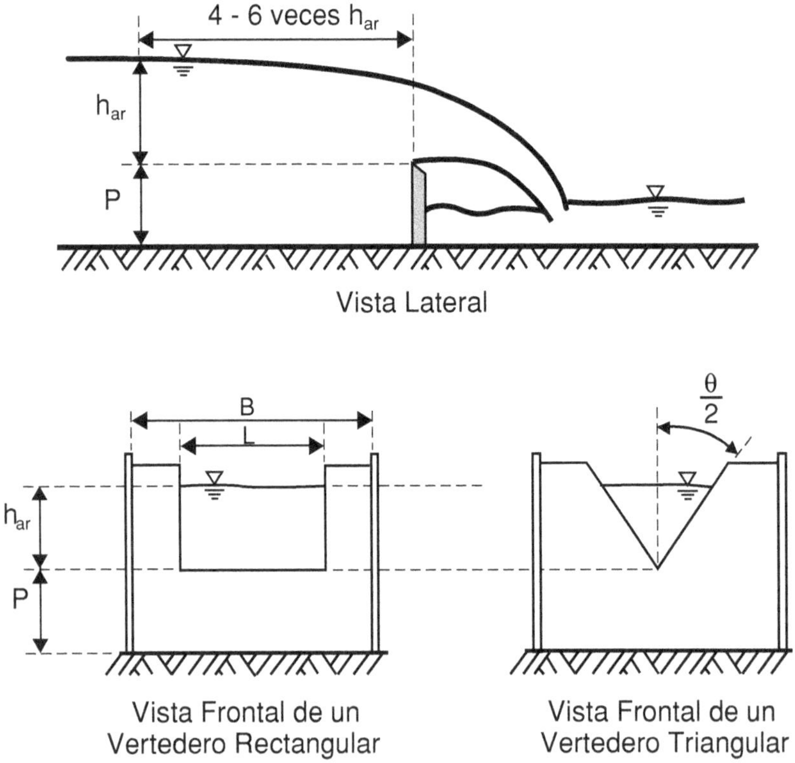

Figura 9.2. Vistas frontal y lateral de los vertederos rectangular y triangular de cresta angosta.

La longitud efectiva se define como: $L_e = L + K_L$, donde K_L es una función de la relación de L/B, como se indica en la Figura 9.3. El coeficiente C_e es una función de las relaciones L/B y h_{ar}/P (Kindsvater y Carter 1959), como se indica en la Figura 9.4. La relación L/B es igual a 1,0 para un vertedero sin contracción.

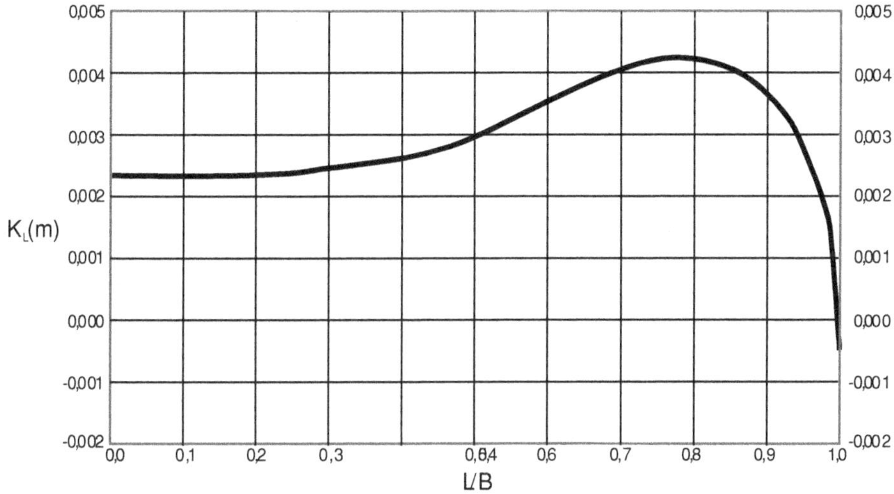

Figura 9.3. Valores de K_L para vertederos rectangulares de cresta angosta.

A veces se usa una carga efectiva h_e, en lugar de h_{ar} en la Ecuación 9.5, pero la diferencia entre estos dos valores usualmente es insignificante. Además las calibraciones de campo de un sitio específico en los vertederos rectangulares no estándar o de cresta no angosta, pueden dar un exponente ligeramente diferente a 1,5 (ver la Ecuación 9.5).

Los vertederos triangulares o de paso en V se consideran como las estructuras de canal abierto más precisas para medir la descarga. La descarga sobre un vertedero de paso en V se incrementa más rápidamente con la carga que en el caso de un vertedero de cresta ancha (rectangular o trapezoidal). Para un vertedero triangular de cresta angosta (Shen 1981), la ecuación de descarga puede escribirse así:

$$Q = \frac{8}{15}\sqrt{2g}\, C_e \tan\frac{\theta}{2}\; h_e^{2,5} \qquad (9.6)$$

donde $h_e = h_{ar} + K_h$; el coeficiente, C_e y el parámetro K_h se toman de la Figura 9.5; y θ es el ángulo de paso del vertedero, como se ilustra en la Figura 9.2. Para el h_e en metros, Q está en m^3/s.

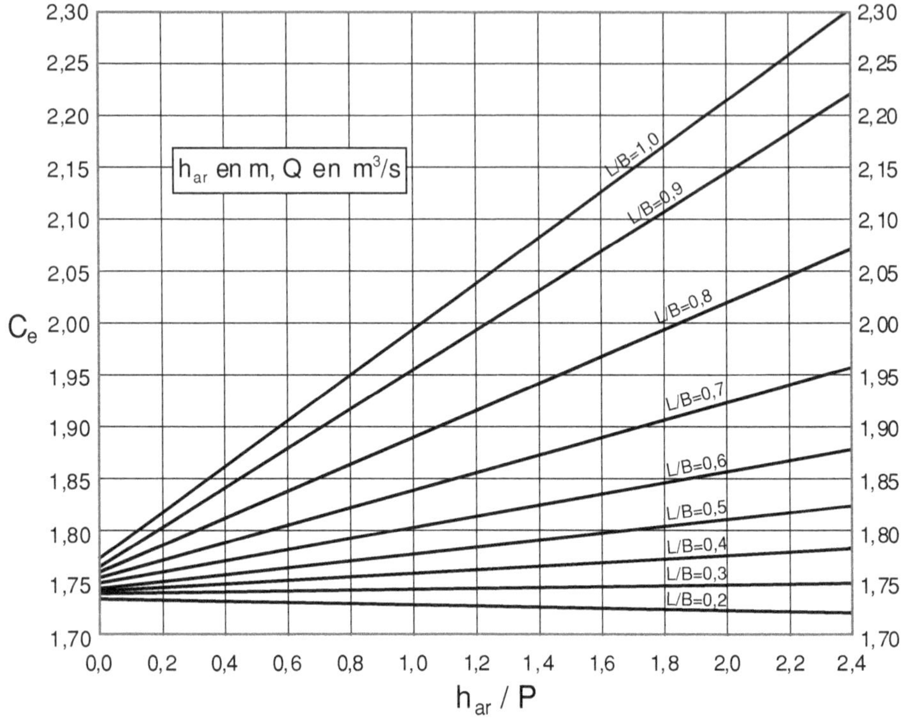

Figura 9.4. Valores de C_e para vertederos rectangulares de cresta angosta.

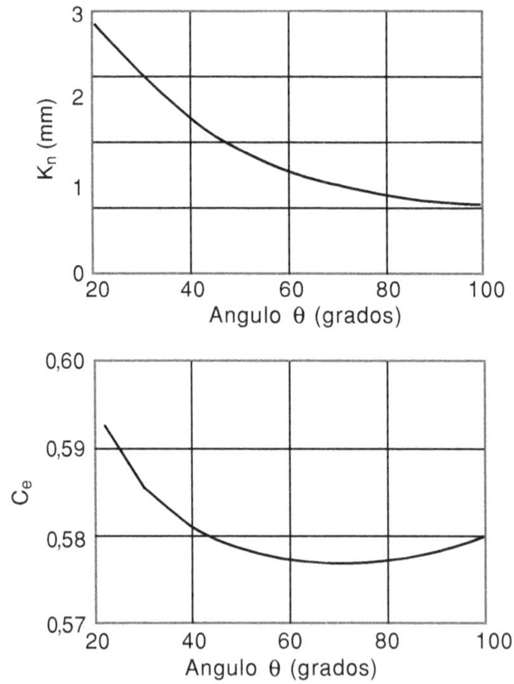

Figura 9.5. Parámetros de corrección C_e y K_h para vertederos triangulares de cresta angosta (según Shen 1981).

Un vertedero trapezoidal utilizado a menudo es el vertedero Cipolleti, el cual fue reportado por primera vez en la literatura en 1894. Este es un vertedero con contracción total en el cual los extremos no son verticales. Los taludes laterales de paso están diseñados para corregir la contracción final (en un vertedero rectangular), extendido a un ángulo de 14° con la vertical (casi una horizontal para 4 verticales). La ecuación de descarga propuesta por *el U. S. Bureau of Reclamation* (1981) incluye un término para contabilizar la velocidad de llegada:

$$Q = 1,86\,L\left(h_{ar} + 1,5h_v\right)^{1,5} \tag{9.7}$$

donde Q es el caudal en m^3/s; L es la longitud de la cresta del vertedero en m; h_{ar} es la carga hidráulica aguas arriba en m; y h_v es la carga, también en m, debido a la velocidad de llegada ($V^2/2g$).

De acuerdo a lo anterior, se observa que la ecuación de descarga para un vertedero Cipolleti es más simple de aplicar porque no hacen falta figuras para determinar el coeficiente y no hay necesidad de una longitud “efectiva”. Sin embargo algunos investigadores han manifestado que el vertedero Cipolleti no es tan exacto como los vertederos rectangulares y triangulares de cresta angosta.

9.7. AFORADORES

Los aforadores de medición del caudal son estructuras de canal abierto, con una sección de garganta estrecha y con una forma especial. La geometría del aforador está diseñada a menudo para forzar a que el flujo pase a través de la profundidad crítica, proporcionando así un medio para determinar el caudal en base a una simple medida de la profundidad del agua (aguas arriba). Cuando la profundidad del agua excede los límites especificados ocurren condiciones de flujo sumergido y se requieren dos medidas de la profundidad de agua (aguas arriba y aguas abajo). En canales con poca pendiente puede ser conveniente instalar un aforador para operar bajo condiciones de flujo sumergido antes que de flujo libre con el fin de: (1) reducir las pérdidas de energía y, (2) colocar el aforador en el lecho del canal (en lugar de encima de éste), y así minimizar la elevación de la superficie del agua, aguas arriba.

Hay dos clases de aforadores: los de garganta corta y de garganta larga. En los del primer tipo ocurren condiciones de flujo crítico en las regiones de flujo tridimensional curvilíneo. Estos incluyen a los aforadores con contracciones laterales y contracciones en el fondo, con algún tipo de sección de transición. En general, se requieren calibraciones de laboratorio para obtener los coeficientes de flujo. Bajo condiciones favorables de operación se puede determinar la descarga con una precisión del 2 al 5%. Con los aforadores de garganta larga se crean condiciones de flujo crítico en una región de flujo paralelo a la sección de control. Estas condiciones de flujo lineal son mucho mejor definidas teóricamente, de modo que las relaciones de calibración pueden ser razonablemente pronosticadas. Generalmente y utilizando un aforador con dimensiones apropiadas, los caudales mayores a 10 lps pueden ser medidos con un error de menos del 2%. Los vertederos de cresta ancha son ejemplos de aforadores de garganta larga, los cuales se describen en detalle a continuación.

Algunas de las ventajas de los aforadores son:

1. Son capaces de operar con una pérdida de carga relativamente pequeña y un valor alto de sumergencia de transición;
2. Pueden medir una amplia gama de descargas en condiciones de descarga libre con poca perdida de carga y con una sola medida; y
3. Tanto el sedimento como los desechos flotantes tienden a pasar a través de la estructura.

Las desventajas más importantes de los aforadores son:

1. Frecuentemente son más costosos de construir que los vertederos;
2. Deben ser construidos con mucho cuidado, para proporcionar medidas precisas del caudal;
3. No pueden ser usados como una combinación de estructuras, para medir y controlar el caudal (a diferencia de las compuertas y vertederos ajustables); y,
4. A menudo deben ser construidos de acuerdo a dimensiones estándar, de modo que se puedan usar las tablas de calibración disponibles.

Cuando ocurre flujo crítico, la descarga está únicamente relacionada con la profundidad aguas arriba, $h_{ar.}$ Esto es, la descarga de flujo libre se puede obtener con solo una medida de la profundidad del agua. En este caso, la descarga puede ser expresada como una función de la profundidad aguas arriba. Cuando se incrementa la profundidad aguas abajo, de modo que el aforador opere bajo condiciones de flujo sumergido, se requieren las medidas tanto aguas arriba, h_{ar}, como las de aguas abajo, h_{ab}. Bajo estas condiciones, la descarga se puede expresar como una función de $h_{ar} - h_{ab}$ y S, donde S es la sumergencia ($S = h_{ar}/h_{ab}$). El valor de sumergencia en el cual el flujo cambia de libre a sumergido y viceversa se denomina la sumergencia de transición, S_t. En esta condición la descarga dada por la ecuación de flujo libre es exactamente la misma que la indicada por la ecuación de flujo sumergido.

Muchos aforadores que se pueden encontrar en el campo, particularmente aquellos instalados hace varios años, tienen problemas que afectan adversamente la precisión de la medida del caudal. Por ejemplo, algunos aforadores se han hundido en el suelo, de modo que el lecho ya no está a nivel, algunos están severamente deteriorados y algunos otros muestran erosión y/o deposición de sedimentos. No es raro encontrar un aforador que fue instalado para operar bajo condiciones de flujo libre pero, por una o más razones, la profundidad aguas abajo ha aumentado hasta el punto en que el aforador opera típicamente bajo condiciones de flujo sumergido. Cuando ocurren éstos y otros problemas, se deben de recalibrar, para así mantener la precisión en la medida de la descarga. Algunos investigadores han desarrollado procedimientos de recalibración de acuerdo a los problemas más comunes encontrados en el campo.

9.7.1 Aforadores Parshall

El aforador Parshall (Parshall 1936) es tal vez la estructura de aforo que más se usa para medir el caudal en canales abiertos en los sistemas de riego de los Estados Unidos y otros países. Sin embargo, el vertedero de cresta ancha más recientemente desarrollado (ver a continuación) tiene ventajas importantes respecto a los aforadores Parshall. El aforador Parshall puede ser diseñado para medir caudales de 0,01 a 3000 pcs o más. Está diseñado para operar bajo condiciones de flujo libre y las instalaciones pueden ser hechas de modo que se asegure el flujo libre. La selección del tamaño se basa en el ancho del aforador que mejor se ajuste a las dimensiones del canal y a sus propiedades hidráulicas, donde se usan casi exclusivamente dimensiones estándar de modo que se pueden aplicar las tablas de calibración existentes y generadas en laboratorio. Como regla general, el ancho de un aforador Parshall deberá ser de entre un tercio y la mitad del ancho de la superficie aguas arriba en el canal, fluyendo a la descarga de diseño y a la profundidad normal. La Figura 9.6 proporciona los parámetros dimensionales para un aforador Parshall.

La forma general de las ecuaciones tanto para flujo libre (Q_{libre}) como sumergido (Q_{subm}) (Skogerboe y otros 1967) de los aforadores, incluyendo el Parshall, son las siguientes:

$$Q_{libre} = C_{libre} h_{ar}^{\,n_{libre}} \tag{9.8}$$

y,

$$Q_{subm} = \frac{C_1 \left(h_{ar} - h_{ab}\right)^{n_{libre}}}{\left[-C_2 - \log S\right]^{n_{subm}}} \tag{9.9}$$

donde n_{libre} y n_{subm} son los exponentes de flujo libre y sumergido respectivamente, y C_{libre}, C_1 y C_2 son coeficientes determinados empíricamente. Los coeficientes para las ecuaciones anteriores se pueden encontrar en las tablas desarrolladas en base a medidas de laboratorio (ver Tabla 9.4).

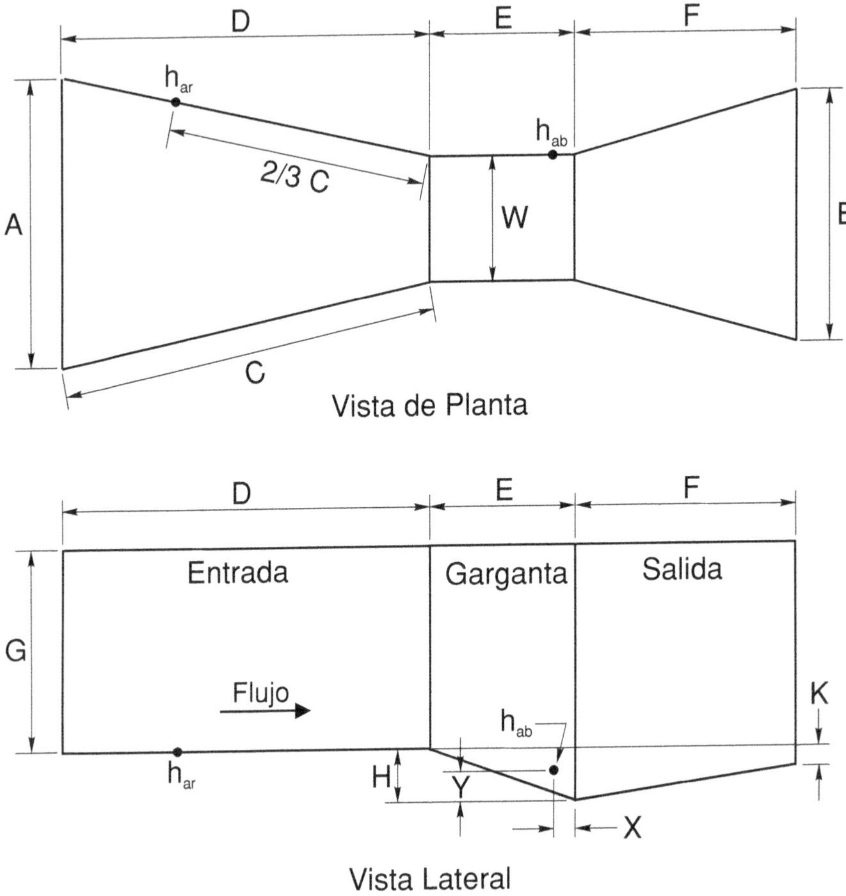

Figura 9.6. Diagrama del aforador Parshall que muestra las dimensiones dadas en la Tabla 9.3.

Las Tablas 9.3 y 9.4 proporcionan las dimensiones estándar, las capacidades de caudal y los valores de calibración (C_{libre}, C_1, n_{libre} y n_{subm}). El valor de C_2 es 0.0044 para todos los tamaños de aforador indicados en la Tabla 9.3 y no depende del sistema de unidades. Se usan unidades métricas en las dos tablas, pero las originales fueron preparadas utilizando las unidades inglesas (Skogerboe y otros 1967).

La Figura 9.6 muestra las dimensiones para un aforador Parshall como se indicó en la Tabla 9.3. Los datos de calibración en la Tabla 9.4 son para logaritmos de base 10 (Ecuación 9.9) con profundidad en m y caudal en m^3/s (Ecuaciones 9.8 y 9.9). El valor de S_t en la última columna de la Tabla 9.4 es la sumergencia de transición para la cual las Ecuaciones 9.8 y 9.9 dan el mismo valor de caudal. Si la sumergencia real es mayor a S_t se debe usar la Ecuación 9.9, de otra manera, se puede usar la Ecuación 9.8. Los valores de sumergencia de transición dados en la Tabla 9.4 son para los caudales máximos de los respectivos tamaños del aforador estándar; los valores de S_t realmente tienden a disminuir conforme baja el caudal para un tamaño determinado de aforador. Para el uso conveniente de los aforadores Parshall se pueden utilizar las Ecuaciones 9.8 y 9.9 para generar tablas de calibración, tanto para flujo libre como sumergido.

Tabla 9.3. Dimensiones y capacidades de caudal de los aforadores Parshall (ver la Figura 9.6).

Ancho de garganta	Dimensiones (m)											Capacidad, flujo libre (m^3/s)	
(m)	A	B	C	D	E	F	G	H	K	X	Y	Mín	Máx
0,025	0,167	0,093	0,363	0,356	0,076	0,203	0,152	0,029	0,019	0,008	0,013	0,000	0,006
0,051	0,214	0,135	0,414	0,406	0,114	0,254	0,203	0,043	0,022	0,016	0,025	0,001	0,011
0,076	0,259	0,178	0,467	0,457	0,152	0,305	0,381	0,057	0,025	0,025	0,038	0,001	0,017
0,152	0,394	0,394	0,621	0,610	0,305	0,610	0,457	0,114	0,076	0,051	0,076	0,001	0,082
0,229	0,575	0,381	0,879	0,864	0,305	0,457	0,610	0,114	0,076	0,051	0,076	0,003	0,144
0,305	0,845	0,610	1,372	1,343	0,610	0,914	0,914	0,229	0,076	0,051	0,076	0,011	0,453
0,457	1,026	0,762	1,448	1,419	0,610	0,914	0,914	0,229	0,076	0,051	0,076	0,014	0,680
0,610	1,206	0,914	1,524	1,495	0,610	0,914	0,914	0,229	0,076	0,051	0,076	0,020	0,934
0,762	1,391	1,067	1,632	1,600	0,610	0,914	0,914	0,229	0,076	0,051	0,076	0,023	1,161
0,914	1,572	1,219	1,676	1,645	0,610	0,914	0,914	0,229	0,076	0,051	0,076	0,028	1,416
1,219	1,937	1,524	1,829	1,794	0,610	0,914	0,914	0,229	0,076	0,051	0,076	0,037	1,926
1,524	2,302	1,829	1,981	1,943	0,610	0,914	0,914	0,229	0,076	0,051	0,076	0,062	2,435
1,829	2,667	2,134	2,134	2,092	0,610	0,914	0,914	0,229	0,076	0,051	0,076	0,074	2,945
2,134	3,032	2,438	2,286	2,242	0,610	0,914	0,914	0,229	0,076	0,051	0,076	0,116	3,426
2,438	3,397	2,743	2,438	2,391	0,610	0,914	0,914	0,229	0,076	0,051	0,076	0,130	3,964
3,048	4,756	3,658	4,350	4,267	0,914	1,829	1,219	0,343	0,152	0,305	0,229	0,170	5,663
3,658	5,607	4,470	4,972	4,877	0,914	2,438	1,524	0,343	0,152	0,305	0,229	0,227	9,911
4,572	7,620	5,588	7,772	7,620	1,219	3,048	1,829	0,457	0,229	0,305	0,229	0,227	16,99
6,096	9,144	7,315	7,772	7,620	1,829	3,658	2,134	0,686	0,305	0,305	0,229	0,283	28,32
7,620	10,67	8,941	7,772	7,620	1,829	3,962	2,134	0,686	0,305	0,305	0,229	0,425	33,98
9,144	12,31	10,57	8,084	7,925	1,829	4,267	2,134	0,686	0,305	0,305	0,229	0,425	42,48
12,19	15,48	13,82	8,395	8,230	1,829	4,877	2,134	0,686	0,305	0,305	0,229	0,566	56,63
15,24	18,53	17,27	8,395	8,230	1,829	6,096	2,134	0,686	0,305	0,305	0,229	0,708	84,95

Tabla 9.4. Parámetros de calibración y sumergencia de transición de los aforadores Parshall.

Ancho de garganta (m)	C_{libre}	C_1	n_{libre}	n_{subm}	S_t
0,025	0,0604	0,0534	1,55	1,000	0,56
0,051	0,1207	0,1093	1,55	1,000	0,61
0,076	0,1771	0,1634	1,55	1,000	0,64
0,152	0,3812	0,3072	1,58	1,080	0,55
0,229	0,5354	0,4377	1,53	1,060	0,63
0,305	0,6893	0,5359	1,52	1,080	0,62
0,457	1,0588	0,7800	1,54	1,115	0,64
0,610	1,4286	1,0607	1,55	1,140	0,66
0,762	1,8071	1,3047	1,56	1,150	0,67
0,914	2,1685	1,5541	1,56	1,160	0,68
1,219	2,9259	2,0299	1,57	1,185	0,70
1,524	3,7011	2,5075	1,58	1,205	0,72
1,829	4,4944	2,9682	1,59	1,230	0,74
2,134	5,3061	3,4395	1,60	1,250	0,76
2,438	6,0642	3,8659	1,60	1,260	0,78
3,048	7,5150	4,6423	1,59	1,275	0,80
3,658	8,8952	5,4944	1,59	1,275	0,80
4,572	10,966	6,7734	1,59	1,275	0,80
6,096	14,420	8,9064	1,59	1,275	0,80
7,620	17,873	11,039	1,59	1,275	0,80
9,144	21,326	13,172	1,59	1,275	0,80
12,192	28,231	17,436	1,59	1,275	0,80
15,240	35,137	21,702	1,59	1,275	0,80

Deberá notarse que estos datos de calibración son para aforadores correctamente dimensionados, nivelados en las direcciones longitudinal y transversal, y con puntos de medición de la profundidad aguas arriba y aguas abajo correctamente localizados. Algunos aforadores Parshall se han asentado con el transcurso del tiempo y no están a nivel; por lo tanto, la calibración cambia.

Abt y Staker (1990), Wright y Taheri (1991), Blaisdell (1994) y otros han proporcionado criterios de ajuste para la calibración de los aforadores Parshall que están fuera de nivel y para aforadores que están bajo otras condiciones no estándar de operación.

9.7.2 Aforadores tipo *sin cuello*

Un aforador sin cuello es una estructura rectangular de canal abierto con fondo plano y longitud cero en la sección de garganta (las versiones iniciales sí tenían una sección de garganta). Debido a que el aforador no tiene una sección de garganta sus inventores le dieron el nombre de *sin cuello* (Skogerboe y otros 1967). El piso del aforador está a nivel, lo cual le da las siguientes ventajas: (1) facilidad de construcción -- el aforador puede ser colocado dentro de un canal revestido con concreto, y (2) el aforador puede ser colocado en el lecho del canal.

El aforador *sin cuello* fue desarrollado para operar satisfactoriamente bajo condiciones de flujo sumergido y flujo libre. Se ha demostrado, a través de experimentos que las profundidades de caudal medidas en la sección divergente de salida dan curvas de calibración de flujo sumergido más precisas que aquellas tomadas en la sección de garganta de un aforador Parshall. También es más simple de construir que un aforador Parshall.

Las dimensiones de un aforador *sin cuello* están identificadas por el ancho y longitud de la garganta (W x L, por ejemplo, 4 pulg x 3,0 pies). Las longitudes de los aforadores de 1,5, 3,0, 4,5, 6,0, 7,5 y 9,0 pies son suficientes para la mayoría de aplicaciones. Las relaciones comunes de W/L son de 1/9, 2/9, 3/9, y 4/9. En unidades métricas la longitud del aforador a menudo es divisible por 9 (por ejemplo 90 cm o 135 cm).

Para los aforadores *sin cuello* la ecuación de flujo libre toma la misma forma general que para los aforadores Parshall (Ecuación 9.8) y otras estructuras de canal, donde el coeficiente puede ser definido como:

$$C_{libre} = K_{libre} W^{1,025} \qquad (9.10)$$

donde C_{libre} es el coeficiente de flujo libre, el cual es una función tanto de la longitud del aforador y del ancho de la garganta; K_{libre} es el coeficiente de longitud del aforador; (W/L); y W es el ancho de la garganta. Para el aforador *sin cuello* el valor de n_{libre} depende solamente de la longitud del aforador, L. La relación recomendada para h_{ar}/L es menor o igual a 0,33.

La ecuación de flujo sumergido también toma la misma forma general que para los aforadores Parshall y otras estructuras de canal, pero se puede asumir el valor de C_2 en la Ecuación 9.9 como cero. El valor del coeficiente C_1 se define como:

$$C_1 = K_{subm} W^{1,025} \qquad (9.11)$$

donde K_{subm} es el coeficiente de flujo sumergido (h_{ab}/h_{ar}). Los coeficientes generalizados tanto de flujo libre y flujo sumergido y como los exponentes para los aforadores *sin cuello,* pueden encontrarse en las figuras estándar.

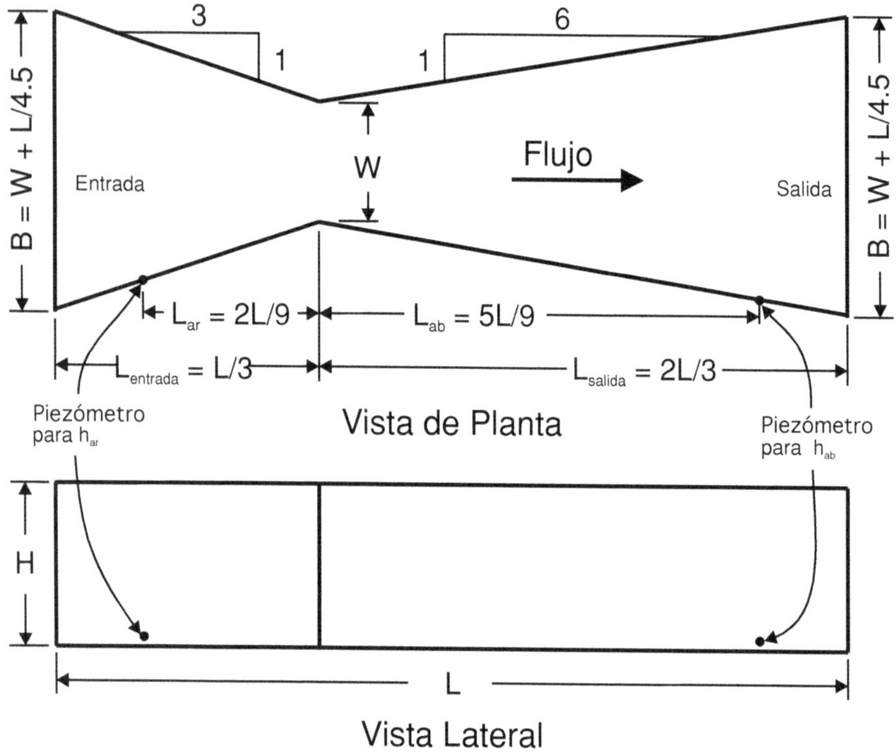

Figura 9.7. Diagrama del aforador tipo *sin cuello.*

9.8. AFORADOR DE CRESTA ANCHA

El aforador de cresta ancha es una estructura de medición de flujo de canal abierto que combina los principios tanto de vertederos como de aforadores (ver las Figuras 9.8 y 9.9). Estos dispositivos también se denominan "RBC" y "aforadores de rampla". Como ocurre con los dispositivos de medición, relacionados con canales abiertos, el vertedero de cresta ancha tiene una sección convergente aguas arriba, una sección de garganta y una sección divergente aguas abajo, pudiendo ser calibrado para condiciones de flujo sumergido. Sin embargo, es conveniente diseñar este dispositivo, de modo que opere bajo condiciones de flujo libre, considerando la gama de caudales a los cuales se espera debe operar.

Cuando opere bajo condiciones de flujo libre, ocurrirá flujo crítico sobre la cresta (solera) y la descarga estará únicamente relacionada con la profundidad de flujo aguas arriba; así, las condiciones aguas abajo no afectan la calibración. El vertedero de cresta ancha puede ser calibrado en el campo o en el laboratorio; sin embargo, una ventaja importante de esta estructura es que puede ser calibrada con precisión en base a ecuaciones teóricas, sin la necesidad de mediciones independientes en laboratorio.

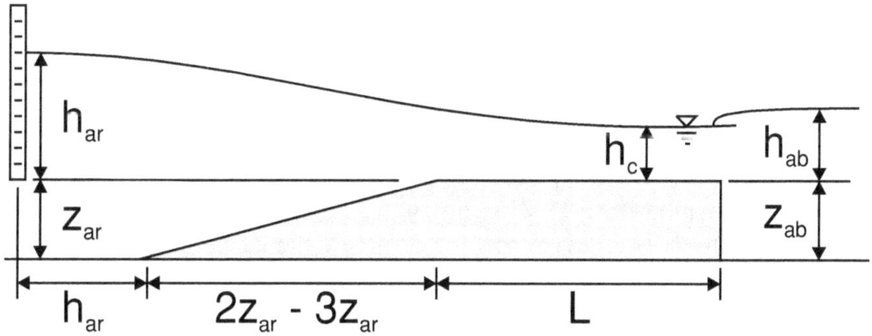

Figura 9.8. Vista lateral de un vertedero de cresta ancha con salto hidráulico aguas abajo de la cresta.

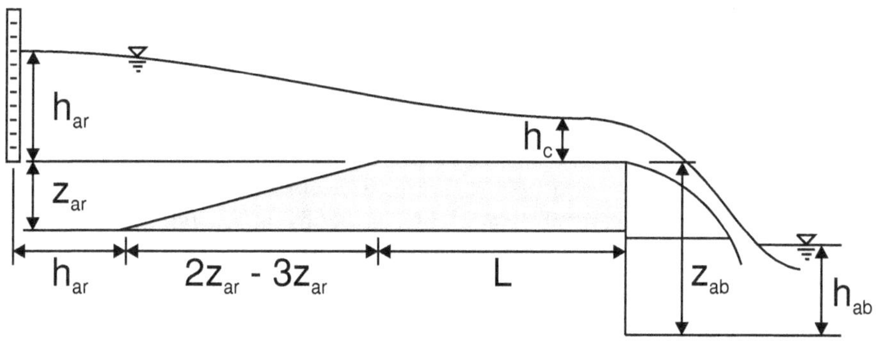

Figura 9.9. Vista lateral de un vertedero de cresta ancha con desnivel aguas abajo de la cresta.

Como se mencionó al comienzo de este Capítulo, todos los dispositivos de medición de caudales, en canales abiertos requieren de alguna pérdida de carga, aunque con el uso de algún equipo especializado, como los medidores ultrasónicos, la pérdida no es importante. Por esta razón, la profundidad de flujo aguas arriba de la estructura de medición siempre debe ser más alta de lo que sería en ausencia de la estructura. Aguas abajo de la estructura la profundidad no se verá afectada; así que la pérdida necesaria de carga para el flujo modular proviene del incremento en la profundidad aguas arriba.

La sumergencia máxima permisible típica (profundidad aguas abajo, como porcentaje de la profundidad aguas arriba) para el flujo modular es: 60% para los aforadores Parshall, 65% para los aforadores sin garganta, y de 70% a 95% para el vertedero de cresta ancha. Esto significa que el vertedero de cresta ancha puede funcionar usualmente como un dispositivo de medición de flujo libre con menor incremento en la profundidad de agua, aguas arriba, lo cual puede ser una ventaja significativa.

9.8.1 Selección del sitio

El canal aguas arriba de un vertedero de cresta ancha debe ser recto y de sección transversal uniforme. El régimen de caudal en la sección aguas arriba debe estar dentro de la escala subcrítica de modo que la superficie del agua sea estable (de ser posible, $F_r^2 < 0.20$). Por esta razón es aconsejable evitar el localizar la estructura justamente aguas abajo de una compuerta o derivación de canal, debido a que a menudo la superficie del agua no es lo suficientemente estable para obtener una lectura precisa de la escala hidrométrica de medición. El uso de un pozo de amortiguación y un flotador (u otro mecanismo para medir el nivel del agua) para medir el nivel del agua, puede compensar parcialmente los niveles fluctuantes de agua, pero involucra costos adicionales. Preferentemente, no deben haber compuertas o estructuras en el canal aguas abajo de la estructura que pudieran causar flujo no modular; de hecho es conveniente localizar la estructura aguas arriba y de ser posible cerca de una caída de nivel.

La presencia de compuertas ajustables aguas abajo, complica el diseño aún más que las estructuras fijas, porque la profundidad dependerá tanto de la descarga como del ajuste de la compuerta. Otros factores involucrados en la selección del sitio son la estabilidad del lecho del canal, los taludes laterales en dirección aguas arriba (en el caso de canales de tierra) y la accesibilidad para realizar las lecturas de las medidas y el mantenimiento. Si el canal aguas arriba no es estable, la calibración puede cambiar significativamente y el sedimento se puede acumular rápidamente en la estructura, lo cual también afecta la calibración.

9.8.2 Factores de diseño

Una de las ventajas importantes del vertedero de cresta ancha es que puede ser calibrado de acuerdo a relaciones teóricas y empíricas. Esto significa que no es necesario instalar estructuras de tamaño "estándar" y confiar en datos de calibración de laboratorio. La habilidad para calibrar la estructura, utilizando ecuaciones en lugar de medidas, se basa en la existencia de líneas de flujo paralelas en la sección de control sobre la cresta. En muchos otros dispositivos de medición de flujo en canales abiertos las líneas no son rectas y paralelas en la sección de control. Aunque es posible hacer una calibración teórica, esto requeriría de una modelación hidráulica compleja y una computadora rápida. Por otra parte, la calibración teórica del vertedero de cresta ancha es relativamente simple.

El vertedero de cresta ancha deberá estar localizado y dimensionado de modo que el flujo sea modular sobre todo en el rango operativo del mismo. Si hay una caída significativa en el lecho del canal, inmediatamente aguas abajo de la estructura, la altura de la cresta podría no ser importante para alcanzar la profundidad crítica. Sin embargo, las dimensiones de la estructura son importantes para obtener condiciones de flujo "favorables" sobre la cresta. Esto es, las condiciones de flujo que están de acuerdo con los supuestos inherentes para una calibración teórica precisa. Entonces, la altura y longitud de la cresta son dimensiones importantes con relación a la profundidad de flujo aguas arriba. En cualquier caso, el diseño adecuado de las dimensiones de la estructura es esencialmente un proceso de tanteo y por lo tanto puede ser facilitado mediante el uso de una calculadora o un programa de computadora. Por supuesto, aquellas personas con experiencia en el diseño de estos dispositivos podrán definir las dimensiones necesarias para un canal determinado.

Uno de los parámetros más importantes de diseño es la altura de la cresta sobre el lecho del canal aguas arriba, la cual deberá ser suficientemente grande como para proporcionar flujo modular para la gama completa de gastos que el vertedero se propone medir. Sin embargo, no deberá ser más alta de lo necesario porque esto causaría incrementos indebidos en el nivel de agua aguas arriba luego de la instalación. Uno de los objetivos del diseño es determinar la altura mínima de la cresta para condiciones de flujo modular, tratando de no exceder dicha altura mínima de operación. Los vertederos de cresta ancha excesivamente altos no son un problema en términos de medición o calibración, solamente son problemáticos con respecto a una elevación innecesaria del nivel aguas arriba.

Se pueden instalar tubos de desagüe en la base del vertedero y así evitar que el agua se estanque aguas arriba de la estructura durante los períodos en que no hay movimiento de agua, lo cual, ayuda a evitar que crezcan malezas en el agua estancada, así como también ayuda a controlar la proliferación de mosquitos. El diámetro de los tubos no deberá de ser demasiado grande, de otra forma el caudal que pase a través de ellos necesitaría ser considerado en la calibración de la estructura. Se deberán instalar tapones en el extremo aguas arriba de los tubos y luego retirarlos para drenaje durante los períodos en que no existe flujo de agua, a menos que la descarga a través de los tubos sea menor al 2% del caudal mínimo sobre el vertedero. Se puede estimar la descarga a través de los tubos con el uso de las ecuaciones pertinentes.

Los programas de computadora para desarrollar la calibración teórica de los vertederos de cresta ancha utilizan varias ecuaciones. Sin embargo, vale la pena anotar que las pérdidas que se deben a fricción de las paredes son mínimas y no es necesario hacer una estimación precisa de los coeficientes de rugosidad para la calibración. La mayoría de las pérdidas ocurren debido a la repentina expansión, aguas abajo de la sección de garganta, las cuales pueden ser ya sea estimadas o calculadas (utilizando relaciones empíricas), dependiendo de las dimensiones de la rampa aguas abajo.

9.8.3 Calibración a través del balance de energía

La calibración completa de un vertedero de cresta ancha incluye el cálculo de las pérdidas de carga a través de la estructura; sin embargo se puede hacer dicha calibración asumiendo que no hay pérdidas en las secciones tanto de convergencia como en la garganta. Los valores resultantes usualmente estarán muy cerca de aquellos obtenidos mediante la calibración teórica completa. El procedimiento que se presenta a continuación es particularmente útil para verificar la calibración de una estructura existente en el campo. El método simplificado de calibración no incluye el cálculo del límite modular; sin embargo, ésta es una consideración importante en el diseño y calibración de un vertedero de cresta ancha debido a que la estructura, usualmente está prevista para que opere bajo condiciones de flujo modular.

$$h_c - h_{ar} + \frac{A_c^3}{2\,T_c}\left(\frac{1}{A_c^2} - \frac{1}{A_{ar}^2}\right) = 0 \qquad (9.12)$$

donde h_c es la profundidad de flujo crítico sobre la plantilla (m); h_{ar} es la profundidad aguas arriba (m); A_c es el área de sección transversal del caudal donde ocurre el flujo crítico (m^2); A_{ar} es el área de la sección transversal del caudal aguas arriba de la estructura (m^2); y T_c es el ancho de la superficie del agua donde ocurre el flujo crítico (m). Las profundidades se miden en forma relativa a la elevación de la plantilla del vertedero y A_{ar} se basa en la profundidad $z_{ar} + h_{ar}$ (debido a que h_{ar} se refiere a la elevación de la plantilla, no al fondo del canal aguas arriba).

Si se conoce h_{AR}, z_{ar} y la geometría de las secciones transversales aguas arriba y de garganta, esta última ecuación puede ser resuelta mediante tanteo o por cualquier otro método iterativo. La geometría de las secciones define la relación entre h_c y A_c, y entre h_{ar} y A_{ar}, mientras que la solución da el valor de h_c. El paso final es calcular la descarga correspondiente al valor de A_c, la cual se calcula directamente de h_c. Esto se hace utilizando la siguiente forma de la ecuación del número de Froude:

$$Q = \sqrt{\frac{g\, A_c^3}{T_c}} \qquad (9.13)$$

Este proceso se repite con varios valores de la profundidad de caudal aguas arriba y al final se habrá obtenido una tabla de valores para la profundidad y descarga, a partir de la cual se puede construir una escala hidrométrica. Esta simple calibración asume que el nivel de flujo aguas abajo no es tan alto como para que exista flujo no modular a través de la estructura. En el diseño de un vertedero de cresta ancha a menudo es necesario considerar otros factores que limitan las dimensiones y que restringen las condiciones de flujo, para las cuales la calibración ha sido generada. Detalles más completos sobre el diseño, construcción, calibración y aplicación del vertedero de cresta ancha se pueden obtener de Bos, Replogle y Clemmens (1984).

9.9. CALIBRACIÓN DE COMPUERTAS

Las compuertas de canal pueden operar bajo condiciones de flujo de orificio y como estructuras de canal. En general, cualquiera de estas condiciones puede ocurrir bajo regímenes libres o sumergidos (modular o no modular). El flujo de orificio ocurre cuando la profundidad aguas arriba es suficiente para "sellar" la abertura. En otras palabras, el fondo de la compuerta es más bajo que la elevación de la superficie aguas arriba. La diferencia entre flujo libre y sumergido para la operación de una compuerta como un orificio es para flujo libre, la elevación de la superficie aguas abajo, sea menor a $C_c\ G_o$, donde, C_c es el coeficiente de contracción y G_o es la abertura vertical de la compuerta, medida como referencia, desde el fondo de dicha abertura (se pueden derivar otros criterios más complejos en base a los principios de impulso). Por otro lado, la diferencia distintiva entre flujo libre y sumergido en una estructura de canal es la ocurrencia de la velocidad crítica en la vecindad de la estructura (usualmente una distancia muy corta, aguas arriba de la porción más estrecha de la estructura).

La relación básica para flujo de orificio se puede derivar de la ecuación de Bernoulli que permite asumir que el exponente de la carga para flujo de orificio es 0,50. El coeficiente de contracción teórica, C_c de 0,611, es igual a $\pi/(\pi + 2)$, derivado de la hidrodinámica para el flujo a través de una ranura infinita, y los coeficientes de descarga medidos en el campo, normalmente son de 0,65 a 0,9. Las compuertas radiales pueden ser calibradas en el campo, utilizando las mismas ecuaciones, aunque se han desarrollado ya ecuaciones especiales.

Para condiciones de flujo libre (Q_{libre}) a través de un orificio, la ecuación de descarga es:

$$Q_{libre} = C_d C_v A \sqrt{2g\, h_{ar}} \quad (9.14)$$

donde C_d es el coeficiente de descarga, sin dimensiones; C_v es el coeficiente de carga de velocidad, sin dimensión; A es el área de la abertura del orificio; g es la relación de peso a masa; y h_{ar} se mide desde el centro del orificio hasta el nivel del agua, aguas arriba.

La profundidad aguas arriba, h_{ar}, también puede ser medida desde el fondo de la abertura del orificio, si se considera que la profundidad aguas abajo es de alrededor 0,611 veces la abertura del orificio vertical. De otra forma se asume que la profundidad aguas abajo es igual a un medio de la abertura, y h_{ar} se mide efectivamente desde el centroide del área de la abertura. La selección afectará el valor del coeficiente de descarga.

Si el nivel aguas abajo está también sobre la parte superior del orificio, existen condiciones sumergidas y la ecuación de descarga viene a ser:

$$Q_{subm} = C_d C_v A \sqrt{2g\left(h_{ar} - h_{ab}\right)} \quad (9.15)$$

donde h_{ar} - h_{ab} es la diferencia en las elevaciones de superficie aguas arriba y aguas abajo del orificio sumergido. El coeficiente de carga de velocidad, C_v, se aproxima a la unidad conforme la velocidad de acceso al orificio baja a cero. En los sistemas de riego, se puede asumir que C_v es la unidad, puesto que la mayoría de canales de riego operan bajo pendientes pequeñas y las velocidades de caudal son bajas.

Se puede usar un orificio como dispositivo preciso para medición de caudales en un sistema de riego. Si la estructura del orificio no ha sido calibrada previamente en el laboratorio, ésta puede ser fácilmente llevada al campo. Se puede confiar en que el término carga hidráulica, h_{ar}, (o h_{ar} - h_{ab}) tiene el exponente 1/2, lo que significa que una sola medición de calibración en el campo podría proporcionar una determinación precisa del coeficiente de descarga, C_d. Sin embargo el uso de una sola medición implica el supuesto de un valor constante, C_d, lo cual, en general, no es el caso. A menudo se hacen ajustes a las ecuaciones de orificio tanto para condiciones de flujo libre como sumergido, con el fin de representar el funcionamiento de la estructura como una función de las profundidades y aberturas de la compuerta. Las siguientes secciones presentan diferentes alternativas de ecuación, las cuales toman en cuenta la variabilidad en el coeficiente de descarga, para diferentes condiciones de operación.

9.9.1 Estructuras de compuerta rectangulares de flujo libre

Para una estructura rectangular que tenga una abertura de compuerta, G_o, y un ancho de compuerta, W, se puede obtener la ecuación del caudal en base a la Ecuación 9.14, asumiendo que el coeficiente no de la carga por velocidad es igual a la unidad.

$$Q_{libre} = C_d G_o W \sqrt{2g\left(h_{ar} - \frac{G_o}{2}\right)} \qquad (9.16)$$

donde G_o y W es la abertura vertical y ancho de la compuerta, respectivamente; y G_oW es el área, A, de la abertura de la compuerta.

La profundidad de flujo aguas arriba, h_{ar}, se puede medir en cualquier sitio aguas arriba de la compuerta, incluyendo la superficie aguas arriba de la misma. El valor de h_{ar} variará un poco dependiendo de la localización elegida para medirlo. Consecuentemente, el valor del coeficiente de descarga, C_d, también variará de acuerdo a la localización seleccionada para medir h_{ar}.

Una de las tareas más difíciles en la calibración de una estructura de compuerta es obtener una medida exacta de la abertura de la compuerta, G_o. Para compuertas que tienen una varilla roscada (vástago) que se eleva conforme se incrementa la abertura de la compuerta, ésta se lee desde la parte superior de la rueda de maniobra hasta la parte superior de la varilla con la compuerta cerrada, G_o. Esto usualmente representa una medida de la abertura de la compuerta, desde donde la compuerta está totalmente asentada antes que desde el borde de la misma; esto es, el valor de G_o medido desde la varilla roscada a menudo es mayor que la verdadera abertura de la compuerta. Lo anterior significa que es preferible medir la abertura hacia abajo, en la compuerta misma, no hacia arriba en la varilla roscada. Igualmente, cuando el borde de la compuerta está asentado a la misma elevación que la plantilla de la compuerta habrá, indudablemente, algún flujo o fuga a través de la compuerta. Esto implica que el punto de referencia para medir la abertura de la compuerta está bajo la plantilla. De hecho, a menudo hay fugas desde una compuerta aún cuando esté totalmente asentada.

9.9.2 Estructuras de compuerta rectangular con flujo sumergido

En muchas estructuras de tipo orificio y localizadas en grandes canales, se ha utilizado una forma diferente de ecuación para determinar caudales bajo condiciones de flujo sumergido dando excelentes resultados. Las diferencias en la ecuación incluyen, la abertura de la compuerta y la profundidad aguas abajo como factores que influyentes en la determinación del coeficiente de descarga. La ecuación es la siguiente:

$$Q_{subm} = C_{subm}\, h_s\, W\sqrt{2g\left(h_{ar} - h_{ab}\right)} \qquad (9.17)$$

y,

$$C_{subm} = \alpha\left(\frac{G_o}{h_s}\right)^{\beta} \qquad (9.18)$$

donde h_s es la profundidad aguas abajo con referencia al fondo de la abertura de la compuerta. (ver Figura 9.10), α y β son parámetros empíricos y todos los otros términos son como se los describió previamente. El valor del exponente, β, está usualmente muy cerca a la unidad, y de hecho para que β sea igual a la unidad, la ecuación se revierte a una con un coeficiente de descarga constante (se cancela el término h_s).

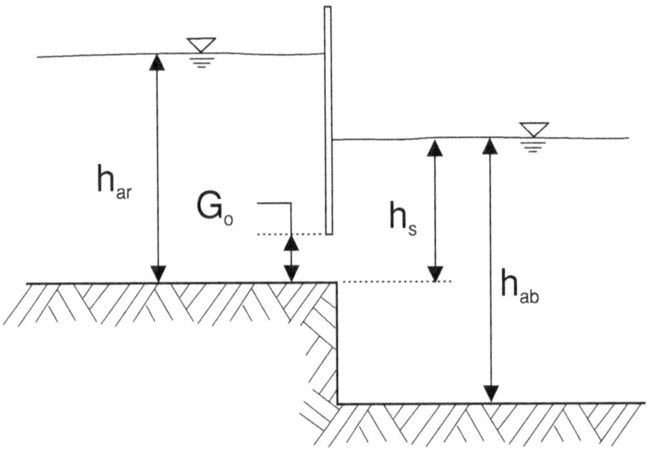

Figura 9.10. Croquis de definición de profundidades para una compuerta con flujo sumergido.

Se puede usar una ecuación similar a la de flujo libre a través de una estructura de compuerta, reemplazando el término h_s, por la profundidad aguas arriba, h_{ar}, y reemplazando (h_{ar} - h_{ab}) por (h_{ar} - $G_o/2$). Se puede usar también la ecuación de flujo libre utilizando (h_{ar} – 0,611 G_o) en lugar de (h_{ar} - $G_o/2$).

9.10. MEDIDORES COMERCIALES

Varios fabricantes producen lo que se ha denominado medidores o molinetes comerciales. Algunos de estos aparatos están diseñados para uso en canales abiertos y otros son para flujo por tubería bajo presión. Los molinetes vienen en una amplia variedad de diseños y tipos y pueden tener una instrumentación no sólo para mostrar el caudal sino el volumen de flujo durante un período de tiempo determinado. Los aparatos de medición comercial para flujo de canal abierto pueden ser compuertas de registro, medidores de deflexión, medidores ultrasónicos, aforadores y vertederos especiales y otros. Para flujo por tubería presurizada, éstos pueden ser contadores de hélice, ultrasónicos, magnéticos, de vórtice, venturi, de boquilla y muchos más. El costo de algunos de estos medidores puede ser alto si se le compara con el de los dispositivos simples como son los vertederos de cresta angosta u otros aforadores en canales abiertos; pero en flujo de tubería presurizada por lo general se usan los medidores de flujo comerciales.

9.11. AFORO CON MOLINETE

Un molinete es un dispositivo mecánico o eléctro-magnético que se coloca en una corriente de agua para obtener una medida de su velocidad. Luego ésta puede ser multiplicada por una área transversal de flujo y así determinar el caudal correspondiente. Hay muchas compañías que fabrican molinetes de buena calidad y los hay de muchos tipos, en donde una de las innovaciones más recientes es el molinete electromagnético. Los molinetes con una unidad rotativa sensible a la velocidad del agua pueden ser del tipo eje vertical o de eje horizontal. El primero de éllos, tiene una copa rotativa sobre un sistema de cojinetes que es más simple en su diseño, más resistente y más fácil de mantener que los el de los molinetes de eje horizontal. Debido al sistema de cojinetes, los molinetes de eje vertical operaran a menores velocidades que los de eje horizontal. Los cojinetes están bien protegidos contra el agua fangosa, y su ajuste por lo general es generalmente menos sensible, dando como resultado que la calibración a menores velocidades, donde la fricción desempeña una función importante, es más estable.

Dos de los molinetes de eje vertical que más se usan son el molinete Price Tipo A y el molinete Price Pygmy. Este último puede usarse con caudales de poca magnitud y a velocidades relativamente bajas. A diferencia de los anteriores, los molinetes de eje horizontal utilizan un propulsor. Debido a la simetría axial en la dirección de flujo, los rotores de eje horizontal alteran menos el caudal en comparación con los rotores de copa de eje vertical. Además de lo anterior, los molinetes de eje horizontal son menos sensibles a los componentes de velocidad vertical en el canal. Debido a su forma, el molinete de eje horizontal es menos susceptible a los taponamientos con pequeños desechos y material vegetativo que se mueven con el agua. Algunos molinetes de eje horizontal comunes son el Ott (Alemania), el Neyrpic (Francia) y el Hoff (EUA). Algunos modelos recientes han demostrado ser precisos y durables cuando se les usa para medir caudales en los canales de riego.

En la actualidad existen molinetes electromagnéticos que poseen un sensor y que muestran en forma digital la velocidad del agua. Algunos de los primeros modelos tenían el inconveniente de que se producía mucha interferencia (ruido electrónico) al operarlos bajo condiciones de flujo turbulento. Los modelos actuales producen lecturas de velocidad más estables y han sido usados con éxito en los canales de riego.

9.11.1 Selección de una sección transversal

Las mediciones de velocidad con molinete se deberán hacer en un tramo recto de canal, donde las líneas de corriente sean esencialmente paralelas. Deberán evitarse las secciones transversales con grandes turbulencias o remolinos y también se deberán evitar las secciones transversales con agua casi estancada cerca de las paredes del canal. Es también una buena práctica evitar las secciones transversales de poca profundidad al centro y donde las velocidades son muy bajas. Rantz (1982), recomienda que las profundidades de flujo excedan 0,15 m y las velocidades de flujo deberán ser mayores a 0,15 m/s. Es preferible seleccionar una sección transversal sin malezas que pudieran interferir en la operación del molinete. El lecho del canal deberá ser bastante uniforme de modo que el área de la sección transversal pueda ser determinada con precisión, y que los perfiles de velocidad registrados estén tan cerca como sea posible a los perfiles estándar.

9.11.2. Técnicas para la utilización de molinetes

9.11.2.1. Vadeo

El método de vadeo requiere que el técnico permanezca en el agua sujetando una varilla de vadeo con el molinete unido a la misma. La varilla esta graduada de tal manera que se pueda medir la profundidad del agua. La varilla tiene además una placa de metal al pie para poderla asentar en el lecho o solera del canal. El molinete puede colocarse a cualquier altura en la varilla y puede ser ajustado facilmente a otra altura por el hidrografo mientras esta en el agua. Una cinta métrica se tiende desde un banco hasta el otro, esta cinta puede ser de metal o tela. La cinta se coloca perpendicular al la dirección del flujo. El zero de la cinta no necesariamente tiene que coincidir con la orilla del agua en uno de los bancos. Esta cinta se usa para definir la localización de la varilla cade vez que se hace una medida con el molinete.

La varilla es sostenida cercanamente a la cinta. El hidrógrafo se para de lado a la dirección del flujo, dando la cara a uno de los bancos. El hidrógrafo se coloca de pie de 5 a 10 cm aguas abajo de la cinta y aproximadamente a unos 50 cm hacia un lado de la varilla. Durante la medida, la varilla debe ser sostenida en posición vertical y el molinete debe de estar paralelo a la dirección del flujo. Si la velocidad del flujo en el banco no es zero, entonces la velocidad en este punto debería de ser estimada como un porcentaje de la velocidad en el punto de medida más cercano (la vertical más cercana). En consecuencia, el siguiente punto de medida debería estar lo más cercano posible al banco, para minimizar el error en la descarga calculada para la sección adyacente al banco.

9.11.2.2 Puente

Muchos de los canales de riego tienen puentes de paso, los cuales pueden servir como reguladores transversales de flujo, sin embargo, éstos podrían no estar bien ubicados si se quieren utilizar como puntos de medición de caudales. A diferencia de los puentes, las alcantarillas han demostrado estar bien localizadas para tal fin, las medidas de caudales usualmente se hacen en la salida de la alcantarilla aguas abajo donde generalmente ocurren líneas de flujo paralelas. Los puentes tienen a menudo pilares que tienen la tendencia de recoger desechos en su superficie aguas arriba, los mismos que deberán ser retirados antes de tomar las lecturas con el molinete. Para las lecturas desde el puente, se puede usar una cuerda o un cable con aspa guía. Se coloca una pesa en la parte inferior del cable o cuerda, la misma que se coloca sobre el lecho del canal con el fin de que el cable no se mueva como resultado de la corriente del agua. Luego se coloca el molinete en cualquier lugar que se requiera para tomar cada lectura.

En el caso de una cuerda se baja la pesa desde el puente hasta el lecho del canal y se registra la lectura en el cable manual graduado. Luego se levanta la pesa hasta que se asiente sobre la superficie del agua y se registra la diferencia en las dos lecturas, como la profundidad del agua. A continuación se coloca el molinete en el sitio apropiado de la cuerda para tomar la medida de la velocidad. Si se requiere una pesa mayor a 10-15 kg con el fin de tener una línea de cuerda estable, casi vertical, se puede, entonces, usar un ensamblaje de grúa y carrete. Se monta el carrete sobre la grúa diseñada para pasar sobre el barandal y para guiar la línea de cable de medición, evitando cualquier interferencia con la estructura del puente. La grúa está unida a una base movible con el fin de poder transferir el equipo de un punto de medición a otro (Corbett y otros 1943).

9.11.2.3. Cable transportador

En el caso de canales o ríos muy anchos, con profundidades de agua que exceden los 150 cm, se coloca sobre el agua un cable con soportes verticales en cada orilla, los mismos que deben ser anclados en forma segura para que tengan estabilidad. El cable sujeta un vagón (caja) que se mueve bajo el cable mediante poleas. El vagón transporta al técnico y al equipo de medición. El cable tiene marcadores que permiten conocer la localización a través del canal. Para lo anterior, se utiliza una cuerda o un carrete de cable dependiendo del tamaño de la pesa.

9.11.2.4. Bote

En el caso de algunos canales extremadamente anchos, como aquellos que se encuentran a menudo en la India, la instalación de un cable transportador es un gasto significativo. Consecuentemente, por lo general se emplea un bote en lugar del cable. En este caso se usa una línea manual o un ensamblaje con carrete de cable.

9.11.3. Metodología para medir la velocidad

9.11.3.1. Método de velocidad vertical

El método más completo para establecer la velocidad media en una sección vertical es tomar una serie de medidas de velocidad con el molinete en varias profundidades en sentido vertical. Generalmente, el molinete se coloca bajo la superficie del agua a un décimo de la profundidad para tomar la primera medida de velocidad. Luego se coloca a dos décimos de profundidad y así sucesivamente hasta que se ha medido la velocidad en los nueve décimos bajo la superficie del agua. Cuando se ha completado este procedimiento en varios perfiles de la sección transversal, se registran los datos en una gráfica. La profundidad relativa del agua, que varía de cero en la superficie a la unidad en el lecho del canal, se registra en la ordenada, comenzando con cero en la parte superior de la escala y con la unidad en la parte inferior de la escala de ordenadas. Se registra la velocidad en la abscisa y se traza una curva siguiendo los puntos de datos para cada vertical, a partir de lo cual se puede determinar la velocidad media para cada una. El procedimiento y análisis de datos de campo por este método ocupan algún tiempo, de modo que a menudo se usan métodos más sencillos. A continuación se describen algunos de los métodos más comunes.

9.11.3.2 Método de dos puntos

La técnica más común para determinar la velocidad media en una vertical es el método de dos puntos. En base a muchas décadas de experiencia, se realiza una medición con molinete en dos profundidades relativas de agua: 0,2 y 0,8 de la profundidad total, medidas desde la superficie del agua. Se asume que el promedio de las dos medidas es la velocidad media en la vertical. Sin embargo, el perfil de velocidad a veces se distorsiona o no es estándar y el promedio de estas dos velocidades no representa la velocidad promedio real en la vertical. Por ejemplo, las medidas tomadas aguas abajo de una estructura pueden tener varias velocidades altas cerca de la superficie del agua, que pueden ser observadas visualmente, o cerca del lecho del canal, que pueden ser sentidas por el técnico cuando utiliza el método de vadear la corriente. Si se cree que hay un perfil de velocidad no estándar en la sección transversal, se deberá usar, en lugar de éste, el método de velocidad vertical. De otra manera la precisión de la medida será cuestionable.

9.11.3.3 Método de seis décimos

En agua poco profunda (menor a unos 75 cm) se puede usar el método de seis décimos. Sin embargo, poco profundo es un término relativo que depende del tipo y tamaño del molinete. Se toma una sola medida con el molinete en una profundidad relativa del agua de 0,6 veces la profundidad total bajo la superficie. Se considera que la velocidad resultante es la velocidad media en la vertical. En los canales se usa a menudo este método en la primera vertical de cada orilla, mientras que el método de dos puntos se usa en todas las otras verticales en la sección transversal. Sin embargo, no se deberá usar el método de seis décimos en forma general a través de la sección completa del canal porque se pueden producir errores de estimación del caudal en el orden del 10% o mayor.

9.11.3.4 Método de tres puntos

El método de tres puntos es una combinación de los métodos de dos puntos y seis décimos. El valor de velocidad promedio de las profundidades relativas de 0,2 y 0,8 se promedia con la velocidad a la profundidad relativa de 0,6 para producir una velocidad basada en tres puntos de profundidad. Este método no es tan común como los de dos puntos y seis décimos. Este toma en cuenta más medidas para la velocidad promedio pero no es necesariamente es más exacto que los dos métodos anteriores.

Capítulo 10

POLÍTICAS Y MANEJO

10.1. INTRODUCCIÓN

El riego es frecuentemente subsidiado por los gobiernos como un medio para promover objetivos que se consideran beneficiosos e importantes para el país. Algunos de los posibles objetivos nacionales incluyen:

1. Promover que el crecimiento en la producción de alimentos sea mayor al incremento en las demandas de alimento de la población;
2. Reducir los riesgos de escasez de alimentos debido a las sequías;
3. Proporcionar una producción alimentos y fibras acorde a las necesidades de la población.
4. Producir para mercados de exportación y promover el crecimiento económico interno;
5. Crear oportunidades de empleo, incrementar la demanda de productos agrícolas y promover el crecimiento económico; y
6. Prevenir la migración masiva de las áreas rurales a las urbanas mediante el mejoramiento en las condiciones de vida de la población rural.

La construcción de un sistema de riego puede contribuir al logro de los objetivos nacionales pero también podría volverse una carga para el gobierno y para los contribuyentes. La agricultura tradicional con riego, en granjas de tamaños de subsistencia, con poco acceso a otros factores de producción, con una organización principalmente controlada por funcionarios gubernamentales, no puede contribuir en mucho a la consecución de los objetivos anteriormente mencionados. El propósito de este capítulo es proporcionar una mayor comprensión de la forma en como el padrón de cultivos seleccionado, el tamaño de la granja o el tamaño de la unidad operativa, el manejo de los recursos, aparte del agua, y la estructura organizacional, pueden contribuir a lograr mayores beneficios para la población y el país en conjunto.

El Estado de California en los EUA ha desarrollado una economía agrícola bajo riego bastante exitosa, en donde la fortaleza de la economía y el rápido crecimiento económico han estado influenciados por una economía agrícola altamente competitiva, con pocas barreras a nivel particular - a nivel de granja; Pero los agricultores individuales, en muchos casos, no son competitivos en los mercados finales, de modo que ellos, en ocasiones se han reunido en corporaciones para poder competir en el mercado. Bajo este concepto, tanto algunos sectores de exportación como el manejo del riego están dominados por grandes cooperativas.

Las cooperativas y las organizaciones de agricultores ha dado como resultado un rápido crecimiento del área bajo riego, así como de la tecnología de manejo de cultivos correspondiente; así, los agricultores han apoyado en gran magnitud la investigación agrícola, financiándola ellos mimos. Por otro lado, los encargados de los sistemas de riego han tenido mucho éxito en obtener subsidios por parte del Gobierno para la infraestructura necesaria; por ejemplo, para el proyecto de agua estatal en California los encargados del riego y otros usuarios pagan alrededor del 80% de los costos del proyecto, mientras que del ingreso por generación eléctrica se paga el 13% de dichos costos; la parte restante proviene del gobierno.

El *U. S. Bureau of Reclamatio*n proporciona agua para alrededor de 800.000 ha en California; de esto, los contribuyentes federales pagan el 13% de los costos, mientras que la energía proveniente del proyecto de Central Valley paga el 65%. En los Estados Unidos, los proyectos federales y estatales venden el agua a los distritos u organizaciones de riego de propiedad de los agricultores, las cuales son manejadas por ellos mismos. Las organizaciones de usuarios del agua están estructuradas en diferentes formas, pero se puede considerar que la mayoría son consideradas como cooperativas. Algunos distritos de riego subsidian los costos O&M a los usuarios del agua para fines agrícolas, a través de la venta tanto de agua como energía eléctrica a otros usuarios.

10.2. MANEJO DEL AGUA

El manejo del agua involucra el conocer la forma en que ésta se aplica, a dónde va, luego de su aplicación y la calidad de la misma. Sin embargo, a menudo incluye algo más que indicadores de rendimiento técnico. Por ejemplo, el manejo del agua puede ser considerado, en términos de un objetivo final relacionado con su uso; así, las perspectivas de manejo del agua pueden ser radicalmente diferentes (ver la Tabla 10.1).

Tabla 10.1. Ejemplo de perspectiva de manejo del agua, según la especialización.

Especialización	Perspectiva sobre el buen manejo del agua
Ingeniero	Uso eficiente del recurso agua
Agricultor	Disponibilidad del agua y rendimiento de los cultivos
Sociólogo	Equidad en la distribución del agua y apego a prácticas tradicionales
Agrónomo	producción agrícola, control de plagas y enfermedades
Economista	Utilidad, mercados, beneficios económicos
Ambientalista	Daño mínimo al medio ambiente (calidad del agua, inundación, tierras de pantanos)
Político	Limitar la migración rural a las ciudades; promover el bienestar rural

Los temas técnicos relacionados con el desarrollo y uso del agua a menudo tienden a ser particularizados y en detalle; mientras que los de tipo político tienden a dominar mayores escalas, puesto que mucha gente y tal vez múltiples países se ven afectados por las decisiones de desarrollo y manejo; así, estos últimos temas involucran muchos factores importantes como son la economía, el impacto ambiental, problemas sociales, seguridad nacional y factibilidad técnica. En muchos casos, los problemas técnicos son sólo una parte del problema global. La Figura 10.1 proporciona una representación esquemática del dominio que tienen los temas técnicos o políticos en áreas correspondientes a escalas micro y macro.

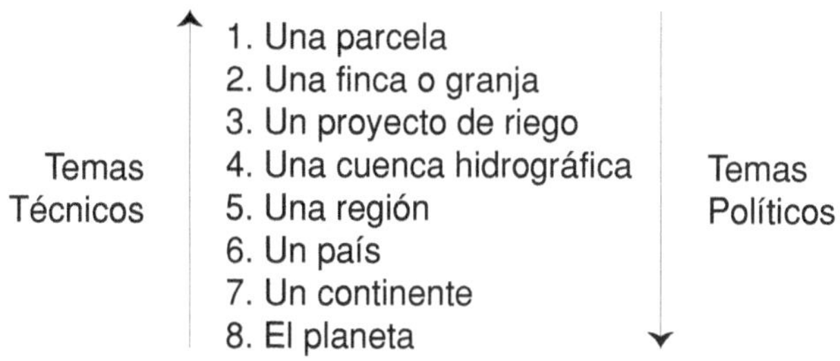

Figura 10.1. Temas técnicos y políticos en el desarrollo de los recursos hídricos y riego para diferentes escalas.

Las decisiones de manejo del agua en grandes áreas se pueden basar en criterios muy complejos debido al deseo de limitar los efectos perjudiciales que producen la demasiada o muy poca agua. Adicionalmente, los "efectos perjudiciales" pueden ser interpretados en diferentes formas y desde diferentes perspectivas: (1) seguridad pública; (2) inversiones y actividades económicas humanas, en general; (3) municipalidades; (4) producción agrícola; y (5) conservación del medio ambiente. Las principales represas y reservorios de agua tienen a menudo funciones conflictivas. Estas pueden usarse para:

1. Generar electricidad;
2. Proporcionar agua de riego;
3. Proporcionar agua para el municipio y la industria;
4. Control de inundaciones; y
5. Proveer espacios para recreación y pesca.

Las funciones de suministro de agua y de control de inundaciones son dicotomías operativas en las que se prefiere un reservorio lleno para la primera y un reservorio vacío para la segunda. A menudo se vuelve aun más complicado cuando en ciertos momentos del año hay peligro de inundaciones y en otros momentos hay la necesidad de un suministro completo de agua, debido al clima cálido y seco. El uso del agua para la agricultura puede ser muy alto comparado con los otros usos. Los requerimientos máximos en el año de agua por los cultivos generalmente no coinciden con el caudal máximo de las corrientes, especialmente en áreas áridas y semiáridas. De modo que, hay la necesidad de almacenar el agua para posibilitar el riego de los cultivos cuando el agua no está disponible, por lluvia. En algunos reservorios se baja intencionalmente el nivel del agua, al menos en forma temporal, durante la primavera para ayudar a que las riberas se sequen y así reducir la existencia de mosquitos. Otros reservorios no tienen compuertas de control y se usan exclusivamente para controlar las inundaciones y no para almacenamiento a largo plazo.

La hidrología de las cuencas hidrológicas puede cambiar mucho de un año a otro y a veces es difícil predecir los caudales pico y los hidrogramas de entrada. En la actualidad se hace mucho esfuerzo para predecir las aportaciones de las cuencas hidrológicas a los principales reservorios; lo anterior es debido a que con éstas predicciones se pueden evitar algunos de los conflictos de uso, existentes en los reservorios. Sin embargo, si las predicciones son erradas la misma represa podría estar en riesgo debido a un sobre-llenamiento, o el reservorio podría quedar con poca agua al inicio de una estación seca. Si al reservorio llegan afluencias inesperadamente altas, podría ser necesario proteger la represa, dejando salir los caudales en exceso a la magnitud de afluencia (mayor a los caudales que correrían por el río sin una represa). Esto puede causar inundaciones aguas abajo. Algunos ríos, como el Colorado en la zona oeste de los EUA, tienen varias represas que son altamente monitoreadas y controladas. Si una represa aguas arriba libera una gran cantidad de agua en muy corto tiempo, las represas aguas abajo deben ser operadas adecuadamente, de modo que no comprometan las funciones de almacenamiento y control de inundaciones que cada una debe cumplir.

10.3. SELECCIÓN DEL PADRÓN DE CULTIVOS

Hay varios factores que interactúan para determinar si un cultivo particular tendrá una ventaja económica competitiva. Estos incluyen el tipo de suelos, clima, costos de mano de obra, nivel de tecnología y demanda de mercado. Se requiere de un análisis de cultivo por cultivo. Se pueden crear oportunidades de empleo mediante la selección de cultivos con altos requerimientos de mano de obra. Sin embargo, el éxito económico podría no estar en ésta variable.

Adams en (1953) mostró buenos rendimientos de alrededor del 50% sobre el promedio para una variedad de cultivos en California. Los rendimientos actuales varían considerablemente, pero promedian alrededor de dos veces a aquellos mostrados por Adams. Los datos de Adams (1953) se usaron para resumir el promedio por hectárea de horas-persona de mano de obra, ingreso bruto e ingreso neto para 15 hortalizas, 16 de frutales, 9 cultivos de grano y 4 de otros cultivos. Los de grano incluyeron variedades de frijol, linaza, sorgo en grano, avena, arroz y trigo; mientras que otros cultivos incluyeron alfalfa, algodón, papa y remolacha. La Tabla 10.2 muestra la información correspondiente.

Por otro lado, Moulton y otros (1987) dieron algunas estimaciones de los requerimientos de mano de obra durante 1986-87 para cultivos seleccionados en California. Con el fin de hacer una comparación de éstas variables, en la Tabla 10.3 se muestran comparativamente los requerimientos de mano de obra de 1951 y 1986-87 para los cultivos seleccionados.

Durante un período de aproximadamente 35 años en California la producción promedio de tomates se duplicó, la del arroz se triplicó y las producciones de fresas casi se cuadruplicaron. Los mayores rendimientos mejoraron los beneficios económicos y en algunos casos incrementaron significativamente la demanda de mano de obra. La Tabla 10.3 indica un incremento del 10 por ciento en los requerimientos de mano de obra por hectárea durante el período de 35 años. Un rápido incremento en el avance de la tecnología creó un pequeño aumento en los requerimientos de mano de obra por hectárea. El costo de mano de obra en porcentaje de los costos totales de producción, para los cultivos que se enumeran en la Tabla 10.2 tienen los siguientes promedios: frutas y nueces 40%; vegetales 64%; y cereales 24%. Los beneficios netos en porcentaje del valor total del cultivo promediaron 26, 44, 47 y 55%, respectivamente, para los cuatro tipos de cultivo.

Tabla 10.2. Requerimientos de mano de obra, ingreso bruto y neto por tipo de cultivo (precios de 1951).

Tipo de cultivo	Persona-horas por hectárea	Ingreso bruto ($/ha)	Ingreso neto ($/ha)
Hortalizas	524	1669	435
Frutales	424	1556	678
Granos (cereales)	45	321	109
Alfalfa y pastos	132	1056	581

Tabla 10.3. Requerimientos de mano de obra, ingreso bruto y neto en los cultivos seleccionados de California.

Cultivo	Rendimiento del cultivo, mano de obra e ingreso neto en 1951 (Adams 1953)				1986-87
	Rendimiento normal (ton/ha)	Buen rendimiento (ton/ha)	Requerimiento mano de obra (hr/ha)	Ingreso neto (USD $/ha)	Requerimiento, mano de obra (hr/ha)
Alfalfa	11,3	18,0	90	256	37
Almendra	0,8	1,1	168	142	55
Espárrago	2,3	3,4	209	273	370
Aguacate	1,8	3,4	197	460	325
Melón	14,7	22,5	325	592	573
Zanahoria	19,2	31,6	639	733	582
Coliflor	11,3	18,0	254	137	402
Melocotón	18,0	27,1	770	1163	580
Sorgo	1,7	2,8	71	27	17
Toronja	20,3	25,4	315	424	198
Limón	36,5	45,7	705	1674	680
Avena	1,1	1,7	17	38	17
Ciruelo	4,5	6,8	168	255	476
Uva	2,3	4,5	200	260	255
Arroz	2,8	4,5	28	136	30
Trigo	1,7	2,3	15	28	12
Promedios	--	--	261	412	288

Observación: Los requerimientos de mano de obra para 1951 son para buenos rendimientos (alrededor del 50% sobre el promedio), y para 1986-87, corresponden a los rendimientos promedio de los cultivos indicados.

Los cultivos que requerían mayor mano de obra produjeron los mayores beneficios. En 1951, los costos de mano de obra en las granjas en el Estado de California, estuvieron alrededor de USD $1,00 por hora. El ingreso neto (IN) en US$/ha, basado en los valores de la Tabla 10.3 esta en función de las horas de mano de obra utilizada por hectárea (Hr). Los resultados de regresión dan: IN = -28 + 1,68 Hr, con un coeficiente de determinación, r^2, de 0,83.

10.4. TAMAÑO DE LA GRANJA BAJO RIEGO

En las áreas sobre-pobladas con altos índices de desempleo y baja utilización de la fuerza laboral, en ocasiones el desarrollo de tierras para riego ha estado dividido en pequeñas granjas de subsistencia. En California, un período de mayor mecanización y consolidación de las granjas dio como resultado mayores demandas de mano de obra. En sentido contrario, en muchos países en desarrollo, la creación de pequeñas granjas de subsistencia podría no producir un incremento significativo en el empleo rural ni tampoco en el crecimiento económico nacional. En Grecia, se adoptó un tamaño mínimo de granja bajo riego de cuatro hectáreas. Por otro lado, en Haití un equipo de planificación recomendó un tamaño de granja mínimo de tres hectáreas para el cultivo del arroz con riego. En el Sudán, la aceptación de un tamaño de bloque regado de 36 hectáreas, manejado esencialmente como una unidad por un grupo de agricultores, mejoró el manejo y facilitó el éxito del riego. En un país, antes de la aprobación de un préstamo, el Banco Interamericano de Desarrollo (BID) exigió que las tierras a ser regadas y cultivadas fuesen de 20 hectáreas. De esta manera, la entrega del agua en forma rotativa a los bloques de pequeños propietarios es un método que simplifica el manejo del agua.

Es necesario hacer un análisis cultivo por cultivo para comprender la influencia que tiene el tamaño de la granja sobre la ventaja competitiva y demandas de mano de obra, así como la influencia de otros factores. Con frecuencia, hará falta importar nuevas tecnologías y conocimientos para mantener una ventaja competitiva y un continuo crecimiento del capital en una cambiante tecnología de producción. Debido a mejores tecnologías y mayor acceso a los recursos, los rendimientos de los cultivos en las granjas de mayor extensión son frecuentemente más altos.

10.5. MANEJO DE LA CUENCA HIDROLÓGICA

El manejo de la cuenca hidrológica, aguas arriba, desde una desviación de riego, puede ser importante y aún esencial para el éxito a largo plazo de la infraestructura de riego. Las aportaciones de agua en la parte baja de la cuenca, están relacionadas con el tipo de vegetación aguas arriba en dicha cuenca. La seguridad de los trabajos del sistema puede depender de las condiciones de la cuenca hidrológica y de las prácticas de uso de la tierra en la misma. Estas condiciones están indicadas por el valor de lo que se denomina número de la curva de escurrimiento (Hudson 1981), la cual indica la cantidad de lluvia y nieve derretida que aparece aguas abajo como escurrimiento; dichos valores varían de acuerdo al uso de la tierra y la cubierta vegetativa, las prácticas de manejo del suelo, las condiciones hidráulicas y los grupos hidrológicos de suelo. La lluvia efectiva dentro del área regada también depende de la humedad antecedente en el suelo y de los factores anteriores.

Cuando un fuego destruye los árboles o matorrales en una cuenca hidrológica, las corrientes que permanecen secas durante el verano, a menudo vuelven a correr y las vertientes muertas durante largo tiempo podrían comenzar a fluir nuevamente. Si hay plantas de raíces poco profundas, como matorrales, ocupando la cuenca hidrológica despejada, continuará fluyendo agua adicional. Posteriormente, si se permite que vuelvan a crecer los árboles y matorrales, el agua adicional desaparecerá gradualmente durante unos pocos años. También correrá mucha más agua durante la estación húmeda, si los árboles y matorrales son reemplazados por vegetación de raíces poco profundas.

La mayor parte de la lluvia es consumida por la vegetación nativa o modificada. La evaporación de los suelos no cubiertos por vegetales es mucho menor que la transpiración de una cubierta completa de plantas. El escurrimiento de una lluvia de 100 mm puede ser insignificante si la cuenca hidrológica tiene buena vegetación y está bien manejada. Si después del cultivo se deja la misma área sin vegetación, el escurrimiento podría igualar los dos tercios de la lluvia. El transporte de sedimentos, rocas y desechos se incrementa exponencialmente de acuerdo a la descarga de la corriente, como ocurre con la posibilidad de daño a las instalaciones de riego.

En muchas áreas tropicales, las presiones poblacionales han dado como resultado el desmonte y cultivo en cuencas hidrológicas, aguas arriba de los sistemas de riego. El incremento resultante en erosión e inundaciones y la basura, lodo y deposición dentro de la corriente y de los canales del sistema, ha destruido numerosas instalaciones de riego pequeñas y ha dañado seriamente algunos sistemas de riego grandes. En estos casos, el escurrimiento en la estación húmeda desde las cuencas desnudas se incrementa, pero el flujo base de la estación seca pueden disminuir.

Hay una interacción muy importante entre desarrollo de riego y conservación de la cuenca hidrológica. En algunas regiones, el riego de las planicies y valles ha producido condiciones bastante mejoradas en la cuenca. Sin embargo, la explotación y pastoreo excesivo de las cuencas hidrológicas ha llegado a ser mucho menos beneficioso que la agricultura con riego, de modo que se ha vuelto fácil de promover programas de conservación de suelo y agua.

En algunos países en desarrollo el descuido por parte de los gobiernos para mantener la infraestructura de los sistemas de riego manejados por el Estado, ha producido resultados desastrosos. En el mismo sentido, debido al incremento de la población y a la rápida declinación en el área realmente regada, la explotación de las cuencas hidrológicas ha aumentado rápidamente. Lo anterior ha dado como resultado una mayor erosión, mayores inundaciones y una disminución adicional en la producción; así, muchos proyectos de riego han sido destruidos en gran medida por esta interacción. En un país, una inspección de los proyectos de riego implementados indicó que muchos se habían vuelto inoperativos y, de aquellos que estaban todavía en operación, solamente uno no había sufrido serias reducciones en su productividad.

10.6. ORGANIZACIÓN Y MANEJO

En algunos países la mayor parte de las instalaciones de riego han sido construidas y manejadas por la iniciativa de los usuarios de agua. Esto, usualmente, ha dado como resultado beneficios muy satisfactorios para los individuos y para el país. La iniciativa individual ha sido fomentada mediante varios subsidios. Los proyectos más grandes que incluyen grandes represas y canales casi siempre requieren de la iniciativa gubernamental. Lo anterior es debido a que las agencias gubernamentales pueden operar reservorios para propósito múltiple, al mismo tiempo que venden el agua a ser distribuida, a través de las asociaciones de riego que están controladas principalmente por los agricultores.

En los países en desarrollo podría ser conveniente mantener un control mixto de los sistemas de entrega de agua, tanto por parte de los agricultores como por los funcionarios gubernamentales. Las organizaciones controladas principalmente por funcionarios del gobierno son numerosas y se las encuentra en muchos países. Sin embrago, donde los funcionarios gubernamentales controlan totalmente la organización de riego existen dos posibilidades:

- Son granjas estatales (grandes unidades de producción)
- O son proyectos de colonización (granjas de tamaños pequeños, usualmente de subsistencia).

Estos sistemas organizativos impuestos por el Gobierno usualmente no han producido el nivel deseado en producción ni en los beneficios del riego. Por otro lado, las asociaciones de riego a menudo han sido estimuladas y promovidas por los gobiernos, las cuales son organizaciones conformadas por particulares, que ven el beneficio de los usuarios pudiendo incluir la posibilidad de otros usos aparte del riego. De estas organizaciones hay de muchos tipos: aquellas en donde la votación podría ser por usuario, sin considerar el área regada, o podría ser por área regada o de otro tipo. La estructura suele incluir el siguiente cuerpo ejecutivo:

- Asamblea general, compuesta de todos los usuarios del agua
- Junta de directores, elegidos por la Asamblea General

- Un gerente, responsable ante la Junta de Directores
- Unidades ejecutivas, para funciones específicas

Los objetivos pueden variar considerablemente y las políticas podrían no siempre ser consistentes con los objetivos anunciados. Esto ocurre frecuentemente debido a que se hacen generalizaciones sin un previo análisis cuidadoso de los objetivos perseguidos por este tipo de organizaciones.

Se puede alcanzar en forma más efectiva una suficiencia de granos básicos para la alimentación produciendo cultivos de alto valor para la exportación. El beneficio para el mayor número de personas podría surgir del incremento del tamaño mínimo o promedio de granja, de forma que se fomente un nivel técnico más alto en la agricultura y se alcance el consiguiente incremento de la demanda de mano de obra y de crecimiento del capital.

La existencia de electrificación rural y la obtención de altos réditos económicos en las tierras localizadas en los valles, podría desanimar la explotación y recolección de leña en la cuenca hidrológica. Como resultado se contaría con las políticas necesarias para la protección de la cuenca, de modo que se pueda asegurar una extensa vida útil para las instalaciones de riego en los valles. Los programas de investigación sobre riego y la extensión y la formación de asociaciones de riego, con frecuencia mejoran la productividad del sistema y reducen las demandas de fondos gubernamentales para la continuación de las operaciones. Esto puede hacer que se disponga de más dinero para invertirlo en nuevos proyectos.

Se deberán evitar cuidadosamente las generalizaciones. Las organizaciones y políticas alternativas necesitan ser evaluadas caso por caso y se deberán seleccionar aquellas que parezcan proporcionar los beneficios máximos para los ciudadanos y para la nación.

10.7. POZOS DE AGUA SUBTERRÁNEA

Debido a que Los períodos de lluvias bajo la normal pueden extenderse de cinco a diez años y el suministro de agua de los almacenamientos, puede variar año con año, los pozos de profundos de extracción de agua, pueden constituirse en una influencia estabilizadora vital para la agricultura.

En algunas condiciones, los pozos deberán ser usados principalmente para cubrir los déficits de otras fuentes de suministro de agua. Sin embargo, en otras, estos pueden proporcionar el único suministro de agua económicamente posible. A pesar de esto, el uso del agua subterránea debe ser limitado. Se estima que el 10% del área regada en el mundo depende del agua subterránea recurso que es no sustentable.
Los grandes proyectos de riego pueden necesitar de largos períodos de construcción y otras realizaciones antes de alcanzar su uso potencial total.

Este período puede ser tan largo como de 10 a 20 años. Durante este período de desarrollo, el interés sobre la inversión en las instalaciones aún no utilizadas totalmente puede convertirse en una carga y puede desanimar la construcción de grandes sistemas de riego en el futuro. En varias áreas se ha encontrado que es conveniente sobre utilizar los acuíferos y explotar el agua subterránea por varios de años antes de hacer la construcción de las instalaciones de riego superficial. Este procedimiento puede acortar el período de desarrollo del proyecto a solo unos pocos años, pero la sobre-explotación del acuífero causa un daño irreversible cuando éste colapsa parcialmente.

El desarrollo inicial del riego, por medio de pozos, ha creado en muchos casos una gran demanda de proyectos de almacenamiento y conducción a gran escala; de la misma manera, ha proporcionado la experiencia necesaria, así como la justificación para un mejor desarrollo. Sin embargo, las leyes que gobiernan el uso de agua superficial y subterránea son a menudo inadecuadas o ambiguas.

10.8. LEY DE AGUA Y DERECHOS DE SU USO

En general las leyes del agua rigen su uso por parte de las personas y del público en general; las cuales, pueden variar significativamente de una región a otra. Los registros históricos muestran que las leyes del agua han cambiado, conforme han ido surgiendo problemas, necesidades y cambio en la percepción del público sobre los derechos de uso de agua por parte de la población. Gran parte de las leyes iniciales tratan específicamente sobre el agua superficial pero recientemente ha habido una mayor concientización sobre la necesidad de una legislación que ordena también el uso de los recursos subterráneos.

En la zona oeste de los EUA hay dos tipos básicos de derechos del agua que han sido establecidos durante los últimos 150 años, los cuales persisten hasta el momento. Al primero de éstos se lo conoce como derecho ribereño, el cual rige el uso privado del agua en tierras *ribereñas*, que son propiedades adyacentes (o al borde) a una corriente natural o lago. Normalmente se considera que los derechos de agua ribereños están ligados a la tierra y el propietario de esta última puede usar el agua cuando lo desee. Sin embargo, en algunas áreas se considera ilegal que un usuario de agua ribereña la almacene en su propiedad por mas de 30 días (típicamente), o que importe agua de una cuenca hidrológica que no esté al borde de la propiedad. Los derechos ribereños no pueden ser transferidos a otras áreas. Ellos permanecen con la tierra.

El otro tipo de derecho del agua es el derecho por apropiación, el cual se adquiere ya sea por "apropiación previa" (primer uso) de un recurso de agua o mediante algún tipo de permiso. A diferencia de los derechos ribereños, los derechos por apropiación pueden existir sin que exista una relación particular entre la proximidad de la tierra y el recurso de agua. Además, a los poseedores de estos derechos, por lo general se les permite almacenar el agua en su propiedad por un tiempo indefinido. En el caso de una apropiación previa, el usuario presenta una demanda sobre el agua con el argumento de que ésta no ha sido usada previamente por nadie más. Las apropiaciones previas fueron comunes en las áreas mineras de la zona oeste de los Estados Unidos durante los años 1800. Actualmente, es más común la apropiación por permiso porque los recursos de agua disponible se están volviendo más explotados (algunos podrían opinar que ellos ya están totalmente explotados).

Los derechos ribereños son generalmente más antiguos y tienen precedencia sobre los derechos por apropiación, pero estos últimos realmente controlan un mayor volumen de agua en la zona oeste de los Estados Unidos. Algunos poseedores de los derechos de agua ribereños no hacen uso del agua disponible creando un derecho ribereño "inactivo", pero dicha inactividad no implica necesariamente la pérdida del derecho aunque hayan pasado muchas décadas. Aquellos con derechos por apropiación sobre el agua, con derechos ribereños inactivos, siempre corren el riesgo de que los derechos ribereños sean reafirmados. Esto ha ocurrido en más de un caso. Los derechos ribereños y por apropiación tienden a ser conflictivos y han surgido innumerables disputas legales entre los poseedores o demandantes de dichos derechos. Como resultado han habido muchos juicios y mucha adjudicación de recursos de agua. La ley de agua es ahora una área de especialización para muchos abogados en la zona oeste de los EUA y el número de pleitos legales sobre los derechos de agua posiblemente no disminuirá en un futuro previsible.

Los derechos de agua se interpretan generalmente como usufructuarios, lo cual significa que la gente puede tener derechos al uso del agua pero no ser su dueño. Adicionalmente, muchas definiciones legales requieren actualmente que todo uso del agua, sin consideración del tipo de derecho, debe ser razonable y beneficioso. Esto implica que se deberá evitar el desperdicio del agua y de conservar la calidad de la misma, pero la definición legal real, de "razonable y beneficioso" no está explícitamente definida en las leyes actuales. De este modo, éste es uno entre varios puntos que están sujetos a una amplia interpretación por parte de los individuos y de las cortes judiciales. Algunos prevén un mayor énfasis en los derechos públicos del agua a través de la doctrina de confianza pública, la cual afirma que los recursos especificados son de propiedad del público en general.

10.9. EL RIEGO Y SU RENTABILIDAD

Muchos miles de millones de dólares se han gastado en proyectos de riego en la zona oeste de los EUA durante los pasados 100 años, aunque sólo una pequeña fracción (1-3%) de las tierras desérticas han sido "recuperadas". Sin embargo, los proyectos de recuperación ofrecen otros beneficios, como son la hidroenergía (electricidad), recreación, control de inundaciones y otros. Además, los usuarios del agua han pagado ya una gran porción del capital ocupado en proyectos financiados federalmente y por el Estado.

En la actualidad, más de la mitad de todo el financiamiento del Banco Mundial para obras de riego está dirigido al mejoramiento y rehabilitación de antiguos sistemas de riego. La FAO resumió las condiciones relativas al riego en el Africa; así, esta organización, indica que el área total regada excede los 12 millones de hectáreas, en donde el 30% del área está ocupada con arroz y un 34% con otros cereales. El 16% tiene hortalizas y cultivos industriales y gran parte del arroz se produce en áreas donde la lluvia es excesiva durante tres o más meses. En la Tabla 10.4 se proporcionan los costos reportados por la FAO (1995) para el desarrollo de nuevos sistemas de riego, (dólares americanos por hectárea).

La Tabla 10.2 indica que los frutales y hortalizas requieren diez veces más mano de obra que los granos, produciendo alrededor de cinco veces el beneficio. El ingreso neto de estos cultivos promedió de 26 al 55% del ingreso bruto. Los ingresos brutos por hectárea de las granjas fueron calculados a partir del informe anual de 1995 del Distrito de Conservación de Recursos del Valle Coachella. El ingreso bruto por hectárea para 13 cultivos, en dólares de los EUA, es como se indica en la Tabla 10.5

Tabla 10.4. Costos para el desarrollo de proyectos de riego en US$/ha, (FAO 1995).

Tamaño del proyecto	Costo promedio	Rango de costos
Pequeño	4.000	1.000 - 6.500
Medio	9.000	4.000 - 15.000
Grande	16.000	5.000 - 50.000

Tabla 10.5. **Ingreso bruto en US$/ha de diferentes cultivos (Distrito de Conservación de Recursos del Valle Coachella 1994).**

Cultivo	Ingreso Bruto (US$/ha)	Cultivo	Ingreso Bruto (US$/ha)	Cultivo	Ingreso Bruto (US$/ha)
Frijol	8.511	Berenjena	22.779	Ocra	27.808
Pimiento	32.435	Vid	19.313	Cebolla	12.535
Cítricos	8.509	Melón	18.601	Papa	8.928
Dátiles	28.215	Avena	893	Tomate	14.463
				Trigo	1.080

El riego y la agrotecnología son altamente transferibles, siempre y cuando que los suelos y el clima sean similares. Por ejemplo, en el norte de Grecia agricultores que en los años 1950 utilizaban un arado descrito por Homero, en los años 70, estaban manejando el riego por goteo. Las tierras anteriormente cultivadas con pastos y cereales regados por la lluvia, estaban produciendo cítricos, uvas y otros frutos y cultivos de alto valor.

La tasa de crecimiento de la población en muchos países destaca la necesidad de una mayor producción de alimentos, muchos de los cuales provienen de la agricultura con riego. En Africa, por ejemplo, el promedio de crecimiento de la población anual está actualmente en alrededor del 2,9%. Esta tasa duplicará la población del continente en 25 años. En el mismo sentido, algunos países en desarrollo tienen tasas de crecimiento poblacional más altas que el promedio de la Africa y la necesidad de proyectos de riego se incrementa rápidamente.

Los proyectos deben cubrir los costos de construcción y mantenimiento, así como proporcionar ahorros para la reconstrucción, cuando ésta sea necesaria. La planificación acertada de sistemas de riego requiere de varias disciplinas. Los suelos y el clima deberán ser convenientes para los cultivos a desarrollar y éstos deberán ser seleccionados de forma que cubran los costos del riego y proporcionen ganancias satisfactorias. Los beneficios están también influenciados por el tamaño de la granja; por ejemplo, en algunas áreas los rendimientos en las granjas grandes son del 30 por ciento más que en las pequeñas. Por otro lado, a menudo los políticos y gobernantes son administradores deficientes como ha quedado evidenciado por el hecho de que el manejo del riego por parte de los usuarios; en estos, casos, un mejor mantenimiento del sistema, ha significado mayores rendimientos y beneficios significativamente mejores.

Muchas de las mejores oportunidades para tener un riego provechoso involucran a múltiples usos. Muchos países en desarrollo no tienen la capacidad institucional para planificar proyectos de recursos de agua para propósitos múltiples. Los proyectos de riego pequeños a gravedad y bombeo son, en gran medida, los menos costosos. Sin embargo, los pequeños proyectos pueden necesitar disponer de energía eléctrica a un costo razonable. Puede ser necesario contar con un control de inundaciones y drenaje regionales. Algunos de los sistemas más exitosos de riego han combinado los beneficios en base a la hidroenergía, drenaje, control de inundaciones y uso municipal e industrial.

Debido a que el hambre y la demanda de alimentos producirán un incremento en los precios de productos alimenticios, hay la necesidad de que existan incrementos significativos en la producción de cereales, empleo e ingresos. En el mismo sentido, las necesidades de mayores ingresos, empleo y la creciente escasez del agua darán como resultado un mayor énfasis en la producción de frutas y hortalizas. Por otro lado, la sobre-explotación del agua subterránea forzará a que grandes áreas actualmente con este tipo de riego queden fuera de producción. Lo anterior se puede demorar en alguna medida si se reservan acuíferos fósiles para compensar la escasez de agua superficial solamente durante los años de sequía. De igual manera, se espera que los incrementos en la producción de granos para alimentación vengan principalmente de los cultivos regados por la lluvia en suelos bien drenados y de la producción de arroz en terrenos bajos, donde la lluvia es excesiva. Conforme se incrementan los costos para obras de riego es necesario dar más importancia a los cultivos de frutas, vegetales e industriales, para así financiar la construcción, operación y mantenimiento de la infraestructura de riego y drenaje. Esto implica la diversificación de cultivos en aquellas áreas que tradicionalmente han producido predominantemente cultivos de bajo valor.

Anexo A

ATLAS MUNDIAL DEL AGUA Y CLIMA PARA LA AGRICULTURA

A.1 INTRODUCCIÓN

En algún momento a inicios del próximo siglo la población mundial probablemente duplicará la existente en 1990. Actualmente, el área regada y la producción de alimentos per capita está disminuyendo y es obvia la necesidad de que se hagan mejores inventarios de los recursos y se dé un mayor énfasis al desarrollo de obras de riego. En un esfuerzo para ayudar a cubrir estas necesidades, el *International Water Management Institute* (IWMI) y el *Utah Climate Center* de la Universidad Estatal de Utah y otras instituciones desarrollaron, conjuntamente, un atlas mundial del agua y clima, con el apoyo financiero del gobierno del Japón.

La versión inicial del atlas se puso a disposición del público en el verano de 1997 en CD-ROM, cubriendo gran parte del continente Asiático. Sin embargo, también se le puede obtener en cualquiera de las siguiente dos direcciones de correo electrónico.

http://atlas.usu.edu
http://www.cgiar.org/iwmi/atlas.htm

En 1997-98 se completó una versión revisada para Asia. IWMI está completando el atlas y realizando varios usos del mismo en el año 2000. Está en consideración la propuesta de un segundo atlas que incluya la hidrología superficial, pero no se dispone todavía del financiamiento para esta segunda fase del proyecto.

La disertación Royce J. Tipton "Desarrollo de los Recursos de Agua en el Siglo 21", ofrecida en una reunión conjunta de la Sociedad Americana de Ingenieros Civiles y el 27° Congreso de la Asociación Internacional de Investigación Hidráulica, en agosto de 1997 también está disponible en el *World Wide Web* en http://atlas.usu.edu o http://climate.usu.edu. La conferencia trató de resaltar las necesidades de desarrollo de los recursos de agua y se hicieron recomendaciones sobre cuáles son las necesidades que se deberán enfrentar en los años venideros. Se proporcionaron los resultados probables, tomando en cuenta varios escenarios con relación a lo que podría ocurrir si no se alcanza un desarrollo adecuado de los recursos de agua para la agricultura bajo riego. Actualmente se está trabajando en el material adicional relativo a los factores climáticos para incrementar el potencial regional en cuanto al desarrollo de los recursos del agua. Esto estará disponible en el *World Wide Web* en las mismas direcciones indicadas anteriormente para la conferencia.

A.2 PRESENTACIÓN

El atlas proporciona valores promedio y desviaciones estándar de evaporación de un pasto de referencia (ET_o, en base a la Ecuación 6.3), temperaturas máxima y mínima del aire, y número de días lluviosos durante períodos de 10 días, mensuales y anuales. La cuadrícula utiliza datos de más de 10.000 estaciones meteorológicas en áreas cultivables alrededor del mundo. Se presentan temperaturas extremas y se dan valores para el 75% de precipitación probable (P_{75}), la evapotranspiración neta (ETN, que se define como ET_o menos P_{75}), y MAI. El Indice de Disponibilidad de Humedad (IDH) es MAI según la Sección 4.2 y la Tabla 4.1, pero con un nuevo nombre "índice de suficiencia". La longitud típica de registro para las estaciones meteorológicas usadas en el atlas es de 30 años. Se dan valores extremos diarios de observación, pero éstos no están incluidos en la cuadrícula.

El usuario puede navegar a través de diferentes regiones geográficas seleccionando las áreas del mapa que aparecen en la pantalla de la computadora. El atlas fue preparado con software habitual para observar los mapas y tener acceso a los datos facilitando, de este modo, su aplicación por parte de los interesados. Se puede contactar el IWMI (iwmi@cgiar.org) para mayor información.

A.3 TRANSFERENCIA DE AGROTECNOLOGÍA Y SIMULACIÓN DE RENDIMIENTOS

La Tabla 2.1 proporciona las temperaturas óptima y operativa para el crecimiento del cultivo. Las Figuras 2.1 y 2.2 relacionan las magnitudes de crecimiento de la planta con la temperatura del aire. La Figura 2.6 indica que el índice óptimo de área foliar (IAF) está relacionado linealmente con la radiación solar incidente (R_s). Se puede hacer una aproximación de los valores de R_s en base a la siguiente ecuación:

$$R_S = 0{,}17 R_A \sqrt{TR} \qquad \text{(A.1)}$$

donde R_A es la radiación solar extraterrestre (ver la Sección 6.6); y R_s y R_A están en las mismas unidades, y TR es el rango de temperatura diaria promedio en °C.

El clima es la consideración principal relativa a la adaptación de la planta, en donde la influencia del clima está determinada por la temperatura media, el rango de temperatura y la disponibilidad de agua. El atlas proporciona un medio para delinear y trazar en un mapa climas similares en el mundo. La agrotecnología es altamente transferible dentro de climas similares.

La Tabla 2.4 proporciona una ilustración de la forma en que se pueden usar el rendimiento del cultivo y los modelos de desarrollo para ayudar en la selección de la mejor variedad a cultivar en un clima particular. Se han desarrollado muchos modelos de rendimiento de cultivos. Sin embargo, éstos sólo han sido utilizados en forma limitada. Su uso ha estado limitado debido la poca disponibilidad y calidad de los datos climáticos requeridos. Otra razón para su limitado uso es la falta de normalización y confiabilidad de los métodos utilizados para calcular la evapotranspiración de referencia (ET_o). El atlas proporciona los datos climáticos requeridos y una fuente confiable y fácilmente accesible de valores calculados de ET_o a nivel mundial.

El Utah Climate Center (Centro de Clima de Utah) esta preparando una lista de condiciones climáticas que influencian el crecimiento y desarrollo de los cultivos. Se incluyen tiempo de crecimiento para buena cosecha, comentarios y fuentes de referncia. Se anticipa que esta lista será usada junto con el atlas y la información de suelos para zonificar varios países y/o regiones para la adaptabilidad de cultivos y para la transferencia de tecnología. Se ha usado una red de 2,5 minutos, pero la decisión final puede ser una red de otra escala.

A.4 AGRICULTURA DE TEMPORAL Y EL USO DE FERTILIZANTES

La Ecuación 2.3 indica la forma en que el rendimiento relativo de los cultivos está influenciado por la disponibilidad del agua. Los valores de MAI (IDH) del atlas pueden ser substituidos por valores de X en dicha ecuación. Se pueden resumir los valores de IDH para períodos de 10 días o mensuales, tomados del atlas. Para que exista una buena producción comercial en la agricultura bajo temporal (lluvia), IDH deberá permanecer en el rango de 0,33 a 1,33. Este rango varía de alguna manera según el tipo de cultivos, condiciones del suelo y otros factores. Sin embargo, en valores más bajos de IDH, se debe considerar el riego; y para valores más altos, se requiere de un buen drenaje natural o construido. Para valores bajos, cultivos de subsistencia o que no ocupan mano de obra intensiva, el rango se puede extender significativamente.

Las Figuras 2.3 y 2.4 indican que para valores bajos de IDH, la aplicación de fertilizantes puede reducir los rendimientos. Cuando IDH es menor a 0,33 en una porción significativa de la estación de crecimiento, hay poca o ninguna probabilidad de que la aplicación de fertilizantes sea beneficiosa.

A.5 PLANIFICACIÓN DEL DESARROLLO DEL RIEGO

La buena planificación de obras de riego requiere del conocimiento de las lluvias, escurrimiento, requerimientos de agua por los cultivos, inundaciones y necesidades de drenaje. El atlas puede ser usado para proporcionar estimaciones o cálculos de gran parte de la información requerida. Se pueden usar los coeficientes de cultivo y ET_o (ver la Sección 6.8) para calcular los requerimientos de agua. Los valores de ETN indican las cantidades probables de exceso o deficiencia de la lluvia en mm, y los valores de IDH indican excesos o déficits en términos relativos. Las láminas de precipitación de alta intensidad y de duración y períodos de retorno variables, se pueden estimar a partir de la Ecuación 4.2.

Si Q_A es la lámina anual de escurrimiento de una cuenca hidrológica, y S es el valor absoluto de la suma de valores negativos mensuales de ETN para el año, se puede estimar Q_A a partir de la siguiente ecuación:

$$Q_A \cong A + BS \qquad (A.2)$$

donde A y B están determinados por el análisis de regresión. Los valores de A y B pueden ser calibrados en base a un registro corto o a una cuenca hidrológica similar. Para intervalos de 10 días y mensuales, el escurrimiento a la probabilidad del 75% (Q_{75}) correlaciona bien con los valores de IDH y las clasificaciones de clima (ver la Tabla 4.1). Las correlaciones mejoran significativamente cuando se asume algún período de demora de tiempo entre lluvia y escurrimiento.

Se seleccionaron varias cuencas con poca percolación profunda y poco flujo subsuperficial. Se promediaron valores de IDH obtenidos de tres a seis estaciones climáticas. Se calcularon valores de Q_{75} en $l/s/km^2$ promediando el valor del mes correspondiente con el del mes siguiente para compensar por la demora de 15 días. Las estaciones climáticas estaban situadas principalmente en los valles pero la mayor parte de la escorrentía provino de elevaciones altas. Los valores de la pendiente y el intercepto resultaron diferente para cada cuenca. Sin embargo, se obtuvieron buenas correlaciones (r^2 de 0,90 a 0,98).

El atlas muestra valores de IDH espacialmente distribuidos. Estos pueden ser usados para proveer un IDH mas típico de la cuenca. Estos valores del atlas son recomendados para ser usados en correlaciones regresivas similares y para evaluar la influencia del caudal base en la pendiente y el intercepto de las ecuaciones de regresión.

Como se indicó en la disertación *Royce J. Tipton* de 1997, hay una necesidad urgente de mejorar la información sobre el flujo del agua superficial. Se han desarrollado buenas correlaciones utilizando datos que incluyen el área de drenaje, la precipitación, la temperatura y la radiación solar. Se han reportado valores promedio de los coeficientes de determinación, r^2, de 0,95 para la regresión de los valores estimados con un caudal medido en 1550 cuencas en los Estados Unidos (Vogel 1997). Se cree que el procedimiento puede ser mejorado y simplificado utilizando el valor ET_o del atlas. Se ha sugerido también que se use dicho método con los datos del atlas y los valores medidos, para preparar un atlas de caudales para el mundo.

A.6 OTROS USOS Y FUENTES DE INFORMACIÓN

Se han usados varias estrategias y algunos métodos para compensar la sequía. El cálculo de la severidad del efecto de la sequía sobre la agricultura depende de varias decisiones administrativas así como de la lluvia, temperatura, disponibilidad de riego, duración de la escasez de agua y los impactos económicos por pérdidas de los cultivos. Se han usado los datos de temperatura y lluvias para calcular los índices de sequía.

La sequía describe un tipo de escasez, pero es difícil medir la escasez sin una definición de disponibilidad. Sin embargo, se puede usar el valor de MAI del atlas (IDH en la Sección 4.2) como un índice de disponibilidad. Los valores de IDH para períodos de 10 días y mensuales de un registro de 30 años proporcionan un índice de disponibilidad probable. Se deberán comparar los valores de tiempo real de precipitación (P) divididos por ET_o con valores de P_{75} para períodos de 10 días y mensuales para indicar la severidad de tiempo real de la sequía.

Algunos países han sido mapeados usando las clasificaciones de productividad de la tabla 4.1. El atlas puede ser utilizado para zonificar otros países o para zonificar otras regiones agrícolas del mundo.

Geraghty y otros (1973) mapearon la lámina de escorrentía superficial de los Estados Unidos de Norte América. Las clasificaciones dadas en la tabla 4.1 fueron usadas para calcular la lámina de escorrentía promedio anual en mm para cada clima con los siguientes resultados: muy árido - 15, árido - 35, semiárido - 120, húmedo seco - 200, subhúmedo - 290, moderadamente húmedo - 440, y muy húmedo - 940.

Hay muchas perdidas en propiedades e infraestructura debido a las inundaciones. Los datos usados para el atlas pueden ser utilizados para calcular al lluvia máxima probable para un día con un período de retorno de 10 años (T = 10 en la Ecuación 4.2).

Adamson y Zuchini (1983) usaron 100 series largas de datos de estaciones pluviométricas para estudiar ocho distribuciones diferentes de probabilidades de lluvia extrema de un día. Todas las ocho distribuciones tienden a converger en un período de retorno de 10 años (T = 10). La diferencia máxima entre las distribuciones para T = 10 fue del cinco porciento. Para el rango de T = 5 a 200 años, hay muy poca diferencia significativa entre la distribución dada por la Ec. 4.2 y el modelo de series anuales *Log-Pearson* y el *Censored Log-Normal* de series parciales. La ecuación 4.2 se recomienda para duraciones (t) desde 0,5 hasta 72 o más horas.

Información adicional relativa a otros usos y a aquellos no relacionados con la agricultura bajo riego se pueden obtener del *International Water Management Institute* (IWMI), P.O. Box 2075, Colombo, Sri Lanka. La dirección del correo electrónico es iwmi@cgiar.org, y los números de teléfono y facsímil son (94-1) 867-404 y (91-1) 866-854 respectivamente. La información también está disponible a través del Utah Climate Center, Utah State University, Logan, Utah 84322-4825. El correo electrónico del Utah Climate Center es diesen@cc.usu.edu, el número de teléfono es (435) 797-2190 y el número de facsímil es (435) 797-2117.

La distribución de probabilidades Gamma ha sido usada para calcular valores de P_{75} y Q_{75} para varios estudios regionales. El 75% de los valores probables pueden ser calculados a partir de los valores medios (P_m y Q_m) y de las desviaciones estándares (DS). Las cuales son:

$$P_{75} = P_m - 0,74\,DS \quad (A.3)$$

$$Q_{75} = Q_m - 0,74\,DS \quad (A.4)$$

Detalles adicionales relacionados a la disponibilidad de mapas y datos y los varios usos del atlas pueden ser obtenidos del IWMI y/o del *Utah Climate Center*. El atlas incluye los parámetros para precipitación de la distribución Gamma de manera que cualquier probabilidad de precipitación puede ser calculada.

En 1999 IWMI usó el atlas para hacer la cartografía del potencial agrícola del sur de Asia. Éste es uno de los muchos usos que demostrará el valor del atlas. Se pueden desarrollar programas de entrenamiento con relación al uso del atlas. El atlas debería ser un proyecto continuo que será expandido y mejorado. La mayoría de los países o regiones pueden proporcionar datos adicionales diarios o mensuales en disco o electrónicamente. Datos de agua superficial serán requeridos para una mejor definición de la relación entre el clima y el caudal de los ríos. Estos datos también serán requeridos para el atlas de agua superficial propuesto.

Anexo B

GLOSARIO

Una parte importante del aprendizaje sobre riego es llegar a familiarizarse con los significados de los términos usados para describir las varias relaciones respecto al riego y a los recursos hídricos. Una concientización de los significados de las palabras y frases usadas para describir los recursos, prácticas de manejo y relaciones ayudará en el proceso de aprendizaje y contribuirá a una comunicación clara sobre los asuntos relacionados con los recursos hídricos. El siguiente glosario se presenta con el fin de indicar claramente los significados propuestos por los autores y vuelve más comprensible al texto.

Abatimiento del nivel	La disminución local en el nivel freático en un acuífero cuando se bombea el agua subterránea de un pozo.
Acre-pie	El volumen de agua que cubrirá un acre a una profundidad de un pie; 325.829 galones, 43.580 pies cúbicos, 1233,5 metros cúbicos, ó 0,123 ha-m.
Acuífero	Una formación subterránea saturada que almacena cantidades significativas de agua y es lo suficientemente permeable para llevar agua a los pozos.
Advección	Energía calórica sensible transportada por corrientes de aire esencialmente horizontales alrededor y sobre un cultivo.
Aireación	Exposición natural al aire o exposición debida al drenaje del suelo y/o practicas agrícolas. Movimiento libre del aire en el suelo.
Aforador	Un dispositivo para medir el flujo de canal abierto con estructuras horizontal y/o vertical, calibrado para proporcionar la descarga, en base a las profundidades aguas arriba (flujo libre) y aguas arriba y abajo (flujo sumergido).
Agricultura de subsistencia	Agricultura con recursos (área, agua, fertilizante, etc.) inadecuados para una producción agrícola comercial significativa. La producción es principalmente para el consumo inmediato familiar.
Agua aplicada	En el riego, la cantidad de agua aplicada realmente sobre o

dentro del suelo.

Agua de salida El escurrimiento superficial desde el extremo inferior de un campo, generalmente considerado como una pérdida y una causa de ineficiencias de la aplicación del agua en el campo (pero no necesariamente para toda la granja o sistema de riego).

Agua disponible El agua retenida en el suelo entre la capacidad del campo y el punto de marchitez permanente. Cuando aproximadamente la mitad del agua disponible es utilizada por el cultivo, la evapotranspiración y el crecimiento del cultivo comienzan a disminuir significativamente.

Agua fácilmente disponible Aquella porción de agua retenida que puede usar el cultivo sin reducir significativamente su evapotranspiración y crecimiento. La cantidad de agua considerada fácilmente disponible depende de la magnitud de evapotranspiración posible, el tipo de suelo, el coeficiente del cultivo y las características del mismo (como los períodos críticos de desarrollo y profundidades de las raíces).

Agua subterránea Agua contenida en acuíferos bajo el nivel freático dentro de una profundidad económicamente factible para su desarrollo.

Altura piezométrica El nivel al cual se levanta el agua en un pozo que penetra un acuífero confinado. Coincide con la "línea del gradiente hidráulico" (LGH).

Arrozal Un término utilizado predominantemente en Asia para referirse a un campo rodeado de diques e inundado con agua donde se cultiva el arroz, con riego de poza a nivel. En algunos casos se usa este término para referirse al arroz mismo, no al campo.

Balance de sales Cuando la cantidad de sal que deja una área es igual a la cantidad que ingresa a esa área durante un período de meses o años. Al mantener un balance de las sales se evita que se forme la salinidad.

Bar Tensión o presión igual a una atmósfera, o 100 centibares (cb).

Capacidad de campo (CC)
La cantidad de agua retenida contra la gravedad por un suelo que se ha saturado cuando se elimina la evaporación de la superficie. El tiempo de drenaje requerido para que un suelo pase de saturación a capacidad de campo es de alrededor de 1 día para suelos gruesos, 2 días para texturas medias y de 3 a 4 días para suelos de textura fina. El contenido del agua a capacidad de campo siempre es menor al de saturación.

Carga
"Presión" resultante de la altura de una columna de agua. Una libra por pulgada cuadrada (lpc) es igual a 2,308 pies de "carga" de agua, ó 0,0704 kg por cm^2, ó 0,704 m de carga de agua. En este sentido, carga es la presión convertida a unidades de longitud tomando en cuenta la densidad del agua.

Césped de estación cálida
Especies que se adaptan mejor a la estación cálida del año; usualmente inactivos o que sufren daños durante clima frío; por lo general tiene óptimas de temperatura para su crecimiento entre 27° y 35°C, por ejemplo, el pasto bahía, el pasto bermuda, el St. Augustine y el zoysia.

Césped de estación fría
Especies mejor adaptadas a períodos fríos durante el año, que generalmente tienen crecimiento óptimo en temperaturas de 15° a 24°C (pasto agrostis, pasto azul de Kentucky, pasto festuca y ballico).

Coeficiente de almacenamiento
El volumen de agua que un acuífero libera o almacena por área unitaria de superficie del acuífero por cambio unitario en la carga.

Coeficiente de contracción
Un coeficiente multiplicado por la abertura vertical de un orificio para proporcionar la profundidad aguas abajo del orificio.

Coeficiente de cultivo (K_c)
Un coeficiente para una etapa determinada de crecimiento del cultivo a ser multiplicado por la evapotranspiración de referencia para determinar la posible evapotranspiración del cultivo (ET_c).

Coeficientes basales del cultivo
Cuando se multiplican por la ET del cultivo de referencia, estos coeficientes proporcionan estimaciones del componente de transpiración del uso del agua por parte del cultivo. Los coeficientes basales del cultivo (K_{cb}) se usan especialmente con las funciones de evaporación de la superficie de suelo húmedo para determinar los estimados diarios (o más frecuentes) de los requerimientos diarios de agua por parte del cultivo.

Conductividad eléctrica (EC) Una medida de las sales solubles o sólidos totales disueltos en el agua, EC es usualmente expresado en miliohmios por centímetro (mmho/cm), o decisiemens por metro (dS/m), las cuales son unidades equivalentes. Un mmho/cm (un dS/m) es igual a un rango de contenido de sal de 550 a 800 mg por litro, dependiendo de la composición química de las sales constituyentes. Un valor típico es 640 mg por litro. Un mg por litro de sal es esencialmente igual a una parte por millón (ppm) de sal.

Conductividad hidráulica La capacidad de un medio permeable para transmitir el agua, definido como la velocidad media de flujo bajo gradiente de presión unitaria (a veces denominada permeabilidad).

Costos reembolsables La porción del costo total de un proyecto de agua que es pagada por los usuarios. Los costos no reembolsables, como el control de inundaciones, son pagados por el público.

Cultivo de cobertura Se refiere al cultivo utilizado como cubierta o como cultivo secundario en un huerto. Los cultivos de cubierta se usan por varias razones.

Cultivo de temporal La práctica de cultivar productos agrícolas con lluvia directa como la única fuente significativa de agua. A veces llamada *agricultura de secano.*

Cultivos de altura Tipos de cultivos que crecen bajo condiciones aeróbicas (no saturadas) de suelo.

Cultivos de tierras bajas Tipos de cultivo que crecen generalmente en condiciones de suelo saturado, como es el caso del arroz.

Cultivos intercalados El cultivo de dos o más tipos de productos en el mismo campo, ya sea en hileras alternas o entremezclados a través del campo. Esta práctica es a veces útil para el manejo de plagas y enfermedades, manejo de la producción y otros propósitos.

Déficit permisible Déficit de manejo permisible (DP) del agua en el suelo; una aproximación de la cantidad de déficit que se puede permitir antes de que la transpiración y crecimiento del cultivo bajen significativamente.

Densidad aparente Densidad aparente o densidad de peso seco; equivalente al peso (o masa) por volumen unitario de una muestra de suelo secada al horno. El volumen será determinado de una muestra “no perturbada” de campo. Las unidades se dan en gm/cm^3.

Días de grado de crecimiento (DGC) La acumulación de los valores promedio diarios de temperatura del aire menos una temperatura mínima especificada. Los valores diarios están restringidos de cero a un máximo y los valores acumulativos se usan en un reloj fenológico para predecir la duración de las etapas de crecimiento del cultivo. Un reloj basado en DGC predecirá un desarrollo más rápido del cultivo cuando el clima es más cálido, como es usualmente el caso.

Eficiencia del riego La relación del volumen de agua que permanece en la zona de raíces después del riego con la cantidad total de agua aplicada al campo, usualmente expresada como porcentaje o fracción. Con esta definición, la eficiencia puede ser del 100% cuando la zona de raíces no está completamente llena a su capacidad de campo y en estos casos el valor de 100% puede ser engañoso.

Enmienda Una substancia agregada al suelo para alterar sus condiciones físicas (estructura del suelo).

Envoltura o filtro de drenaje Una envoltura de drenaje consiste de material permeable (por ejemplo, arena, grava, materiales orgánicos y/o sintético) colocados alrededor de un conducto de drenaje enterrado con el propósito de mejorar las condiciones de flujo en el dren y para estabilizar el suelo circundante.

Escorrentia Drenaje superficial proveniente de la lluvia, nieve derretida o riego en una cuenca hidrológica o en un campo regado.

Estoma Las aberturas diminutas en las hojas y tallos de las plantas a través de las cuales se intercambian gases y vapor de agua entre la atmósfera y los espacios intercelulares.

Evaporación Un proceso físico que involucra un cambio de fase de líquido a vapor. En este libro se refiere a la evaporación del agua desde la tierra, agua y superficies vegetativas.

Evapotranspiración (ET) El vapor de agua evaporado desde las superficies de plantas y suelo, más aquella transpirada por las plantas.

Evapotranspiración de referencia La evapotranspiración teórica de un pasto de estación fría, calculada por la ecuación de Penman-Monteith. Las condiciones están normalizadas incluyendo un índice de área foliar (IAF) de 2.9 y una altura de corte de 12 cm. Para un pasto de referencia se usa el término ET_o. La alfalfa también ha sido utilizada por los investigadores como un cultivo de referencia y en este caso la evapotranspiración de referencia se escribe usualmente como ET_r.

Fenología La relación entre un fenómeno biológico periódico, como el desarrollo de la planta durante una estación de cultivo y las condiciones climatológicas.

Fertigación Aplicación de fertilizante a través de un sistema de riego por gravedad (superficial) o presurizado.

Flujo de retorno El agua que regresa por gravedad o mediante bombeo al suministro superficial o suministro subterráneo luego de su uso.

Flujo modular Condiciones de flujo libre en una estructura de canal abierto en la cual hay una región de flujo crítico y que se requiere solamente la profundidad aguas arriba para calibración de la descarga.

Flujo por gravedad Movimiento del agua en forma vertical o descendente debido a la diferencia de elevación.

Flujo subcrítico Flujo de canal abierto en el cual el número de Froude es menor a la unidad (las olas se mueven aguas arriba y aguas abajo).

Flujo supercrítico Flujo de canal abierto en el cual el número de Froude es mayor que la unidad (las olas se mueven solamente aguas abajo).

Fotoperíodo Las longitudes relativas de períodos alternativos de luz solar y obscuridad, lo cual afecta el crecimiento y maduración de los cultivos.

Indice de área foliar de las hojas (IAF) La relación del área total de hojas del cultivo o planta con el área del suelo en donde se cultivan las plantas. Cuando un cultivo alcanza un IAF de 3 a 5, esto indica usualmente "cubierta completa" (no hay superficie de suelo que esté expuesta) y una magnitud ET máxima o cerca de la máxima.

Indice de disponibilidad de humedad (IDH) Un índice de la disponibilidad del agua. La probabilidad del 75% de que ocurran precipitaciones dividida por la evapotranspiración de referencia (ET_o), IDH $=P_{75}/ET_o$. Un IDH de 1,33 o más indica un período de lluvias excesivas. Un IDH de 0,33 o menos indica que la lluvia no es suficiente para la agricultura comercial.

Infiltración Movimiento del agua desde la superficie hacia el interior del suelo.

Isoquantas Líneas de cantidades iguales; usualmente valores gráficos de rendimientos de cultivos iguales o beneficios netos iguales resultantes de dos factores distintos que influyen en la producción, por ejemplo, agua y nitrógeno.

Lámina observada del día — Un valor medido de la lluvia acumulativa en un día medida a una hora (por ejemplo, las 8:00 AM).

Lateral — Una tubería o canal que conecta con la línea o canal principal de un sistema.

Lisímetro — Un recipiente lleno con suelo y plantado con césped u otro cultivo para el propósito de medir con precisión el uso de agua por parte del cultivo. Los lisímetros son mojados con la superficie circundante, la misma que tiene el mismo tipo de plantas. Las entradas y salidas del agua se miden y registran para determinar el uso neto de agua por parte del cultivo. También se registran las medidas simultáneas de los parámetros climatológicos para usarse en el desarrollo/calibración de la ecuación de uso del agua por parte de los cultivos.

Marchitez - húmeda — La marchitez del cultivo en presencia de agua libre en el suelo cuando la transpiración excede la absorción del agua por las raíces debido a una aeración reducida y la reducción consecuente en la respiración y energía disponibles para la absorción del agua.

Napa — La medida en profundidad (lámina) de agua que se desborda sobre un vertedero.

Nivel estático del agua — El nivel del agua en un pozo que no está influenciado por bombeo en éste o en pozos adyacentes.

Nivel freático — El límite aproximadamente horizontal entre regiones saturadas y no saturadas en el suelo, coincidiendo esencialmente con la tabla de agua. Realmente, la región saturada puede extenderse sobre una corta distancia más allá del nivel freático, en lo que se denomina franja capilar.

Patrón de cultivo — La secuencia anual o estacional y la distribución espacial de los cultivos en una área específica, la cual define el tipo de cultivos que están creciendo y el área cultivada en cada tipo.

Percolación Profunda — El movimiento del agua hacia las capas de abajo del suelo y hacia la capa freática o tabla de agua.

Pérdida por fricción — Pérdida de presión debida a la fricción en los tubos, válvulas u otros componentes de un sistema de agua, causada por el movimiento del agua a través del sistema.

Placa de presión	Un dispositivo de laboratorio para determinar la retención del agua en el suelo a diferentes valores de tensión (bajo la presión atmosférica). Consiste de una cámara con una membrana porosa y una bomba al vacío. Se coloca una muestra de suelo humedecido en la cámara y se usa la bomba para crear un valor determinado de tensión. La muestra de suelo se pesa antes y después de determinar la diferencia en el contenido de agua.
Porosidad	La capacidad de una formación para retener el agua en los poros o cavidades, expresada como la relación de todo el espacio vacío con el volumen total en porcentaje; la suma del rendimiento específico y la retención específica.
Precios "de sombra"	Los precios de bienes o servicios basados en su costo real en un país donde esto no está indicado por los precios de mercado (por ejemplo, el precio de sombra de la mano de obra no calificada podría ser cero si los obreros estuvieran en otras circunstancias desempleados).
Precipitación confiable o P_{75}	El 75% de probabilidad de ocurrencia de precipitación, o la cantidad que se puede anticipar que va a ser igualada o excedida durante tres cuartos (75%) de los años, u otro período.
Precipitación efectiva	La cantidad de precipitación que está disponible para cubrir la evapotranspiración del cultivo. La cantidad efectiva está determinada por la intensidad de las lluvias, magnitudes de uso del agua por parte del cultivo, condiciones del suelo y prácticas de manejo. Los estimados de las ecuaciones son generalmente engañosos.
Presión estática	Presión del agua en un sistema cuando no hay flujo de agua en el mismo, por lo tanto, sin pérdidas por fricción.
Profundidad crítica	Profundidad del caudal en un canal abierto cuando la energía específica para un caudal determinado es la mínima. Esta profundidad está definida por un número de unidad Froude.
Pulsos	Incrementos en la presión causados por la velocidad con que se mueve y con la que se detiene el flujo.
Punto de marchitez permanente (PMP)	El contenido de agua en un suelo en el cual se marchitan las plantas y no se recuperan. Se abrevia como PMP, pero a veces se denomina simplemente punto de marchitez (PM).

Quimigación La práctica de inyectar fertilizantes, herbicidas u otros químicos agrícolas a través del agua de riego en lugar de la aplicación directa en las hojas o en el suelo.

Radiación extraterrestre (R_A) La energía recibida de la radiación solar en las capas exteriores de la atmósfera, expresada usualmente en mm equivalentes de evaporación de agua por día. Los valores están disponibles en tablas o pueden ser calculados en base a la latitud.

Radiación solar (R_s) La radiación global del sol en la superficie en langleys por día (cal/cm^2/día) o en KJ/m^2/día (41,9 KJ/m^2 = 1 langley/día). A 20°C, 58,5 cal/cm^2/día es igual a 1 mm de evaporación equivalente de agua por día.

Rango de temperatura (RT) ($RT = T_{max} - T_{min}$) donde T_{max} ocurre usualmente alrededor del medio día y T_{min} ocurre típicamente en la madrugada.

Recarga El proceso de volver a llenar el agua subterránea mediante medios naturales o artificiales.

Recorrido del viento La integración de la velocidad del viento con el tiempo sobre un intervalo específico (usualmente expresado como km por día). El recorrido del viento es la velocidad promedio sobre el intervalo especificado.

Reloj fenológico Cualesquiera de una variedad de algoritmos utilizados para determinar la longitud de las diferentes etapas de crecimiento en los cultivos agrícolas. El más simple es un número constante de días para cada etapa, cuyo total corresponde a la longitud de la estación de crecimiento. Otros se basan en unidades de calor, o días de grado de crecimiento (DGC), ET calculado acumulativamente, el producto de la temperatura del aire y la radiación solar y longitud de los días (fotoperíodo).

Rendimiento específico La relación del volumen de agua que puede ser removida por drenaje libre de un suelo o formación saturada con el volumen total de la formación expresada como un porcentaje (porosidad drenable).

Requerimiento de lixiviación (lavado de sales) La cantidad de agua que debe pasar a través de la zona de raíces del cultivo para evitar que la salinidad del suelo alcance un nivel o concentración que pudiera dañar las plantas, también llamado fracción de lixiviación (LF).

Requerimiento de riego La cantidad de agua requerida para evapotranspiración, lixiviación y pérdidas inevitables menos la cantad de lluvia efectiva.

Requerimientos de agua del cultivo	La cantidad de agua requerida para evapotranspiración y lixiviación.
Retención específica	La relación del volumen de agua retenido contra gravedad por una formación saturada con el volumen total de la formación saturada expresada en porcentaje.
Riego por pulsos	Una tecnología de riego superficial desarrollada en la Universidad Estatal de Utah, en la cual se pulsa la entrada en base a conexión y desconexión, con un efecto general de una mejor uniformidad de aplicación y menor escurrimiento superficial.
Rotación del cultivo	Los cambios anuales o estacionales en los cultivos plantados en una área agrícola determinada, generalmente para propósitos de manejo del suelo, agua y/o plagas y enfermedades.
Sobreextracción	La cantidad en exceso del agua extraída de un acuífero en relación con la cantidad repuesta; reportada frecuentemente como el average anual a largo plazo.
Tabla de agua aislada	Una zona poco profunda saturada localizada justamente bajo la superficie y sobre una capa impermeable de suelo. Las tablas de agua aislada comúnmente se forman como un resultado del riego.
Transmisividad	La magnitud a la cual se transmite el agua a través de un ancho unitario de acuífero bajo una gradiente hidráulica unitaria; o el producto de la conductividad hidráulica y el espesor saturado del acuífero.
Transpiración	El acto o proceso de transpirar vapor de agua a través de las estomas del tejido de la planta.
Uso consuntivo	La cantidad de agua consumida por evapotranspiración y no disponible para caudales de retorno o reutilización directa.
Velocidad crítica	Le velocidad media de flujo en un canal abierto con profundidad crítica.
Vertedero	Una represa baja con una pared vertical aguas arriba colocada en un canal abierto para control de flujo y/o dispositivo de medida de caudal.
Vertedero Cipolletti	Un vertedero trapezoidal de cresta aguda con costados inclinados hacia afuera en una relación de 1 a 4 (H:V) para compensar los efectos de contracción hidráulica final, simplificando de este modo la ecuación de calibración de la reglilla de descarga.

Anexo C

UNIDADES Y CONSTANTES

Área	10.000 m^2 por hectárea (ha) 43.560 $pies^2$ por acre 2,471 acres por hectárea 640 acres por sección (una milla cuadrada)
Caudal	35,315 pcs ($pies^3/s$) por m^3/s 448,86 gpm por pcs 15,85 gpm por lps 50 a 70 pulgadas de minero por pcs 646.400 galones de EUA/día por pcs
Longitud	0,3048 m por pie 25,4 mm por pulgada 12 pulgadas por pie 5.280 pies por milla (estatuto)
Masa	2,2046 lbs por kg 2.000 lbs por tonelada (corta) 2.205 lbs por tonelada (métrica)
Energía	0,746 kW por HP
Presión	6,89 kPa por lpc (libra por pulgada cuadrada, "psi") 2,308 pies de agua por lpc 14,7 lpc = 101,352 kPa 10 mbares por kPa 9,81 kPa por m (carga de agua)
Radiación	1 langley = 1 caloría por cm^2 0,0419 MJ/m^2 por cal/cm^2
Salinidad del agua	dS/m (decisiemen por m) = mmho/cm (millimhos por cm) 1,0 dS/m = 550 a 800 mg por litro de sal (depende de los tipos de sal) 1 ppm (parte por millón) = 1 mg por litro de sal 750 ppm = 1 tonelada (2.000 lbs) por acre-pie

Temperatura	0° (Celsius) = 273.15°K (Kelvin) °C = (°F - 32)/1.8 °F = 1.8 (°C) + 32
Volúmen	7,481 galones de EUA por pie^3 3,785 litros por galón de EUA 1.233 m^3 por acre-pie un millón de galones de EUA ≈ 3 acres-pie
Densidad del agua	1.000 kg por m^3 62,4 lbs por pie^3

Anexo D

LISTA DE SIGLAS

δ .... ángulo de declinación del sol (Ec. 6.15)
Δ .... gradiente de la función de presión del vapor (Ec. 6.8)
γ .... constante psicrométrica (Ec. 6.11)
λ .... exponente ajustado o valor calculado; calor latente de vaporización del agua (Ecs. 6.1 y 6.2)
ρ_b .... densidad en masa del suelo, densidad de peso seco o densidad aparente (Ecs. 3.3 y 3.7)
ρ_s .... densidad de partículas del suelo (2.65 gm/cm^3) (Ecs. 3.3, 3.6 y 3.7)
ρ_w .... densidad del agua (1.0 gm/cm^3) (Ec. 3.6)
θ .... contenido del agua en el suelo; ángulo de paso del vertedero para un vertedero triangular (Ec. 9.6)
α .... parámetro de calibración de la compuerta empíricamente ajustado (Ec. 9.18)
β .... parámetro de calibración de la compuerta empíricamente ajustado (Ec. 9.18); ángulo (Ec. 8.10)
ε .... relación de los pesos moleculares del aire con el agua (Ec. 6.11)
Φ .... porosidad del suelo (Ec. 3.3); latitud (Ec. 6.14)
Ψ .... potencial del agua en el suelo (Ec. 3.9)
θ_m .... fracción de masa seca de contenido de agua (Ec. 3.6)
θ_v .... contenido volumétrico de agua (Ec. 3.5)
ω_s .... ángulo de las horas de puesta del sol (Ec. 6.17)
A .... área transversal de flujo (Ec. 9.1)
A_c .... área de sección transversal de flujo en un sitio de profundidad crítica (Ec. 9.12)
A_{ar} .... área de sección transversal de flujo aguas arriba (Ec. 9.12)
AD .... agua disponible (CC - PMP) (Ecs. 3.1 y 3.2)
B .... ancho del canal en un vertedero rectangular o de un aforador
cb .... centibares (100 cb es igual a un bario o una atmósfera de tensión)
C_0 .... concentración de sal en el agua de canal antes de mezclarla con la solución concentrada (Ecs. 9.3 y 9.4)
C_1 .... valor empíricamente determinado; concentración (Ecs. 9.3 y 9.4)
C_2 .... valor empíricamente determinado; constante (Ecs. 9.3 y 9.4)
C_c .... coeficiente de contracción (teóricamente igual a 0.611)
C_d .... coeficiente de descarga (Ecs. 9.14 y 9.15)
C_e .... coeficiente de calibración para vertederos de cresta aguda (Ec. 9.6)
C_f .... coeficiente de flujo libre (Ec. 9.8)
C_p .... calor específico del aire húmedo (Ec. 6.11)
C_s .... coeficiente de flujo sumergido (Ec. 9.18)
C_v .... coeficiente de carga de velocidad (Ecs. 9.14 y 9.15)

CC .... capacidad del campo (contenido de agua después del drenaje por gravedad); igual que *capacidad de retención de agua*
CRA .... capacidad de retención del agua (equivalente a AD)
CV .... coeficiente de variación (desviación estándar como porcentaje del valor medio)
D .... profundidad probable; diámetro del dren o tubería (Ecs. 8.7 - 8.10)
d_e .... profundidad equivalente para cálculos de espaciamiento de drenes (Ec. 8.2)
d_i .... espesor de la capa del suelo i (Ec. 8.3)
d_r .... distancia relativa de la tierra al sol (Ec. 6.16)
D_1 .... profundidad de la lluvia para t = 1 y T = 1 (Ec. 4.1)
D_2 .... profundidad de la lluvia para t = 2 y T = 2 (Ec. 4.1)
DP .... déficit permisible de manejo (fracción de AD)
e_a .... presión de saturación del vapor (Ec. 6.4)
e_d .... presión real del vapor (Ec. 6.4)
E............... energía específica (flujo de canal abierto) (Ec. 9.1)
EC .... conductividad eléctrica (medida de la concentración de la sal en el agua)
E_{riego}.......... eficiencia del riego (Ecs. 8.4 y 8.5)
E_p.............. evaporación de tanque Clase "A"
ET............. evapotranspiración (transpiración del cultivo más la evaporación del suelo y la superficie del cultivo)
ET_c............ evapotranspiración real o estimada para un tipo específico de cultivo
ET_m .... ET máxima, cuando el agua no limita el crecimiento del cultivo
ET_o............ ET del cultivo de referencia basado en el pasto (Ecs. 6.3 y 6.4)
ET_p............ ET del cultivo de referencia basado en la alfalfa (a veces denominado ET_r)
ETN.......... ET neto, o ET_o menos P_{75}
F_r .... número de Froude (igual a la unidad para flujo crítico en canales abiertos; menor a la unidad para flujo subcrítico y mayor a la unidad para flujo supercrítico)
g .... relación de peso a masa (9.81 m/s^2)
G .... densidad de flujo del calor del suelo (Ecs. 6.4 y 6.13)
G_o .... abertura vertical de una compuerta (Ecs. 9.16 y 9.18)
H .... altura teórica máxima de la tabla de agua sobre los drenes enterrados (Ec. 8.1)
h .... profundidad de flujo (Ec. 8.9)
h_c .... profundidad crítica de flujo sobre la cresta de un vertedero de cresta ancha (Ec. 9.12)
h_{ab} .... profundidad de flujo aguas abajo con referencia en el fondo de la abertura de la compuerta
H_t.............. carga total aguas arriba de un vertedero de cresta angosta
h_{ar} .... profundidad de flujo aguas arriba (Ecs. 9.5, 9.7, 9.8, 8.9, 9.9, 9.12, 9.14-9.17)
h_v .... carga debida a la velocidad de acceso
J................ Día Juliano o día "calendario" (1 es el 1ro de enero, 2 es el 2 de enero, etc., hasta 365 o 366) (Ec. 6.18)
K .... conductividad hidráulica saturada (Ec. 8.1)

K_c..............coeficiente del cultivo ($ET_c = K_c\ ET_o$) (Tabla 6.3)
K_{cb}.............coeficiente basal del cultivo
K_f..............coeficiente de longitud del aforador *sin cuello* (Ec. 9.10)
K_h..............factor de corrección para altura equivalente en un vertedero triangular (Ec. 9.6)
K_i..............conductividad hidráulica compensada para la capa del suelo i (Ec. 8.3)
K_L..............parámetro de calibración del vertedero (función de L/B) (Ec. 9.5)
K_s..............coeficiente de flujo sumergido
K_y..............factor de respuesta del rendimiento del cultivo con la disponibilidad del agua (Ec. 2.4)
L...............longitud del aforador (Fig. 9.9); longitud de la cresta del vertedero (Fig. 9.2); espaciamiento horizontal entre drenes enterrados (Ecs. 8.1 y 8.2)
L_{ab}.............dimensión del aforador *sin cuello* (Fig. 9.9)
L_c..............longitud efectiva de la cresta del vertedero (Ec. 9.5)
LF.............fracción de lixiviación (o razon de lixiviación, LR) (Ec. 8.4)
$L_{entrada}$.........dimensión del aforador *sin cuello* (Fig. 9.9)
L_{salida}..........dimensión del aforador *sin cuello* (Fig. 9.9)
L_{ar}.............distancia sobre la garganta para medir h_{ar} en un aforador *sin cuello* (Fig. 9.9)
M..............mes (comenzando con 1 en enero) (Ec. 6.18)
n_f..............exponente de flujo libre empíricamente determinado (Ec. 9.8 y 9.9)
n_s..............exponente de flujo sumergido empíricamente determinado (Ec. 6.11)
P..............precipitación (lluvia); presión atmosférica media; altura de la cresta del vertedero sobre el lecho del canal aguas arriba (Fig. 9.2)
P_{75}.............el 75% de cantidad probable de precipitación (lámina)
P_m.............perímetro mojado en un canal abierto (Ec. 8.8) o valor promedio de precipitación (Ec. A.3)
PMNF.......profundidad mínima del nivel freático (usada en los cálculos de espaciamiento de drenes) (Fig. 8.3)
PMP..........punto de marchitez permanente (contenido de agua en el suelo al cual el cultivo muere por falta de agua)
q...............una cantidad constante de inyección de sal (Ecs. 9.3y 9.4)
Q...............magnitud volumétrica de flujo, o descarga (Ec. 9.1)
Q_f..............descarga de flujo libre a través de un orificio o estructura de canal (Ecs. 9.8, 9.14 y 9.16)
Q_s..............descarga de flujo sumergido a través de un orificio o estructura de canal (Ecs. 9.9, 9.15 y 9.17)
r................coeficiente de correlación (r^2 es el coeficiente de determinación)
R...............radio hidráulico (área dividida por el perímetro mojado) (Ec. 8.6)
R_A.............radiación extraterrestre del sol (Ec. 6.14)
R_b..............radiación saliente de onda larga del sol (Ec. 6.7)
R_n..............radiación solar neta (Ec. 6.5)
R_{ns}.............radiación solar neta de onda corta (Ec. 6.6)
R_s..............radiación solar global en la superficie de la tierra
R_z..............profundidad de la zona de raíces del cultivo

RAS.......... relación de adsorción de sodio (Ec. 8.11)
S............... saturación de agua en el suelo; sumergencia (h_d/h_u); rendimiento específico; fracción de posible luz solar (Ecs. 6.6 y 6.7)
S_o.............. gradiente o pendiente longitudinal del lecho (Ec. 8.6)
S_t.............. sumergencia de transición
S_x.............. declive del campo en la dirección x (Ec. 5.2)
S_y.............. declive del campo en la dirección y (Ec. 5.2)
T............... transpiración; período de retorno en años; temperatura del aire (Ec. 6.3); ancho superior del caudal (Ec. 9.2)
T_1.............. período de retorno para un determinado número de años; t_1 (Ec. 4.1)
t_1............... tiempo en horas (usado con T_1) (Ec. 4.1)
T_2.............. período de retorno para un determinado número de años; t_2 (Ec. 4.1)
t_2............... tiempo en horas (usado con T_2) (Ec. 4.1)
T_c.............. ancho de la superficie del agua donde ocurre profundidad crítica
TDR.........Reflectometría de Dominio-Tiempo (Time Domain Reflectometry)
TR .... rango de temperatura del aire (la media máxima diaria menos la media diaria mínima) (Ec. 6.3)
U .... recorrido del viento (km/día); promedio de la velocidad del viento (Ec. 6.4)
LSD.......... límite superior drenado, equivalente a la capacidad de campo
V .... velocidad de flujo; coeficiente de drenaje (Ec. 8.4); volumen
W.............. ancho de la compuerta (Ecs. 9.16 y 9.17); ancho de la garganta del aforador (Fig. 9.8 y 9.9; Ecs. 9.9 y 9.11)
X .... cantidad relativa de agua (Ec. 2.3)
Y .... rendimiento del cultivo; rendimiento relativo del cultivo (Ec. 2.1, 2.3 y 2.5)
Y_a .... rendimiento real del cultivo cosechado (Ec. 2.4)
Y_m............. rendimiento máximo potencial del cultivo cosechado (Ec. 2.4)
Z............... elevación; profundidad de los drenes enterrados (Fig. 8.3)
z_{ab} .... altura de la cresta aguas abajo en los vertederos de cresta ancha (Fig. 9.10 y 9.11)
z_{ar}.............. altura de la cresta aguas arriba de los vertederos de cresta ancha (Fig. 9.10 y 9.11)

Anexo E

REFERENCIAS

Abt and Staker. 1990. *Rating correction for lateral settlement of Parshall flumes*. J. Irrig. and Drain. Engrg., ASCE, 116(6): 797-803.

Adams, R.L., 1953. Farm Management Crop Manual Revised, Univ. of California Press, Berkeley and Los Angeles.

Allen, R.G., M.E. Jensen, J.L. Wright and R.D. Burman. 1989. Operational estimates of reference evapotranspiration. *Agronomy Journal*, 81(4):650-662.

Allen, R.G., 1994. Personal Communication.

Allen, R.G., M. Smith, A. Perrier and L.S. Pereira. 1993. *Updated reference evapotranspiration definition and calculation procedures*. Draft manuscript for presentation at The Hague, ICID Bulletin.

American Society of Agricultural Engineers (ASAE). 1995. *ASAE Standards*. St. Joseph, Michigan. (818 pages).

Blaisdell, F.W. 1996. Flow in culverts and related design philosophies. J. Hydr. Div., Amer. Soc. of Civil Engrs., paper 4704, March, 92(2):19-31.

Bos, M.G. Replogle, J.A., and Clemmens, A.J. 1984. *Flow measuring flumes for open channel systems*. John Wiley and Sons, New York. (321 pages).

Bowers, W.O., Snyder, R.L., Southard, S.B., and Lanini B.J. (1989), Water-holding characteristics of California soils, University of California Division of Agr. and Nat. Res., Oakland, Calif.

Brown, L.R. Flavin, C. and Kane H. 1996. *Vital signs*. W. W. Norton & Company, N.Y., 169 pp.

California Department of Water Resources, 1986, Crop Water Use in California. Sacramento.

Corbett, D.M., et al. 1943. *Stream gauging procedure: a manual describing methods and practices of the Geological Survey*. Water Supply Paper 888, U.S. Geological Survey.

Doneen, L.D. and Westcot, D.W., 1984. Irrigation Practice and Water Management, FAO (Food and Agriculture Organization of the United Nations), Irrigation and Drainage Paper 1 (Rev.), Rome, 63 p.

Doorenbos, J. and Kassam, A.H., 1979. Yield Response to Water, Irrigation and Drainage Paper 33, FAO, Rome, Italy.

Doorenbos, J. and Pruitt, W.O., 1977. Guidelines for Predicting Crop Water Requirements, FAO Irrigation and Drainage Paper 24, 144 pp.

Duffie, J.R. and W.A. Beckman. 1980. *Solar engineering of thermal processes*. John Wiley and Sons, New York, New York.

FAO (Food and Agriculture Organization of the United Nations), 1978. Report on the Agroecological Zones Project. Vol 1. Methodology and results for Africa, Rome, Italy.

FAO (Food and Agriculture Organization of the United Nations), 1995. Irrigation in Africa in figures. Rome, Italy, 336 pp.

Gupta, S.K., Singh, R.K., and Pandey, R.S. 1992. Surface drainage requirement of crops: Application of a piecewise linear model for evaluating submergence tolerance. Irrigation and Drainage Systems 6 249-261, Kluwer Publishers, the Netherlands.

Hansen, V.E., Israelsen, O.W. and Stringham, G.E. 1979. *Irrigation Principles and Practices*. John Wiley and Sons, Inc. New York. (417 pages).

Hargreaves, G.H. 1975. Moisture availability and crop production. Transactions ASAE 18(5): 980-984.

Hargreaves, G.H. 1977. World Water for Agriculture. Agency for Int'l Development, Washington, D.C. (out of print).

Hargreaves, G.H. 1983. Practical agroclimatic information systems: 113-127 in D.F. Cusack (ed) Agroclimatic Information for Development - Reviving the Green Revolution, Westview Press, Inc., Boulder, Colorado.

Hargreaves, G.H., 1990, Crop ET modeling, ASAE Paper 902517, Chicago.

Hargreaves, G.H. and Samani, Z.A., 1985. Reference crop evapotranspiration from temperature, Applied Engineering in Agriculture, Trans. ASCE 1(2):96-99.

Hargreaves, G.H. and Samani, Z.A. 1987. Simplified irrigation scheduling and crop selection for El Salvador. Journal of Irrigation and Drainage Engineering, ASCE 113(2): 224-232.

Hargreaves, G.H. and Samani, Z.A., 1991. Irrigation Scheduling, Programación del Riego. Editts, P.O. Box 208 Las Cruces, New Mexico.

Hargreaves, G.L., Hargreaves, G.H., and Riley, J.P., 1985, Irrigation water requirements for Senegal River Basin. J. of Irrigation and Drainage Engineering, ASCE 111(3) 265-275.

Hershfield, D.M., 1961. Rainfall Frequency Atlas for the United States for Durations of 30 Minutes to 24 Hours and Return Periods of 1 to 100 Years, Technical Paper No. 40, U.S. Weather Bureau, Depth. of Commerce, Washington, D.C.

Hill, R.W., R.J. Hanks, and J.L. Wright. 1987. Crop yield models adapted to irrigation scheduling programs. *Irrigation systems for the 21st century*, ASCE conference proceedings, Portland, OR, July 28-30, pp. 699-706.

Hudson, N. 1981. *Soil conservation*. 2nd Ed. Cornell Univ. Press, Ithaca, N.Y.

IWMI. 1997. *World Water and Climate Atlas for Agriculture*. Int'l Water. Management Institute (IWMI), P.O. Box 2075, Colombo, Sri Lanka..

Jensen, M.E., Burman, R.D., and Allen, R.G. eds. 1990. *Evapotranspiration and irrigation water requirements*, ASCE Manual 70, Amer. Soc. of Civil Engrs., New York. (332 pages).

Jones, C.A. and Kiniry, J.R., 1986. CERES Maize, a Simulation Model for Maize Growth and Development, Texas A & M University Press, College Station.

Karahliloglu, F., 1989. Personal communication.

Keller, J. and R.D. Bliesner. 1990. Sprinkle and Trickle Irrigation. Van Nostrand Reinhold, New York, N.Y.

Kindsvater, C.E. and R.W. Carter. 1959. Discharge Characteristics of Rectangular Thin-Plate Weirs. Transactions, Amer. Soc. of Civil Engrs., Vol. 124, pp. 772-822.

London, J. and C. Frohlich. 1982. Extended abstracts presented at the symposium on the solar constant and the spectral distribution of solar irradiance. Int. Assoc. of Meteorology and Atmospheric Physics, 3rd Scientific Assembly, Hamburg, Germany. pp. 17-128, August.

Lorenz, O.A., and Maynard, D.N. 1988. *Knotts Handbook for Vegetable Growers*. John Wiley & Sons, New York.

Marsh, A.W., 1981 Reprint, Questions and Answers about Tensiometers. University of California, Leaflet 2264, ANR Publications, Oakland.

Merriam, J.L. and Keller, J. 1978. *Farm Irrigation System Evaluation - A Guide for Management*. Bio. & Irrig. Engrg. Dept., Utah State Univ., Logan, Utah. (271 pages).

Moulton, K., Runsten, D., Cook, R., Chalfant, J., and Amon, R., 1987. Competitiveness at Home and Aborad, Report of a 1986-87 Study Group on Marketing California Specialty Crops, Worldwide Competition and Constraints, U.C. Agricultural Issues Center, Davis, California.

Parshall, R.L. 1936. *The Parshall measuring flume*. Bulletin 423, Colorado Agric. Experiment Station, Fort Collins, Colorado.

Powers, A. and Stuver, M. 1994. Water systems management and conservation. *Water Management Workshop*, Denver, Colorado.

Pogue, W.R., 1990. WATERMARK Soil moisture sensor - An update. ASAE Paper No. 902582, Chicago, Dec. 18-21.

Rantz, S.E. 1982. Measurement and Computation of Streamflow: Measurement of Stage and Discharge. Vol. 1, U.S. Geological Water Supply Paper 2175.

Samani, Z.A., Hargreaves G.H., Zuniga, E., and Keller, A.A., 1987, Estimating crop yield from simulated daily weather data, Applied Engineering in Agriculture. ASCE 3(2) 290-294.

Shen, J. 1981. *Discharge Characteristics of Triangular-Notch Thin-Plate Weirs*. Water Supply Paper, 1617-B, U.S. Geological Survey.

Skogerboe, G.V., L.M. Hyatt, and K.O. Eggleston. 1967. Design and Calibration of Submerged Open Channel Flow Measurement Sturctures: Part 1, Submerged Flow. Utah Water Research Laboratory, Utah State Univ., Logan, Utah.

Stegman, E.C., Musick, J.T., and Stewart, J.T., 1980, Problems and procedures in determining water supply requirements for irrigation projects. In: Irrigation of Agricultural Lands. R.M. Hagan (ed) Amer. Soc. Agron. Monograph 11, pp. 771-784.

Stewart, et al. 1977. Optimizing crop production through control of water and salinity levels in the soil. Utah Water Lab. PRWG 151-1, Logan, Utah, p. 191.

University of California. 1978. *Storie index soil rating*. Division of Agricultural Science, Special Publication 3203, Berkeley, California.

U.S. Bureau of Reclamation. 1981. *Water measurement manual*. 2nd edition, U.S. Government Printing Office, Washington, D.C. 327 pages.

U.S. Department of the Interior, Bureau of Reclamation. 1978. *Drainage manual*, U.S. Government Printing Office, Washington, D.C.

Walker, W.R. and Skogerboe, G.V. 1986. *Surface irrigation theory and practice*. Prentice-Hall, Inc., Englewood Cliffs, New Jersey. 386 pages.

Wright, S.J. and Taheri, B. 1991. Correction to Parshall flume calibrations at low discharges. J. Irrig. and Drain. Engrg., ASCE, 117(5):800-804.

Anexo F

BIBLIOGRAFÍA

ASCE (Amer. Soc. of Civil Engineers). 1991. *Management, Operation and Maintenance of Irrigation and Drainage Systems*. Manual No. 57. ASCE, New York, N.Y.

Ayers, R.S. and D.W. Westcot. 1987. *Water quality for agriculture*. FAO Irrig. and Drain. Paper No. 29, Rome, Italy.

Barrow, C. 1987. *Water resources and agricultural development in the tropics*. Longman Scientific and Technical and John Wiley and Sons, Ltd., New York. 356 pages.

Benami, A. and Often, A. 1983. *Irrigation Engineering*. Irrig. Engrg. Scientific Publications (IESP), Israel Institute of Technology, Technion City, Israel. (257 pages).

Benz, L.C., E.J. Doering, and G.A. Reichman. 1984. Water-table contribution to alfalfa evapotranspiration and yields in sandy soils. ASAE Transactions, pp. 1307-1312.

Black, J.N., C.W. Bonython and J.A. Prescott. 1954. Solar radiation and duration of sunshine. *Proc. Royal Meteorol. Soc.*, 80:231-235.

Blomquist, W. 1992. *Dividing the waters: governing groundwater in southern California*. Int'l Center for Self-Governance, San Francisco, California. (415 pages).

Bolt, G.H. and Bruggenwert, M.G.M. (eds.). 1976. *Soil chemistry*. Elsevier Scientific Publishing Co., Amsterdam, The Netherlands. (281 pages).

Booher, L.J. 1974. *Surface irrigation*. Food and Agric. Organization (FAO) of the United Nations, FAO Develop. Paper No. 95, Rome, Italy. (160 pages).

Boswell, M.J. 1985. *Micro-Irrigation Design Manual*. James Hardie Irrigation Co., El Cajon, CA.

Burt, C.M. and Styles, S.W. 1994. *Drip and microirrigation for trees, vines, and row crops*. Irrig. Training and Research Center, Calif. Polytechnic State Univ, San Luis Obispo. Poor Richard's Press, San Luis Obispo, California. (258 pages).

Christiansen, J.E. 1942. *Irrigation by sprinkling*. Bulletin 670, Univ. of Calif. at Berkeley, October. (124 pages).

Cobia, D. (ed.). 1989. *Cooperatives in agriculture*. Prentice-Hall, Inc., Englewood Cliffs, New Jersey. (445 pages).

Cuenca, R.H. 1989. *Irrigation system design - an engineering approach.* Prentice-Hall, Inc., Englewood Cliffs, New Jersey. (552 pages).

Doorenbos, J. and W.O. Pruitt. 1975. Guidelines for prediction of crop water requirements. FAO Irrig. and Drain. Paper No. 24, FAO, Rome, Italy.

Driscoll, F.G. 1986. *Groundwater and wells*. 2nd ed., Johnson Division, St. Paul Minnesota. Mower House, 508 10th Street, N.E., Austin, Minnesota, 55912 (1-800-397-6110). (1089 pages).

FAO (Food and Agriculture Organization of the United Nations). 1981. FAO Production Yearbook. Vol. 34. FAO, Rome, Italy.

Finkel, H.J. 1982. *Handbook of irrigation technology*. CRC Press, Inc., Boca Raton, Florida. Vol. I: 369 pages, Vol. II: 223 pages.

Foth, H.D. and L.M. Turk. 1972. *Fundamentals of soil science*. John Wiley & Sons, New York, N.Y. 454 pages.

Fraenkel, P.L. 1986. *Water lifting devices*. Irrig. & Drain. Paper 43, Food and Agric. Organization (FAO) of the United Nations, Rome, Italy. (295 pages).

Hargreaves, G.L., G.H. Hargreaves, and J.P. Riley. 1985. Agricultural benefits for the Senegal River Basin. *J. Irrig. and Drain. Engrg.*, ASCE. 111:113-124.

Hargreaves, G.H., Z.A. Samani, and E. Zuniga. 1989. Modeling yields from rainfall and supplemental irrigation. *J. Irrig. and Drain. Div.*, ASCE, Vol. 115(2):239-247.

Herschy, R.W. 1993. *Hydrometry principles and practices.* John Wiley and Sons, New York. (511 pages).

Hiler, E.A., R.N. Clark, and L.J. Glass. 1971. Effects of water table height on soil aeration and crop response. ASAE Transactions, pp. 879-882.

Hill, R.W., R.J. Hanks, and J.L. Wright. 1984. Crop yield models adapted to irrigation scheduling programs. Final report USDA ARS Cooperative Research No. 58-9AHZ-9-440. Utah Agric. Exp. Station Res. Report No. 99., Utah State Univ., Logan, UT.

Hillel, D. 1983. *Advances in irrigation.* Academic Press, New York, N.Y. Vol. I, Vol. II. (429 pages).

Hoque, M.Z. 1984. *Cropping systems in Asia.* Int'l Rice Research Institute (IRRI), Los Baños, Laguna, Philippines. (196 pages).

James, L.G. 1988. *Principles of farm irrigation system design.* John Wiley and Sons, New York, New York. (543 pages).

Jensen, M.E. (ed.). 1980. *Design and operation of farm irrigation systems.* Amer. Soc. of Agric. Engrs., Monograph #3, ASAE, St. Joseph, MI. (829 pages).

Jensen, M.E. and H.R. Haise. 1963. Estimating evapotranspiration from solar radiation. *J. Irrig. and Drain. Div.*, ASCE. 89:15-41.

Johnson, S.H. (ed.). 1995. *Irrigation management transfer.* Proc. Int'l Conference on Irrigation Management Transfer, 20-24 Sept., 1994, Wuhan, China. Int'l Irrig. Management Institute (IIMI), Colombo, Sri Lanka. (500 pages).

Jones, K.R. 1981. *Arid zone hydrology for agricultural development.* Irrig. and Drain. Paper 37, Food and Agric. Organization (FAO) of the United Nations, Rome, Italy. (271 pages).

Jones, U.S. 1979. *Fertilizers and soil fertility.* Reston Publishing Co. (a Prentice-Hall Company), Reston, VA.

Kay, M. 1986. *Surface irrigation systems and practice.* Cranfield Press, Cranfield, U.K. (142 pages).

Kramer, P.J. 1969. *Plant and soil water relationships: a modern synthesis.* McGraw-Hill Book Co., New York. (482 pages).

Lamm, F.R. 1995. *Microirrigation for a changing world.* Proc. of the Fifth Int'l Microirrigation Congress, April 2-6, Orlando, Florida. (978 pages).

Lockeretz, W. 1987. *Sustaining agriculture near cities.* Soil and Water Conservation Soc., Ankeny, Iowa. (295 pages).

Luthin, J.N. 1957. *Drainage of agricultural lands*. Amer. Soc. of Agronomy, Madison, Wisconsin. (620 pages).

Luthin, J.N. 1973. *Drainage engineering*. Robert E. Krieger Publishing Co., Huntington, N.Y. (250 pages).

Mahmood, K. 1986. Egyptian water resource planning models: review and recommendations. The World Bank, EMENA Projects, Agric. Div - I, August.

Melby, P. 1988. *Simplified irrigation design*. Van Nostrand Reinhold, New York. 188 pages.

Michael, A.M. 1981. *Irrigation theory and practice*. Vikas Publishing House PVT, Ltd., New Delhi, India. (801 pages).

Nakayama, F.S. and Bucks, D.A. 1986. *Trickle irrigation for crop production*. Elsevier Publishers, Amsterdam, The Netherlands. (383 pages).

National Academy of Sciences. 1974. *More water for arid lands*. Office of Science and Technology, Agency for Int'l Develop., Washington, D.C. (154 pages).

Nelson, K.D. 1985. *Design and construction of small earth dams*. Inkata Press, Melbourne, Australia. 116 pages.

Oomen, J.M.V., de Wolf, J. and Jobin, W.R. 1990. *Health and irrigation*. Publication 45, Vol. 1, Int'l Institute for Land Reclamation (ILRI), Wageningen, The Netherlands. (304 pages).

Ostrom, E. 1992. *Crafting institutions for self-governing irrigation systems*. Center for Self-Governance, Institute for Contemporary Studies, San Francisco, California. (111 pages).

Pair, C.H. (ed.). 1975. *Sprinkler irrigation*. Sprinkler Irrig. Assoc., Silver Spring, Maryland. (615 pages).

Penman, H.L. 1948. Natural evaporation from open water, bare soil, and grass. *Proc. Royal Soc. London*, Ser. B., 281:277-294.

Priestly, C.H.B and R.J. Taylor. 1972. On the assessment of surface heat flux and evaporation using large scale parameters. *Monthly Weather Rev.* 100(2):81-92.

Roscoe Moss Co. 1990. *Handbook of groundwater development*. John Wiley and Sons, New York, New York. (493 pages).

Rosenburg, N.J., Blad, B.L., and Verma, S.B. 1983. *Microclimate - the biological environment*. John Wiley and Sons, New York. 495 pages.

Sagardoy, J.A. 1982. *Organization, operation and maintenance of irrigation schemes*. Irrig. and Drain. Paper 40, Food and Agric. Organization (FAO) of the United Nations, Rome, Italy. (166 pages).

Samani, Z.A., G.H. Hargreaves, E. Zuniga, and A.A. Keller. 1987. Estimating crop yields from simulated daily weather data. ASAE, Applied Engineering in Agriculture, Vol. 3, No. 2, pp. 290-294.

Simpson, K. 1986. *Fertilizers and manures*. Longman Group, Ltd., Hong Kong, co-published with John Wiley and Sons, New York, New York. (254 pages).

Skogerboe, G.V. and G.P. Merkley. 1996. Irrigation maintenance and operations learning *process*. Water Resources Publications, LLC., Englewood, Colorado. 358 pages.

Stern, P.H. 1979. Small-scale irrigation. Intermediate Technology Publications, Ltd., London, U.K. 152 pages.

Stewart, B.A. and Nielsen, D.R. (eds.). 1990. *Irrigation of agricultural crops*. No. 30 in the Agronomy Series, Amer. Soc. of Agronomy, Crop Science Soc. of Amer., Soil Science Soc. of Amer., Madison, Wisconsin. (1218 pages).

Taylor, H.M., Jordan, W.R., and Sinclair, T.R. 1983. *Limitations to efficient water use in crop production*. Amer. Soc. of Agronomy, Inc., Crop Science Soc. of Amer., Inc., and Soil Science Soc. of Amer., Inc. 538 pages.

United States Bureau of Reclamation (USBR). 1977. *Groundwater manual*. U.S. Dept. of the Interior, Denver Tech. Center, Denver, CO (currently available through the U.S. Government Printing Office). 480 pages.

United States Bureau of Reclamation (USBR). 1993. *Drainage manual*. U.S. Dept. of the Interior, Denver Tech. Center, Denver, CO (currently available through the U.S. Government Printing Office). 321 pages.

United States Bureau of Reclamation (USBR). 1974. Hydraulic and excavation tables, 11th Ed., U.S. Government Printing Office. 351 pages.

Withers, B. and Vipond, S. 1980. *Irrigation design and practice*. 2nd Ed., Cornell Univ. Press, Ithaca, New York. 306 pages.

Yap-Salinas, L.H. 1996. Neither gradualism nor big bang, but easy does it. Int'l Network on Participatory Irrigation Management (INPIM), World Bank, Washington, D.C. Newsletter No. 3, July, pp. 8-10.

Yaron, D. 1981. *Salinity in irrigation and water resources*. Marcel Dekker, Inc., New York, New York. (432 pages).

Zimmerman, J.D. 1966. *Irrigation*. John Wiley and Sons, New York, New York. (516 pages).

Anexo G

ÍNDICE

www.ingramcontent.com/pod-product-compliance
Lightning Source LLC
LaVergne TN
LVHW011020061026
849535LV00006B/1973